教育部高等学校文科计算机基础教学指导分委员会立项教材

21世纪高等教育计算机规划教材

COMPUTER

多媒体技术及应用

Multimedia Technology and Application

普运伟 主编

黎志 副主编

U0240235

人民邮电出版社

北 京

图书在版编目（CIP）数据

多媒体技术及应用 / 普运伟主编. -- 北京 ：人民
邮电出版社，2015.2（2019.1重印）
　21世纪高等教育计算机规划教材
　ISBN 978-7-115-38407-2

　Ⅰ．①多… Ⅱ．①普… Ⅲ．①多媒体技术－高等学校
－教材 Ⅳ．①TP37

中国版本图书馆CIP数据核字(2015)第017476号

内 容 提 要

本书是教育部高等学校文科计算机基础教学指导分委员会立项教材,是根据教育部高等学校计算机基础教学指导委员会颁布的《计算机基础课程教学基本要求》以及文科计算机指委颁布的《大学计算机教学要求（第 C 版）》中有关"多媒体技术及应用"课程的教学要求编写而成的。

本书采用模块化教学内容组织形式,通过引导式和案例式教学方法以及专设的思维训练与能力拓展环节,启发学生思维,培养学生多媒体信息的处理与应用能力。全书共分 9 章,内容包括多媒体技术概述、多媒体技术基础、数字音频处理、计算机图形处理、数字图像处理、计算机动画制作、多媒体视频技术、多媒体应用系统开发以及网络多媒体技术,涵盖了当今主流的多媒体技术领域的相关知识、应用和开发方法。

本书内容翔实,图文并茂,实例丰富,具有很强的实用性和操作性。可作为普通高等院校非计算机专业多媒体技术及应用课程的主教材,配套出版的《多媒体技术及应用——习题与上机实践》（ISBN：978-7-115-38371-C）可作为上机实践教材。同时,本书也可作为从事多媒体应用和创作人员的参考书或培训教材,也适合广大多媒体技术爱好者自学使用。

◆ 主　　编　普运伟
　　副主编　黎　志
　　责任编辑　邹文波
　　执行编辑　税梦玲
　　责任印制　沈　蓉　彭志环
◆ 人民邮电出版社出版发行　　北京市丰台区成寿寺路 11 号
　　邮编　100164　电子邮件　315@ptpress.com.cn
　　网址　http://www.ptpress.com.cn
　　固安县铭成印刷有限公司印刷
◆ 开本：787×1092　1/16
　　印张：16.25　　　　　　　2015 年 2 月第 1 版
　　字数：423 千字　　　　　2019 年 1 月河北第 3 次印刷

定价：38.00 元

读者服务热线：(010)81055256　印装质量热线：(010)81055316
反盗版热线：(010)81055315

前　言

多媒体技术是一项应用前景十分广阔的计算机技术，正在各个领域得到越来越广泛的应用。"多媒体技术及应用"作为高等院校非计算机专业（尤其是文科类、艺术类和师范类专业）普遍开设的一门计算机基础课程，主要讲授多媒体技术的基本概念、应用及其开发方法，在高校人才信息素养的培养中具有不可替代的作用。

近年来，随着计算机软硬件技术、网络技术和通信技术的迅猛发展，多媒体技术也随之飞速发展，并在各行业得到深入应用。主要表现在：硬件能力的提升使多媒体信息的处理更加快捷，软件的不断升级使多媒体素材的加工、处理、制作和集成更加方便，Web和移动网络的深入应用使多媒体应用部署更加形式多样，并不断拓宽多媒体技术的应用领域。同时，随着计算思维（Computational Thinking，CT）和慕课（Massive Open Online Course，MOOC）教学理念的不断深入人心，计算机基础教育界正在兴起以培养计算思维能力为核心的新一轮教育教学改革，并不断探索网络在线学习、移动学习等新颖的学习方式。长期以来，大学计算机课程，特别是多媒体技术课程，备受"狭义工具论"的困扰，很多高校主要以讲解软件的操作为主，几乎不涉及能力和思维的训练，这对创新型人才培养是非常不利的。因此，迫切需要利用新的教学理念，对课程的教学内容和教学方法进行改革，以推动计算机基础教育教学的内涵式发展。

本书是教育部高等学校文科计算机基础教学指导分委员会立项教材，也是笔者在多媒体技术及应用课程中对计算思维能力培养方法和途径的探索和尝试。全书采用模块化教学方式组织内容，介绍多媒体技术领域中的基本知识、先进技术及开发方法，并采用引导式和案例式教学方法，激发学生学习兴趣，启发学生思考。同时，本书专设思维训练与能力拓展环节，旨在培养学生分析问题和解决问题的能力，进而提升多媒体信息的综合应用和计算思维能力。

全书共分9章，内容涵盖当今主流的多媒体技术领域的相关知识、应用和开发方法。包括多媒体技术概述、多媒体技术基础、数字音频处理、计算机图形处理、数字图像处理、计算机动画制作、多媒体视频技术、多媒体应用系统开发以及网络多媒体技术。为了体现多媒体技术的新发展，书中使用的主要软件，如Audition、Illustrator、Photoshop、Flash和Premiere均为Adobe CS6版本，Adobe、Captivate为第7版，其他软件也尽量采用较新的版本。

本书第1章由普运伟编写，第2章由刘卫编写，第3章由耿植林编写，第4章由郑明雄编写，第5章由杜文方编写，第6章由王凌编写，第7章由郭玲编写，第8章由黎志编写，第9章由潘晟旻编写。全书由普运伟任主编并负责统稿，黎志任副主编。

本书的编写和出版得到了人民邮电出版社、教育部高等学校文科计算机基础教学指导分委员会、全国高等院校计算机基础教育研究会的大力支持。同时，在本书的编写过程中，作者参考了国内外同行在多媒体技术及应用方面的很多相关书籍、文献和电子资料，在此一并表示衷心感谢！

由于多媒体技术发展的日新月异以及计算思维能力培养的方法和途径正处于探索阶段，鉴于作者的水平有限，书中难免有不足之处，恳请读者批评、指正！

编　者
2015年1月

目　录

第1章
多媒体技术概述

　　多媒体技术是计算机技术的重要发展方向之一，它使计算机具备了综合处理文字、声音、图形、图像、视频和动画的能力。丰富多彩的多媒体系统改变了人们学习、生活和娱乐的方式，对各行各业的发展产生了深刻的影响。本章首先介绍与多媒体有关的基本概念，然后介绍多媒体关键技术、应用领域以及未来发展方向，以便读者对多媒体技术有一个全面的认识。

1.1　多媒体的基本概念

　　❓ 何谓"媒体"、"多媒体"和"多媒体技术"？常见的"媒体类型"和"媒体元素"有哪些？多媒体技术有哪些典型特征？这是学习多媒体技术课程首先要搞清楚的问题。

1.1.1　媒体及其分类

1. 媒体

　　在日常生活中，人们经常和报纸、杂志、广播、电影、电视等新闻媒体打交道。从这种意义上讲，媒体（Medium）指的是一种信息传播和交流的方式。随着信息技术的飞速发展，特别是计算机技术、网络技术和通信技术的突飞猛进，"媒体"一词被赋予了许多新的内涵。在现代科技领域，媒体泛指用来获取和传递信息的一切工具、渠道、载体或技术手段。简而言之，媒体是承载或传递信息的载体。通常，媒体的概念包含两层含义：一是指"媒质（mediator）"，即承载、存储和传递信息的物理实体，如书刊、磁盘、光盘、双绞线、光纤等；二是指"媒介（media）"，即信息的表现或传播形式，也即表述信息的逻辑载体，如文字、声音、图形、图像、视频和动画等。多媒体计算机技术中所指的"媒体"通常仅指后者，即用计算机综合处理声、文、图、像等各种信息。

　　❓ **思维训练与能力拓展**：作为一种媒体形式，除了能够在人与人之间互传信息之外，通常还具有提供娱乐、文化传承、引导社会主流价值观、监测社会环境、协调社会关系等功能。有人说，"网络是继报纸、杂志、广播、电影/电视之后的又一种新兴媒体"，对此你有什么样的看法？试给出你的理由。

2. 媒体的分类

　　媒体表达和反映了自然界和人类活动中的各种信息。按照国际电信联盟电信标准局

（International Telecommunication Union-Telecommunications，ITU-T）的划分，媒体可分为感觉媒体、表示媒体、显示媒体、存储媒体和传输媒体五种类型。

（1）感觉媒体

感觉媒体（Perception Medium）指人类通过其感觉器官（如听觉、视觉、味觉、嗅觉、触觉等），能产生直接感受的媒体，包括文字、声音、图形、图像、动画、气味、冷暖等。

（2）表示媒体

表示媒体（Representation Medium）指用于数据交换的编码形式，其目的是有效地加工、处理和传输感觉媒体。表示媒体是一种人为定义的媒体，用于定义信息的表达特征，在计算机中通常表现为各种数据编码格式，如 ASCII 编码、Unicode 编码、MP3 音频编码、JPEG 图像编码、MPEG 视频编码等。

（3）显示媒体

显示媒体（Presentation Medium）指感觉媒体与用于通信的电信号之间的转换媒体，是用于表达信息的物理设备，可分为输入媒体和输出媒体两种。常见的输入媒体包括键盘、鼠标、触摸屏、麦克风、摄像头、扫描仪等，输出媒体包括显示器、扬声器、打印机和投影仪等。

（4）存储媒体

存储媒体（Storage Medium）指用于信息存储的媒体，即用来存放表示媒体的物理介质。如硬盘、光盘、磁盘、优盘、ROM 和 RAM 等。

（5）传输媒体

传输媒体（Transmission Medium）指用于信息传输的媒体，即用来传输表示媒体的物理载体。具体表现为各种信息传输的网络介质，如双绞线、同轴电缆、光纤和无线传输介质等。

不同媒体类型与计算机系统的对应关系如图 1-1 所示。

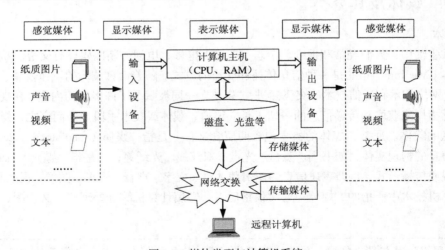

图 1-1　媒体类型与计算机系统

1.1.2　多媒体和多媒体技术

1. 多媒体

多媒体（Multimedia）一词由英文"多样的（Multiple）"和"媒体（Media，Medium 的复数形式）"组合而成，意为多种媒体信息的综合体。在现代信息技术领域，多媒体通常指各种感觉媒体的有机组合，即文本、声音、图形、图像、视频、动画等各种媒体形式融合在一起而形成的综合媒体。由于多媒体充分利用了各种"单"媒体形式在知识和信息表达中的优越性和互补性，因此提供了更为直观、更易于理解的信息交流方式，也更易于被大众所接受，必将对人类的生活、工作甚至思维方式产生巨大而深刻的影响。

2. 多媒体技术

简单来说，多媒体技术（Multimedia Technology）即是指利用计算机综合处理各种媒体信息的相关技术。但由于多媒体技术是现代计算机技术、视听技术、通信技术等融合而产生的一种崭新技术，其覆盖面更宽，技术更加复杂，发展较为迅速，因此并没有表面上那么简单，也很难对其进行准确定义和描述。目前，公认较为准确和完整的定义是：多媒体技术是指将文本、音频、图形、图像、动画、视频等多种媒体信息通过计算机进行数字化采集、编码、存储、编辑、传输、解码和再现等，使多种媒体信息进行有机融合并建立逻辑连接，以形成交互性系统的一体化技术。

可见，多媒体技术是以计算机为中心，把数字化信息处理技术、微电子技术、音/视频技术、计算机软/硬件技术、人工智能技术、网络和通信技术等高新技术集成在一起的综合技术。

> **思维训练与能力拓展**：多媒体技术是指处理和应用各种媒体信息的相应技术。具体来讲，包括一组特定的硬件设备及相关的计算机应用程序。试以一种媒体形式为例（如音频或视频），通过网络搜索和小组讨论的形式，概括对其加工处理所需的硬件设备和工具软件，并简要描述其数字化采集、编码、存储、编辑、传输、解码和再现的过程。

1.1.3　多媒体中的媒体元素

多媒体中的媒体元素指的是多媒体应用中可显示给用户的媒体形式，也即多媒体技术的处理对象。目前，常见的媒体元素主要有文本、声音、图形、图像、动画和视频等。

1. 文本

文本（Text）指各种字符，包括数字、字母和文字等，在多媒体系统中主要用于清晰表达所呈现的信息，如多媒体教学软件中的知识点、多媒体互动游戏中的信息提示、多媒体查询系统中的查询条目等。文本可以先在诸如 Word 的文字处理软件中编辑制作，然后导入集成到多媒体系统中，也可直接在图形/图像设计软件或多媒体创作软件中制作。

通过控制文本的字体、大小、颜色、样式、定位等属性，可设计制作生动活泼、形式多样、富于表现力的文本元素，有助于信息的直观理解。

2. 声音

声音（Audio）常又称为音频，是表达信息的重要媒体形式。声音不仅可以烘托气氛，而且还可增强对其他类型媒体所表达信息的理解。声音一般可通过计算机声卡和音频编辑处理软件进行采集和处理，储存起来的音频文件可使用对应的音频播放软件进行播放。

声音主要包括波形声音、语音和音乐三种。波形声音是对模拟形式的各种声音信号进行采样、量化和编码后得到的数字化音频，是使用最为广泛的声音形式，相应的文件格式为 WAV 文件或 VOC 文件。语音本质上也是一种波形声音，只不过特指人类说话的声音，可通过麦克风等设备进行采集，也可在音频编辑软件中通过特殊的方法从其他波形声音中分离和抽取出人类的语音。音乐是符号化了的声音，即将乐谱转变为符号形式进行保存，这些符号通常代表一组声音指令，使用时可驱动声卡发声，将声音指令还原成对应的声音。常见的计算机音乐是 MIDI 音乐，其文件格式是 MID 或 CMF 文件。

在多媒体应用中，所谓对声音的处理，主要是采用专门的音频处理软件（如 Adobe Audition）进行声音的录制、编辑、混音以及音频存储格式转换等，具体内容请参阅第 3 章。

3. 图形

图形（Graphic）又称矢量图，一般指由计算机绘制的各种规则形状，如直线、圆、矩形、椭圆、任意曲线等。图形文件中记录着一组描述点、线、面等几何图形的大小、形状、位置、线宽、边线颜色、填充颜色等属性的指令以及生成图形的算法，需要显示图形时，绘图程序可读取出这些绘图指令，并调用相应的生成算法，将其转换为屏幕上所显示的图形。例如，某图形文件中记录着 Line(x1, y1, x2, y2, color)、Circle(x, y, r, color)和 Rectangle(x1, y1, width, height, color)三条指令，这将指示绘图程序在屏幕上分别绘制直线、圆和矩形。可见，图形文件是绘图指令与图形生成算法的集合，只记录部分特征点的信息，因此占用的存储空间较小。但每次在屏幕上显示时，都需要调用生成算法重新计算，因此显示速度相对较慢。

图形最大的优点是在屏幕上移动、旋转、缩放、扭曲时不会失真，而且可分别控制组成图形的各个对象。如此的优越性使得图形被广泛用于三维造型、广告和艺术设计、工程制图、桌面和网络出版、创意动画设计等领域，一大批优秀的矢量图形制作软件（如 AutoCAD，CorelDRAW，FreeHand，Illustrator 等）也应运而生。本书第 4 章将以 Illustrator 为例，详细介绍计算机图形的设计与制作。

4. 图像

图像（Image）是由图像输入设备（如数码相机、扫描仪等）捕获的实际场景画面，或者以数字化形式存储的任意画面。和图形使用绘图指令的方式不同，图像由排成行和列的许多"像素点（pixel）"组成，计算机存储着每个像素点的颜色信息，因此图像也称为位图。

图像的最大优点是表现逼真、与现实场景非常接近。因此，图像通常用于表现层次和色彩较为丰富、包含大量细节的图，如自然景观、人物照片等。本书第 5 章将以 Photoshop 为例，详细介绍计算机图像处理的技术和方法。

5. 动画

动画（Animation）是活动的画面，实质是一幅幅静态图像以一定的速度连续播放，每一幅画面常称为一帧（Frame）。由于人眼的"视觉暂留"效应，看到的画面在 1/24 秒内不会消失，因此只要在一幅画面消失前播放出下一幅画面，就会给人一种流畅的视觉变化效果，从而形成动画。这个原理其实和电影放映的原理是一样的。要注意的是，动画的连续播放既指时间上的连续，也指图像内容上的连续，即播放的相邻两幅图像之间的内容相差不能太大。计算机动画的分类方法较多，从不同的角度有不同的划分。按动画的性质来分，可分为帧动画、造型动画和补间动画。按视觉效果来分，可分为二维动画、三维动画和三维真实感动画。

由于动画具有较高的逼真度、较好的交互性以及较强的视觉效果，被广泛应用于交互式游戏、创意设计、原理展示、实景造型等多媒体应用中。目前，较为常见的动画制作软件有 Flash、3ds MAX、Maya 等，本书第 6 章将以 Flash 为例，详细介绍计算机动画的相关知识和设计方法。

6. 视频

视频（Video）是动态的画面序列，这些画面以超过每秒 24 帧的速度播放，便可使观察者产生平滑、连续的视觉效果。视频图像可来源于录像带、影碟、电视、摄像机等，这些模拟视频信号可通过视频采集卡转换成数字视频信号，以便计算机进行处理并按特定的格式存储。播放视频时，一般可通过硬件设备和专用的播放软件将压缩的视频文件进行解压缩播放。常用的视频文件格式有 AVI、MPG、MOV 等。

视频使多媒体应用系统更加丰富多彩，功能更加强大。与动画一样，较强的视觉效果使视频被广泛应用于实景展示、DV 创作等现代多媒体应用系统中。本书第 7 章将以 Premiere 软件为例，详细介绍视频的采集、处理和特效制作方法。

> ❓❓ **思维训练与能力拓展**：从网上下载某课程的多媒体学习软件，分析其中运用了哪些多媒体元素？若现在想设计一个有关"我的大学生活"的多媒体演示系统，想想需要展示哪些方面的内容，各需要运用什么样的媒体元素？结合本小节的介绍，总结各种常见媒体元素在信息呈现中的优缺点。

1.1.4　多媒体技术的主要特性

多媒体技术具有多样性、集成性、交互性和实时性等主要特性，下面分别进行简要介绍。

1. 多样性

多媒体信息系统一般由多种媒体元素组成，如文本、图形、图像、音频、动画或视频等，多媒体技术需综合处理其中的各种媒体信息。多媒体技术的主要功能就是把计算机处理的信息多样化或多维化，以丰富信息的表现力。

2. 集成性

多媒体技术的集成性包括两个方面。一是指组成多媒体信息系统的文本、图形、图像、音频、动画、视频等媒体元素并非简单的堆积和拼凑，需将它们有机地进行同步组合，形成一个"新"的、完整的媒体信息，以实现共同表达事物的目标；二是指在以计算机为信息处理核心的多媒体应用系统中，各种硬件设备、软件工具也需集成在一起完成信息处理工作。

3. 交互性

交互性是多媒体技术最为典型的特征。所谓交互性，是指用户能够与多媒体应用系统中的多种媒体信息进行交互操作，从而更为有效地使用和控制信息。传统的广播和电视等媒体采用"单向"信息传播模式，用户只能被动地接收信息，信息的利用效果较差，更不用谈对信息的控制。优秀的多媒体信息系统具有较强的交互性，采取"双向"信息交换模式，用户可自由地控制信息的获取和处理过程，不仅可显著增强对信息的和理解，而且可有效地控制和利用其中的信息。

4. 实时性

多媒体信息系统中集成的许多媒体元素大多与时间有关，例如声音、视频和动画等，这就决定了多媒体技术必须支持实时处理，才能满足多媒体信息传播过程中的时序和同步要求。尤其随着现代多媒体技术、网络技术、通信技术的迅猛发展和不断融合交叉，对多媒体技术的实时性提出了更高的要求。

> ❓❓ **思维训练与能力拓展**：计算机技术、网络技术、通信技术和多媒体技术的融合和交叉是未来的发展趋势，典型的多媒体应用系统都是建立在这些技术之上的，例如视频会议系统、远程监控系统和可视电话系统等。试以其中的一个系统为例，分析其在多媒体多样性、集成性、交互性和实时性方面的要求。

1.2　多媒体关键技术

正如前述，多媒体技术是一种以计算机技术为信息处理核心、融合现代音视频处理技术、通信技术、网络技术等的综合技术。要设计和构建一个功能齐备、交互性好、使用方便的多媒体信息系统，需要考虑的事情有很多方面。究竟哪些核心技术在支撑和影响着多媒体技术的发展？通过本节的介绍，读者可以对这些关键技术有一个全面的了解。

1.2.1　多媒体数据压缩技术

多媒体信息系统包括文字、图形、图像、音频、动画、视频等多种媒体形式，其中的图像、音频、视频的数据量非常巨大，给数据的存储、信息的传输以及实时处理造成了极大的困难。

例如，一幅 1024 像素×768 像素的 24 位真彩色图像，数据量约为 2.25MB，如果由此大小的静态图像组成运动视频，并以每秒 25 帧的速度播放，则视频信号的传输率为 56.25MB/s，这是一般普通网络难以达到的速度。此时，一张容量为 650MB 的光盘，仅能保存 11.5 秒的视频！同样，对于采样频率为 44.1kHz、量化位数为 16 位的立体声音乐，每分钟的数据量也达到 10.584MB，若每首歌曲大约 4 分钟，则 650MB 容量的 CD 光盘仅能保存十几首这样的音乐。可见，多媒体信息的数据量实在太大，对数据的存储、处理和传输都造成了极大的压力，只有想办法尽量减少多媒体信息的数据量，才能彻底解决这一难题，推动多媒体技术的实际应用。

实际上，数据是信息的载体，并非信息本身，数据和信息具有不同的含义。对人类而言，有用的是信息，而非数据。研究表明，多媒体数据，尤其是图像、音频和视频数据，在数字化处理后存在着大量的数据冗余（如空间冗余、时间冗余、视觉和听觉冗余、结构冗余、知识冗余等），因此可采用特定的方法对多媒体数据进行压缩，以减少存储空间的耗费，提高数据的传输速度。

多媒体数据的压缩处理包括编码和解码两个过程，前者是将原始数据进行压缩，后者是将编码数据进行解压缩，以还原为可以使用的数据。针对不同类型的数据冗余，人们已经提出了许多实用的多媒体数据压缩方法，有关部分主流压缩方法的技术原理以及国际标准详见第 2 章。

1.2.2　多媒体数据存储技术

多媒体数据经压缩处理后，数据量明显减少，但仍需较大的存储空间。传统的机械硬盘具有存储容量大、读取速度快、价格便宜等优点，但由于硬盘不方便携带，因此只适用于多媒体信息的单机存储，而不便于出版发行。诞生于 20 世纪 80 年代中期的光存储技术为解决多媒体信息的存储和发行问题打下了坚实的基础。

光存储技术主要利用激光束在圆盘上存储信息，并根据激光束的反射读取信息，具有容量大、价格低、寿命长、携带方便和可靠性高等优点，尤其适合图像、音频和视频等多媒体信息的存储和发行。光存储系统包括作为存储介质的各种光盘以及执行数据读写操作的光盘驱动器（简称光驱）。根据所使用的激光束的波长不同，光存储技术一般可分为 CD（Compact Disc，激光光盘）、DVD（Digital Versatile Disc，数字通用光盘）和 BD（Blu-ray Disc，蓝光光盘）三种，其主要技术指标的区别如表 1-1 所示。其中，CD 光盘又可分为 CD-DA（数字音频光盘）、CD-ROM（数据存储光盘）、CD-I（互动光盘）、VCD（视频光盘）、CD-R（可刻录光盘）、CD-RW（可重复刻录光盘）等多种形式。DVD 和 BD 光盘也有类似 CD 光盘的可重复刻录形式。一般来说，CD、DVD 和 BD 光盘的常规存储容量分别为 650MB、4.7GB 和 25GB。尤其对于目前方兴未艾的蓝光光盘技术，4 层 BD 光盘的容量更是高达 100GB。如此大容量且便于携带的存储技术为多媒体信息的存储和发行难题提供了极佳的解决方案。例如，在一张 CD-ROM 光盘上，可存放数千幅静态图像或几百首 MP3 歌曲或几十分钟的 MPEG 运动视频，采用 BD 光盘，更是可以存放几个小时分辨率为 1920 像素×1080 像素的全高清电影。

表 1-1　　　　　　　　　　　　CD、DVD 和 BD 光盘主要技术指标对比

类型	最小凹坑长度	道间距	读写激光波长	存储容量
CD	0.834μm	1.60μm	780nm	650MB
DVD	0.400μm	0.74μm	650nm	4.7GB
BD	0.140μm	0.32μm	405nm	25GB

随着多媒体技术和网络技术的不断发展和相互融合，基于网络的多媒体信息系统成了人们部署多媒体应用的一种十分有效的形式，这对网络带宽和存储设备的容量、稳定性、可扩展性等提出了新的更高的要求。磁盘阵列（Redundant Array of Inexpensive Disks，RAID）、网络附加存储（Network Attached Storage，NAS）、存储局域网（Storage Area Network，SAN）和云存储技术（Cloud Storage Technology，CST）便是解决网络背景下多媒体"大数据"应用的典型成功方案。其中，RAID 是为了避免磁盘损坏导致数据丢失而提出的一种服务器磁盘管理技术；而 NAS 和 SAN 则是两种以数据为中心的存储模式，它们是独立的存储设备，具有较好的可靠性和扩展性，且便于跨平台实现数据共享和数据优化管理。此外，云存储技术则是近年来随着云计算技术的发展而发展起来的一种新型存储技术，它是一种提供大规模的数据存储和分布式计算的业务应用架构体系，各种不同类型的数据存储设备以"云"的方式存在于网络系统中，并通过分布式网络应用软件集合成逻辑上统一的"存储池"。同时，存储设备可通过标准的、虚拟化的接入方式实现容量扩展，从而使"存储池"的容量以较低成本便可扩充到海量量级。对用户而言，则可以使用虚拟化桌面等方式访问云存储的数据资源和业务系统，从而实现大规模数据存储和高效快速的资源分析和数据处理。图 1-2 为云存储技术的简化示意图。

图 1-2　云存储技术简化示意图

1.2.3　多媒体专用芯片技术

在多媒体信息处理中，图像的生成和绘制、音/视频数据的压缩/解压缩和播放、实现各种图像特技效果等都需要大量的快速计算，仅仅通过常规硬件加软件的方式通常难以满足现代多媒体实时处理的要求。为了提高信息处理的速度，可采用专用的多媒体信息处理芯片。

多媒体专用芯片基于大规模集成电路技术，不仅大大提高了信息处理的速度，而且有利于产品的标准化，已成为多媒体开发和部署中普遍使用的方法。多媒体专用芯片通常分为两种类型：一类是固定功能的专用芯片，另一类是可编程的数字信号处理器（Digital Signal Processor，DSP）芯片。固定功能专用芯片一般按照某种国际标准，将压缩/解压缩或其他信息处理算法做在芯片上，可快速、实时地完成音频和视频信息的压缩、解压缩和播放，进行图像特效处理和音频信号处理等。可编程的 DSP 芯片使用起来较为灵活，可将经优化设计后的各种数字信号处理算法"烧录"到 DSP 的存储器中，快速实现对信号的采集、变换、滤波、去噪、增强、压缩和识别等处理，有力地推动了多媒体技术的发展和应用。

近年来，随着计算机硬件技术的快速发展，将多媒体专用芯片的部分功能融入 CPU 芯片的方案成了一种新的趋势。例如，Intel 公司在新一代的 Core i 序列 CPU 内部集成了相应的显示单元，其作用相当于传统意义上的图形加速卡；AMD 公司则在最新的 A6/A8/A10 系列产品中将 CPU 和 GPU 做在一个晶片上，让其同时具有高性能处理器和最新独立显卡的处理性能。随着技术的进步，相信无论是多媒体专用芯片还是集成更多功能的 CPU，其多媒体信息的处理能力都将不断增强。

1.2.4　多媒体输入/输出技术

多媒体技术是以计算机为信息处理核心的综合技术，各种形式的媒体元素需要输入计算机进行综合处理，计算机处理的最终的结果需要输出和发行。多媒体输入/输出技术即是解决各种媒体外设和计算机进行信息交换问题的技术，主要包括媒体转换技术、媒体识别技术、媒体理解技术和媒体综合技术。

媒体转换技术是指改变媒体表现形式的技术。例如，音频卡和视频卡等媒体转换设备可以将声音、视频信号变换为计算机可以进行存储、处理的二进制数据流。

媒体识别技术是对信息进行一对一映像操作的技术。例如，将语音映像为一串文字的语音识别技术，将屏幕上的位置信息映像为操作请求的触摸屏技术，将人脸图像映像为特定人物的人脸识别技术。

媒体理解技术是对信息进行更进一步的分析处理并理解信息内容的技术。如自然语言理解技术、图像理解技术等。

媒体综合技术是将低维表示的信息高维化，从而实现模式空间变换的技术。例如，语音合成技术可以将文本转换为声音输出。

1.2.5　多媒体软件技术

多媒体软件技术主要包括多媒体操作系统、多媒体数据处理软件、多媒体创作软件、多媒体数据库管理技术等。

操作系统是计算机系统软件的核心，负责管理、协调和控制计算机的所有软硬件资源，为用户提供友好的人机交互界面，并以尽量合理的方式为用户共享计算机的各种资源提供方便。同样，多媒体操作系统是多媒体软件的核心，除了完成操作系统的基本任务以外，它还具备对多媒体信息和多媒体设备的管理和控制功能，负责多媒体环境下多任务的调度，保证音频、视频同步控制以及信息的实时处理。目前，主流的操作系统（如 Windows、Unix、Linux 和 Mac OS X 等）对多媒体开发和应用都提供了较好的支持，不仅可以方便地利用媒体控制接口（Media Control Interface，MCI）和应用程序接口（Application Program Interface，API）进行多媒体快速开发，而且在实时性、多媒体网络通信、媒体同步与质量控制服务等方面不断得到改善。

多媒体数据处理软件是帮助用户完成各种媒体数据采集、编辑处理的工具软件。例如，声音的录制和编辑软件，图形/图像处理软件，视频采集和编辑软件，动画制作软件等。随着计算机软件技术的快速发展，出现了许多功能强大、界面友好、易于使用的工具软件，用户可以方便地利用这些软件实现对文本、图形、图像、音频、视频、动画等多种媒体元素的处理和制作。

多媒体创作软件有时也称多媒体集成开发工具，其特点是可以对各种媒体元素进行控制、管理和综合处理，以支持开发人员创作多媒体应用软件和系统。集成化、智能化、高效化是多媒体创作软件不断发展的方向。典型的开发工具有 Authorware、Director、ToolBook、Captivate 等。

多媒体数据库是数据库技术和多媒体技术结合的产物，其核心问题是如何高效地组织和管理好各种媒体数据。由于多媒体应用中涉及大量的图形、图像、声音、视频、动画等异构数据，它们不仅数据量大、种类繁多，而且内部关系复杂，致使传统的关系数据库难以满足多媒体信息高效管理的要求。多媒体数据库管理技术重点要解决好以下问题：一是多媒体数据模型，即根据媒体信息多样性的特点，研究适于各种媒体元素的数据存储、组织和管理方法；二是媒体数据的存取和检索方法，实现基于内容的快速检索和播放；三是媒体数据的集成和综合方法，以实现多媒体数据的交叉调用和融合；四是人机交互界面技术，实现用户和多媒体数据之间的良好交互性能。

> 🧑‍🏫 **思维训练与能力拓展**：多媒体数据处理软件是帮助用户编辑和处理各种媒体数据的工具，也是多媒体软件发展最为迅速的类型之一。针对典型的文本、图形、图像、音频、视频和动画媒体形式，请各列举出两个流行的工具软件，并初步了解这些软件的功能和特点。

1.2.6　多媒体通信网络技术

多媒体技术、计算机网络技术、通信技术的融合是现代信息技术发展的典型特征。在各种通信网络上，如有线和无线通信网络、广播电视网络、微波和卫星通信网络、计算机局域网和广域网等，出现了越来越多的多媒体应用。多媒体通信技术由于涉及计算机、多媒体、通信网络等诸多领域，因此技术较为复杂，需考虑和解决的问题也较多。例如，多媒体通信要求网络能够综合地传输各种数据类型，但对具体的类型其传输的要求却又不同。对于数据而言，传输时允许一定的时间延迟，但不允许在传输过程中改变数据的原貌，因为即便是一个字节出现错误都会改变数据的含义。而对于音频和视频来说，则要求网络的传输具有较好的实时性，它允许出现某些字节的错误，但不能容忍时间上的延迟和错步。

总之，高效的通信网络是多媒体通信的前提和基础，这要求网络要具备较高的吞吐量、较好的实时性和可靠性、满足时空约束关系、并具备分布式处理的能力。

1.2.7　虚拟现实技术

虚拟现实（Virtual Reality，VR）技术又称为灵境或幻境技术，是近年来基于计算机软硬件、传感器、机器人、人工智能等技术而逐渐发展起来的综合性技术，代表了多媒体技术的前沿研究方向之一。虚拟现实的本质是人机交互界面技术，它可以定义为：利用计算机模拟产生一个开放、互动的三维空间的虚拟环境，通过多种传感设备使用户"浸入"到该环境中，实现用户与该环境直接进行自然交互的技术。可见，虚拟现实技术讲求"身临其境"，要达到这样的目标，就要求所构造的虚拟环境尽可能和真实环境接近，能提供使用者关于视觉、听觉、触觉和嗅觉等感官的模拟，用户可以用人的自然技能对生成的虚拟实体进行交互考察。虚拟现实中常用的传感设备包括穿戴在用户身上的装置，如立体头盔、数据手套、数据衣服等，也包括放置在现实环境中的各种其他传感装置。图 1-3 为福特公司用于汽车优化设计（Ford immersive Vehicle Environment，FiVE）的实验室。

图 1-3　基于虚拟现实技术的福特 FiVE 实验室

虚拟现实技术具有以下四个显著特征。

① 临场感。指用户感到存在于虚拟环境中的真实程度，理想的环境让使用者真假难分。

② 多感知性。指虚拟环境能为用户提供听觉感知、视觉感知、触觉感知和运动感知，甚至可包括味觉和嗅觉感知等，只是由于传感技术的限制，目前尚不能提供味觉和嗅觉感知。

③ 交互性。指用户对虚拟环境中物体的可操作程度和得到反馈的自然程度，其中也包括交互过程中的实时性。

④ 自主性。指虚拟环境中物体依据自身运动规律而运动的能力。

虚拟现实技术是在众多相关技术上发展起来的一门综合技术，其良好的交互性和使用感受使其自诞生起便备受各界关注，并被迅速应用于各行各业。例如，医学中的虚拟人体模型，军事领域中的虚拟战场，航空航天中的虚拟驾驶训练，建筑学中的虚拟室内设计和产品展示，工业制造中的虚拟设计与制造，教育领域中的虚拟课堂和虚拟实验室，以及娱乐业中的各种 3D 虚拟游戏等。

思维训练与能力拓展： 虚拟现实既是一门综合技术，也是一种现代艺术，它将从根本上改变人们认识和了解世界的方式。有人说，"虚拟现实是多媒体技术的最高境界"，对此你有什么看法，请给出具体理由。

1.3　多媒体技术的应用与未来

多媒体技术已在很多领域得到广泛应用，它几乎已经遍布人们学习、工作和生活的每个角落。在我们身边，多媒体技术究竟在哪些方面改变着我们的生活？未来的多媒体技术将会是什么样的？本小节将展示多媒体技术在各领域的具体应用情况，并探讨多媒体技术未来发展的几个主要方向。

1.3.1　多媒体技术的应用

多媒体技术已在工业、农业、通信、商业、教育、娱乐、广告等行业得到越来越广泛的应用，并正在向其他领域迅速拓展，对其简要介绍如下。

1. 教育培训

教育领域是应用多媒体技术最早的领域，也是进展最快的领域。多媒体丰富的表现形式及传播信息的巨大能力赋予现代教育技术以崭新的面目。多媒体技术使人们能以最自然、最容易接受的方式接受教育，不仅扩展了信息量、提高了知识的趣味性，还增加了学习的主动性。计算机辅助教学（Computer Assisted Instruction，CAI）中广泛使用的多媒体教学课件，可以利用文本、图形、图像、动画、音频和视频独特的表现能力使课程内容变得直观、生动，便于学生理解并留下深刻印象。多媒体技术良好的交互性使学习者能够按照自己的学习情况选择学习进度和学习内容，变被动学习为主动学习。此外，随着网络技术和多媒体技术的迅速发展和融合，出现了诸如大规模在线开放式课程（Massive Online Open Courses，MOOC）、Web 3D 远程教学、虚拟网络课堂等许多基于 Internet 的远程教学系统，它们彻底改变了传统的教学模式，使得远隔千山万水的各类人员可以突破时空的限制，及时进行交流和讨论。图 1-4 为教育部、财政部共同创建的 MOOC 课程网站——爱课程（icourse）。可以预见的是，多媒体技术将进一步改变传统的教学组织方式、教学过程、教学手段和教学方法，必将对教育领域产生更加深刻的影响。

2. 过程模拟

使用多媒体技术可以模拟或再现一些难以描述或再现的自然现象、事件过程以及操作环境，以帮助人们洞察其中的规律，增强对问题的认识和理解，进行交互式模拟训练等。例如，可以采用多媒体技术模拟化学反应、火山喷发、海水流动、云层变化、生物进化等自然现象的发生和变化过程，以使人们能够轻松、形象地了解事物变化的基本原理和关键环节，使复杂的、难以用语言准确描述的变化过程变得直观、具体。同样，采用多媒体技术也可以模拟犯罪过程、车祸现场等，以便进行合理的推理和判断，还原事件的原貌。在一些交互式过程模拟系统中，例如设备运转、汽车驾驶、飞行训练、精密仪器操作等，模拟系统还可以根据用户的操作做出不同的响应，大大提高了操作训练的效果。

图 1-4　教育部、财政部等共同创建的 MOOC 教学网站——爱课程（icourse）

3. 商业展示

商业一直是多媒体技术应用的重要领域。随着多媒体技术的发展和因特网的深入应用，各种多媒体商业广告正在迅速取代传统的平面广告成为商家宣传产品的主要手段。电视、商场 LED 展示屏、互联网上到处都可见各种各样的多媒体产品广告，其丰富绚丽的色彩、变化多端的形式、特殊的创意效果，使人们的视觉、听觉和感觉都处于兴奋状态，这不仅更易于让人们了解广告的意图，而且得到了艺术的享受。可见，以音/视频、动画等形式为主的多媒体商业广告更能全方位地对商品进行展示，让消费者充分了解各种商业信息和服务信息，达到了更好的宣传效果，也更易于让大众接受。此外，在一些公共场合和公司的展示大厅，各种具备交互功能的商业展示和信息咨询系统为使用者提供了更好的体验，拉近了商家和客户的距离。例如，基于触摸屏技术的各种产品展示和信息查询系统，旅游景点、楼盘的虚拟漫游（如图 1-5 所示）等。用户通过这些多媒体信息系统可以更方便、直观地获取所需的各种信息，通过反馈功能还能促使商家及时改变营销手段和促销方式，从而达到双赢的效果。

图 1-5　3D 楼盘虚拟漫游系统

4. 影视娱乐

多媒体技术走进文化娱乐业，既是人们不断增长的文化娱乐的需要，也是计算机多媒体技术不断发展的必然结果。目前，使用先进的计算机技术制作各种影视特效和三维逼真动画、开发丰富多彩的多媒体游戏和娱乐软件已成为一种时髦和趋势。例如，用计算机创作的体现高科技的三维动画，使动画的表现内容和形式更丰富、更离奇、更刺激。大量的计算机特效注入到影视创作中，不仅增加了作品的艺术效果和商业价值，而且让观众得到了更好的视听感受。计算机和网络游戏由于具有多媒体感官刺激等交互式体验，更容易让使用者进入角色，产生身临其境的感受，真正达到娱乐的效果，因此倍受欢迎。不难想象，多媒体技术的发展和进步将一直影响着人们的娱乐和生活方式，不断为人类的娱乐活动注入新的活力。

5. 多媒体通信

计算机多媒体技术和网络通信技术日益紧密的结合，促使了多媒体通信技术的迅速发展和广泛应用。多媒体通信技术将多媒体的表现能力、网络通信能力、计算机的信息处理能力相结合，使用信息压缩编码技术，确保多媒体信息能够高速传输并进行交互处理。目前，已成功应用的多媒体通信技术主要有可视电话、视频会议、信息点播、远程医疗、网络电视、计算机协同工作等。图 1-6 为视频会议系统的典型形式。

图 1-6　视频会议系统的典型形式

6. 电子出版

随着多媒体技术、光盘技术和 Internet 技术的迅速发展，传统的出版业发生了巨大的变化，正在从纸质出版时代向电子出版时代迈进。一方面，由于光盘具有存储容量大、体积小、成本低、携带方便、数据不易丢失、能存储图文声像多种信息等众多优点，非常适合于大容量、图文并茂、交互性强的出版物，如百科全书、字典、辞典、大型画册等。另一方面，Internet 的迅速普及以及非线性的信息组织结构，让用户通过网络便可迅速查找到所需要的信息，尽情遨游世界各大数字图书馆。图 1-7 是世界著名的"维基百科"网站，这是一部免费、多语言、内容开放的网络百科全书。

> 🤔 **思维训练与能力拓展**：多媒体技术的成功应用远不止教育培训、过程模拟、商业展示、影视娱乐、多媒体通信和电子出版等方面，请再列举 2～3 个多媒体具体应用的实例。

图 1-7　维基百科网站

1.3.2　多媒体技术的未来

多媒体技术一直是计算机技术发展过程中较为活跃的方向之一。随着科学技术的进步与融合以及社会需求的不断增长，计算机多媒体技术仍将保持快速发展的势头。就目前而言，多媒体通信、虚拟现实、计算可视化、智能多媒体、计算机协同工作等将是一段时期内多媒体技术的前沿研究领域。正确了解多媒体技术的发展趋势对应用多媒体技术和推动市场开发大有裨益。

1. 多媒体通信

正如前述，多媒体通信技术既是多媒体的核心关键技术，又是多媒体技术的重要应用领域。多媒体通信网络已成为通信网发展的必然趋势，必将成为继电报、电话、传真之后的第四代通信手段。在全球化信息高速公路的建设与发展中，多媒体通信技术具有重要作用。当前，除了继续推进电话、广播电视、计算机等网络的"多网合一"之外，还有许多问题需要进一步完善和解决。例如，需进一步提高网络的传输速度和服务质量，研究高效的信息编码和解码方案，研究多媒体信息的分布式和交互式处理以及信息的存储、检索技术等。

总之，随着多媒体通信技术的发展和进步，未来的多媒体通信将能使任何人（Whoever）在任何时刻（Whenever）与任何地点（Wherever）的任何人（Whomever）进行任何形式（Whatever）的通信。人们将通过多媒体通信迅速获取大量信息，并以最有效的方式为社会创造更大的效益。

2. 虚拟现实

与多媒体通信技术一样，虚拟现实既是多媒体技术的关键技术，也是多媒体技术重要的发展方向。多媒体技术的最终目标是能让用户完全进入到多感觉的虚拟空间，使人们能通过最为接近自然的方式与计算机进行信息交互。显然，目前的虚拟现实技术还远远达不到这样的目标，尚需在以下方面进一步完善：研究三维空间建模技术，提高模拟环境的逼真度、临场感和交互性，真正让用户能"浸入"其中；研究多传感技术和传感设备，尤其是触觉、味觉和嗅觉感知，使用户尽可能地以自然的方式与虚拟实体进行交互；研究有关虚拟物体的运动形式建模方法；研究交互反馈的实时性；研究 VR 技术在各行各业深入应用过程中的各种具体问题等。

作为一种综合性技术，虚拟现实的研究和发展需要各方面专家的共同合作，它的完善与进步将是多学科、多领域、多技术共同发展的结果。

3. 计算可视化

计算可视化（Visualization in Scientific Computing，ViSC）就是将科学计算的中间数据和结果数据，转换为人们容易理解的图形、图像或动画形式，使得随时间或空间变化的物理现象或物理量形象直观地呈现在研究者面前。自 1987 年 2 月美国国家科学基金会正式提出科学计算可视化的概念以来，ViSC 技术已被广泛应用于流体力学计算、有限元分析、医学图像处理、分子结构模型、天体物理、地球科学等各个学科领域。例如，在核爆炸数值模拟中，高温高压下物质状态的动态变化规律可用动态三维图形显示出来（如图 1-8 所示）；当飞行器高速穿过大气层时，人们也能从显示屏上看到其逼真的周围气流运动的情况。可见，ViSC 技术充分利用了各种多媒体元素在表达信息方面的优越性，将科学与工程计算等产生的大规模数据转换为直观的形式，有助于帮助研究者发现常规计算难以发现的现象，获得意料之外的启发和灵感，大大提高了研制效率和质量。

图 1-8　核爆炸数值模拟实验

计算可视化是复杂科学计算和"大数据"时代数据分析的有效工具，它涉及数学建模、计算机图形学、图像处理、计算机视觉、计算机辅助设计等多个研究领域。为了取得更好的应用效果，需进一步对可视化过程中涉及的数据预处理、模型构造、绘图和显示、实时交互式处理等技术加以深入研究。

4. 智能多媒体

智能多媒体技术是计算机多媒体技术与人工智能技术相结合的、具有广泛交叉性的前沿技术，旨在使未来的多媒体系统具有越来越高的智能性。智能多媒体系统可以与人类进行自然的交互，系统本身不仅能主动感知用户的交互意图，还可以根据用户的需求做出相应的反应。例如，目前正在研究的图像理解技术以知识为核心，在图像分析的基础上进一步研究图像中各目标的性质及其相互关系，并得出对图像内容含义的理解以及对客观场景的解释，进而指导和规划行为；智能多媒体数据库的核心技术是将具有推理功能的知识库与多媒体数据库结合起来，以实现数据库的自动、交互式检索；基于内容检索的多媒体数据库技术则需要综合处理高维空间的搜索问题、音/视频信息的特征提取、识别和语义抽取问题、知识工程中的学习、挖掘及推理等问题。

实际上，智能多媒体技术的研究领域十分广阔，从图形、图像、语言、文字的自动识别到自然语言理解，从自动程序设计、自动定理证明到智能多媒体数据库，从计算机视觉到智能机器人等都属于智能多媒体的范畴。把人工智能领域的某些研究成果和多媒体计算机技术很好地结合，将是多媒体计算机长远的发展方向。

5. 计算机协同工作

计算机协同工作（Computer Supported Cooperative Work，CSCW）是指在计算机支持的环境中，一个群体协同工作以完成一项共同的任务。就目前而言，要真正实现计算机协同工作，尚有一些问题需要解决。例如，对于多媒体信息空间的组合方法，要解决多媒体信息交换、信息格式的转换以及组合策略；由于网络延迟、存储器的存储等待、传输中的不同步以及多媒体时效性的要求等，还需要解决多媒体信息的时空组合问题、系统对时间同步的描述方法以及在动态环境下实现同步的策略和方法。待这些问题解决后，计算机支持的协同工作环境将更加完善，人们将可以不受时间和空间的限制，共享信息、协同工作。

> 🧑‍💻 **思维训练与能力拓展**：在智能多媒体领域，基于内容检索的多媒体数据库技术是一项非常重要的技术。请通过网络查询，了解该技术的特点、要解决的关键问题及要达到的目标。

本章小结

本章介绍多媒体技术相关的基本概念、多媒体关键技术以及多媒体的应用与发展情况，主要内容如下所述。

1. 媒体泛指用来获取和传递信息的一切工具、渠道、载体或技术手段。媒体是承载或传递信息的载体，包含媒质和媒介两层含义，前者指承载、存储和传递信息的物理实体，后者指信息的表现或传播形式。媒体可分为感觉媒体、表示媒体、显示媒体、存储媒体和传输媒体五种类型。

2. 多媒体通常指各种感觉媒体的有机组合，即文本、声音、图形、图像、视频、动画等各种媒体形式融合在一起而形成的综合媒体。多媒体技术是指将各种媒体信息通过计算机进行数字化采集、编码、存储、编辑、传输、解码和再现等，使多种媒体信息进行有机融合并建立逻辑连接，以形成交互性系统的一体化技术。多媒体技术具有多样性、集成性、交互性和实时性等主要特征。

3. 多媒体中的媒体元素指的是多媒体应用中可显示给用户的媒体形式，也即多媒体技术的处理对象。常见的媒体元素主要有文本、声音、图形、图像、动画和视频等。

4. 多媒体关键技术主要包括多媒体数据压缩技术、多媒体数据存储技术、多媒体专用芯片技术、多媒体输入/输出技术、多媒体软件技术、多媒体通信网络技术、虚拟现实技术等。其中，虚拟现实技术是利用计算机模拟产生一个开放、互动的三维空间的虚拟环境，通过多种传感设备使用户"浸入"到该环境中，实现用户与该环境直接进行自然交互的技术。虚拟现实技术具有四个显著特征：临场感、多感知性、交互性和自主性。

5. 多媒体技术的主要应用领域包括教育培训、过程模拟、商业展示、影视娱乐、多媒体通信、电子出版等。多媒体技术的主要未来发展方向包括多媒体通信、虚拟现实、计算可视化、智能多媒体、计算机协同工作等。其中，科学计算可视化（ViSC）是将科学计算的中间数据和结果数据，转换为人们容易理解的图形、图像或动画形式。计算机协同工作（CSCW）是指在计算机支持的环境中，一个群体协同工作以完成一项共同的任务。

快速检测

1. 下面有关媒体的说法中，错误的是_____。
   A. 媒体指的是一种信息传播和交流的方式
   B. 媒体是承载或传递信息的载体
   C. 媒体包含"媒质"和"媒介"两层含义
   D. 电视可以称为媒体，但互联网上的 IPTV 不能称作媒体

2. 按照 ITU-T 的划分，媒体可分为_____。

    A. 感觉媒体、表示媒体、显示媒体、存储媒体、传输媒体

    B. 感觉媒体、表示媒体、输入媒体、输出媒体、传输媒体

    C. 感官媒体、交换媒体、输入媒体、输出媒体、网络媒体

    D. 感官媒体、表示媒体、显示媒体、存储媒体、网络媒体

3. 下面有关多媒体的说法中，错误的是_____。

    A. 在现代信息技术领域，多媒体通常指各种表示媒体的有机组合

    B. 通常所说的多媒体即指由文字、声音、图形、图像等"单"媒体形式融合而成的综合媒体

    C. 多媒体充分应用了各种"单"媒体的优越性，在信息表达中常常具有"1+1>2"的效果

    D. 和单一媒体相比，多媒体更易于理解和交流

4. 在下面有关多媒体的相关技术中，处于中心位置的是_____。

    A. 微电子技术　　　　　　　　　　B. 人工智能技术

    C. 计算机技术　　　　　　　　　　D. 网络与通信技术

5. 下列关于各种媒体元素的说法中，错误的是_____。

    A. 文本指各种字符，包括数字、字母和文字等，主要用于清晰表达所呈现的信息

    B. 声音不仅可以烘托气氛，还可增强对其他类型媒体所表达信息的理解

    C. 图形文件是绘图指令与图形生成算法的集合，只记录部分特征点的信息

    D. 图像的最大优点是占用空间小，放大不失真

6. 多媒体技术最为典型的特征是_____。

    A. 多样性　　　　　　　　　　　　B. 集成性

    C. 交互性　　　　　　　　　　　　D. 实时性

7. 下面有关多媒体数据压缩的描述中，错误的是_____。

    A. 多媒体数据中通常存在各种类型的数据冗余，因此可进行压缩处理

    B. 数据压缩的目的是减少存储空间消耗，提高数据传输速度

    C. 编码是将原始数据进行压缩，解码是将编码数据解压缩，还原为原始数据

    D. 对于图像、音频和视频，都存在一些国际标准压缩方法

8. 近年来，随着云计算技术的发展而发展起来的一种新型存储技术是_____。

    A. RAID　　　　　　　　　　　　B. NAS

    C. SAN　　　　　　　　　　　　 D. CST

9. 在多媒体软件中，用于对各种媒体元素进行控制、管理和综合处理的是_____。

    A. 多媒体操作系统　　　　　　　　B. 多媒体数据处理软件

    C. 多媒体创作工具　　　　　　　　D. 多媒体数据库软件

10. _____技术是利用计算机模拟产生一个开放、互动的三维空间的虚拟环境，通过多种传感设备使用户"浸入"到该环境中，实现用户与该环境直接进行自然交互的技术。

    A. 虚拟现实　　　　　　　　　　　B. 计算机协同工作

    C. 智能多媒体　　　　　　　　　　D. 计算可视化

第2章
多媒体技术基础

多媒体计算机系统是指能把视、听和计算机交互控制结合起来，对音频信号、视频信号等各类媒体信息的获取、生成、存储、处理和传输进行综合数字化处理的计算机系统，它由硬件系统和软件系统两部分组成。多媒体信息经过数字化处理后面临的主要问题是数据量巨大，尤其是对静态图像和动态视频，解决这个问题的关键是对这些媒体元素进行压缩处理。本章首先介绍多媒体计算机系统的组成，然后介绍多媒体数据压缩技术的相关知识，最后对一些主流的音频、视频和图像压缩标准进行简要介绍。

2.1　多媒体计算机系统

❓ 普通计算机系统由哪些部分组成？多媒体计算机系统与普通计算机相比，异同点是什么？常见的多媒体设备有哪些？

在多媒体计算机之前，传统的计算机处理的信息往往仅局限于文字和数字，而且人机之间的交互只能通过键盘和显示器，不便于信息的交流。为了改善人机交互的方式，使计算机能够集声、文、图、像处理于一体，人类发明了具有多媒体信息处理能力的计算机。

多媒体计算机系统是指支持多媒体数据，并使数据之间建立逻辑连接，进而集成为一个具有交互性能的计算机系统。由于到目前为止，大部分的多媒体工作都是在个人计算机上进行的，一般说的多媒体计算机指的是具有多媒体处理功能的个人计算机（Multimedia Personal Computer，MPC）。

MPC 源于 1990 年 Microsoft 公司联合一些主要的 PC 厂商和多媒体产品开发商组成的 MPC 联盟（Multimedia PC Marketing Council），目标是建立计算机系统硬件的最低功能标准，采用 Windows 作为操作系统。

2.1.1　MPC 系统的组成

MPC 与一般 PC 机的主要区别在于：MPC 具有更强的对图形、图像、音频和视频等信息的处理能力。从系统组成上讲，MPC 系统也是由硬件系统和软件系统两部分组成。其中，硬件系统主要包括计算机主要配置、各种外部设备以及与之相连接的控制接口卡。软件系统包括多媒体驱动软件、多媒体操作系统、多媒体数据处理软件、多媒体创作工具软件和多媒体应用软件。典型 MPC 系统的组成如图 2-1 所示。

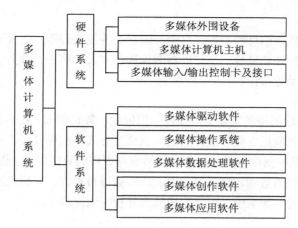

图 2-1　典型 MPC 系统的组成

1. 多媒体计算机硬件系统

多媒体计算机硬件系统是多媒体计算机实现多媒体功能的物质基础,任何多媒体信息的采集、处理和播放都离不开多媒体硬件的支持。多媒体硬件系统由多媒体计算机主机、多媒体存储设备、音频输入/输出和处理设备、视频输入/输出和处理设备等组合而成,主要包括 5 部分:较高配置的计算机主机硬件、音频卡、视频卡、输入/输出设备和信息存储介质。多媒体计算机系统硬件环境如图 2-2 所示。

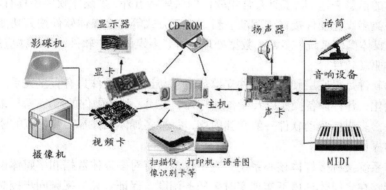

图 2-2　多媒体计算机系统硬件环境

（1）CPU

多媒体计算机要求具有较高的信息处理速度,因此 MPC 主机需配备功能强、速度快的 CPU。CPU 由逻辑运算单元、控制单元和存储单元组成,主要用于各种计算和信息处理,并和计算机的其他部件进行通信和数据传递。

（2）音频卡

音频卡是实现声波/数字信号相互转换的硬件,主要完成声音的采样、量化、变换、混合及播放等功能,多以插件的形式安装在计算机的扩展槽上,或直接集成在主板上。音频卡简称声卡,其主要组成部件包括 MIDI 输入/输出接口电路、MIDI 合成芯片、CD 音频输入与线输入混合电路、带有脉冲编码调制电路的数模转换器、压缩/解压缩音频文件的压缩芯片、用于合成输出语音的语音合成器、用来识别语音输入的语音识别电路、立体声音频输出或线输出电路等。

（3）视频卡

视频卡主要完成对视频信号的捕捉、存储、编辑和特技处理等。视频卡不仅可以对实时视频图像进行捕捉、压缩、存储和播放，还可以对图像进行放大、缩小、裁剪、移位、显示调整、多个视频源选择及混叠显示等操作。

（4）输入/输出设备

多媒体计算机输入/输出设备主要有触摸屏、扫描仪、数码相机、投影机等。触摸屏作为一种新颖的计算机外设，是目前最方便、最自然的人机交互方式。扫描仪是一种典型的静态图像输入设备，其基本功能是将反映图像特征的光信号转换成可识别的数字信号。数码相机能够进行拍摄，并通过内部处理把拍摄到的景物转换成数字形式的图像进行存放。投影机则是一种利用特殊结构的投影管或液晶板配合的光学系统，可将影像放大并投射到屏幕上。

（5）存储器

多媒体信息处理涉及大量的信息交换，因此需配备大容量的主存空间。此外，数字化后的多媒体信息量非常大，也要占用巨大的存储空间。光存储技术的发展为存储多媒体信息提供了保证。光盘存储器具有存储量大、工作稳定、密度高、寿命长、便于携带、价格低廉等优点，已成为多媒体信息存储普遍使用的载体。

2. 多媒体计算机软件系统

如果说硬件是多媒体系统的基础，那么软件就是多媒体系统的灵魂。多媒体软件的任务是使用户能够更方便、更有效地组织和调度多媒体数据，让硬件做出相应的处理，完成音/视频同步，真正实现多媒体的信息表达。除了具有常规软件的一般特点外，多媒体软件还具有其特有的功能，如数据压缩、各类多媒体硬件接口的驱动、新型交互方式等。多媒体软件按其功能可划分为多媒体驱动软件、多媒体操作系统、多媒体数据处理软件、多媒体创作软件、多媒体应用软件共 5 类。

（1）多媒体驱动软件

多媒体驱动软件是最底层硬件的软件支撑环境，与计算机硬件具有直接关系。多媒体驱动软件完成设备初始化、各种设备操作以及设备的打开、关闭、基于硬件的压缩/解压缩、图像快速变换及调用等任务。多媒体驱动软件一般常驻内存，每种多媒体硬件都需要相应的驱动软件。

（2）多媒体操作系统

多媒体操作系统又称多媒体核心系统。它不仅需具有对多媒体数据和多媒体设备的管理和控制功能，还要能够在多媒体环境下实现实时多任务调度，保证音频、视频同步控制及信息处理的实时性，并且具有对设备的相对独立性和可操作性。常见的多媒体操作系统包括 Apple 公司在 Macintosh 机上推出的 OS X 操作系统以及 Microsoft 公司在 PC 机上推出的 Windows 系列操作系统等。

（3）多媒体数据处理软件

多媒体数据处理软件是为多媒体应用程序准备数据的程序，它是专业人员在多媒体操作系统之上开发的、用于帮助用户编辑和处理多媒体数据的工具。常见的音频编辑软件有 Gold Wave、Sound Edit 和 Audition 等，图像编辑软件有 Photoshop、CorelDraw 等，动画编辑软件有 Flash、Animator Studio 和 3D Studio MAX 等。

（4）多媒体创作软件

多媒体创作软件是开发者编辑制作多媒体应用程序的工具软件，它可将各种媒体素材按照超文本节点和链结构的形式进行组织，快速形成多媒体应用系统，显著提高了多媒体开发的效率。多媒体创作软件实质上是一种综合性的集成软件包，目的是为多媒体开发人员提供一个自动生成程序代码的综合环境，它不仅提供编辑、组合和调用各种媒体的功能，而且能提供各种媒体对象的显示顺序和导航结构，把应用系统的各个部分连接起来。Authorware、Director、ToolBook 等都是比较流行的多媒体创作工具。

（5）多媒体应用软件

多媒体应用软件是在多媒体创作平台上设计开发的、面向特定应用领域的软件系统，由各种应用领域的专家或开发人员利用多媒体开发工具软件或计算机语言，组织编排大量的多媒体数据而形成的最终多媒体产品。多媒体应用软件具有较好的集成性，功能强大，界面友好，便于非专业人员使用。典型的多媒体应用软件如一套功能齐备的小学生教学系统，或一部声像俱全的百科全书等。

> **思维训练与能力拓展：**多媒体数据处理软件简单易用，尤其是图片处理软件 Photoshop 和动画制作软件 Flash 等，请列举出你使用过的多媒体处理软件，并简要介绍它们具备哪些功能，可以用来实现哪些效果？

2.1.2　常用的多媒体设备

常用的多媒体设备主要包括五类：多媒体存储设备，如光存储设备和闪存；图像信息输入/输出设备，如扫描仪、数码相机、打印机等；视频信息采集和播放设备，如视频卡、摄像头、投影机等；音频信息采集和播放设备，如音频卡、麦克风、音箱等；多媒体操纵设备，如触摸屏、手柄等。

1. 多媒体存储设备

正如 1.2.2 节所述，光存储设备由光盘和光盘驱动器两部分构成。对于大容量的多媒体作品，光盘是目前最理想的存储载体。按光盘结构划分，有 CD、DVD 和 BD 三种；按读写数据分类，有只读光盘和可刻录光盘两种。闪存（Flash Memory）是一种采用电子芯片为存储介质的无需驱动器的存储器。闪存可以分为闪存盘和闪存卡两类。闪存盘是基于 USB 接口、采用闪存芯片作为存储介质的存储器，简称"U 盘"或"优盘"。闪存卡一般应用在数码相机、MP3 等小型数码产品中作为存储介质。

2. 图像信息输入/输出设备

扫描仪是一种光机电一体化的高科技产品，可以通过扫描将图片、文稿等转换成计算机能够识别和处理的图像文件。扫描仪的主要性能指标有分辨率、灰度级、色彩数、扫描速度等，其工作原理如图 2-3 所示。按照产品的外观，扫描仪可分为手持式、平板式和滚筒式等几种类型；按使用的接口形式，可分为并行、SCSI、USB 接口等形式的扫描仪。

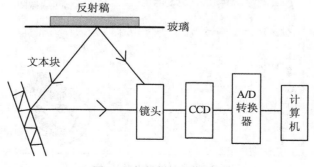

图 2-3　扫描仪的工作原理

数码相机采用电荷耦合元件（CCD）或互补金属氧化物（CMOS）半导体做感光器件，将所涉景物以数字方式记录在存储器中。主要性能指标有分辨率、存储卡类型、显示屏类型和色彩位数等。

打印机是能够在纸上打印出字符或图像的计算机输出设备。主要性能指标有打印分辨率、打印速度和打印成本。按照工作原理划分，打印机可分为击打式和非击打式两种；按输出色彩划分，可分为单色打印机和彩色打印机两种；按照打印速度，可分为低速、中速和高速打印机三种类型。

3．视频信息采集和播放设备

视频卡又称为视频信号处理器，用于对视频信号进行实时处理。视频卡可分为视频采集卡、视频压缩/解压缩卡、视频输出卡、视频接收卡。视频采集卡将摄像机等设备播放的模拟视频信号转换成数字视频信号。视频压缩/解压缩卡是将图像按照 JPEG 或 MPEG 标准进行压缩，或者将已压缩好的数字化视频解压缩成影像。视频输出卡则将数字视频信号重新编码转换成模拟视频信号。视频接收卡将捕捉到的视频图像进行转换，送显示器显示。视频卡的工作原理如图 2-4 所示。

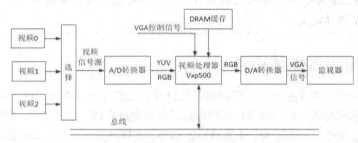

图 2-4　视频卡的工作原理

投影机是可以显示多种视频信号源的大屏幕光学电子设备，可分为 CRT、LCD、DLP、DLV 几种类型。投影机的主要性能指标有亮度、分辨率、对比度和灯泡寿命。

4．音频信息采集和播放设备

音频卡简称声卡，又称声音适配器。通过声卡及相应的驱动程序，可采集来自话筒、收音机的音源信号，并且将其压缩后存放在内存中，实时动态处理、合成、输入及输出声音信号。目前，声卡主要有 8 位、16 位、32 位和 64 位几种。用 8 位声卡采样得到的声音文件重放时，失真较大。理论上，16 位声卡采样的声音信号，重放时音质可以达到 CD 级。32 位和 64 位声卡性能更好，主要用于专业级的声音处理领域。几种常见的声卡及其接口如图 2-5 所示。

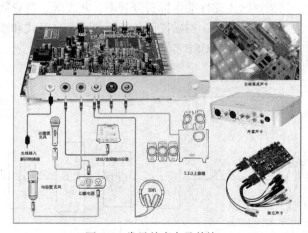

图 2-5　常见的声卡及其接口

麦克风俗称话筒，是将音频信号转换成电信号的能量转换器。麦克风按其结构不同，一般分为动圈式、晶体式、炭粒式、铝带式和电容式等不同类型，其中最常用的是动圈式麦克风和电容式麦克风，前者耐用、便宜；后者价格较高但特性优良。实际应用中需要根据录音类型的需要选择合适的麦克风。

音箱是将音频信号还原成声音的设备，俗称喇叭。其性能指标有灵敏度、频率响应、等效噪声级、指向性、动态范围和阻抗等。

5．多媒体操纵设备

触摸屏通过使用者的手指触摸屏幕介质以实现对计算机的操作定位，最终实现对计算机的输入和控制，具有快捷灵活、分辨率高、节省空间、使用寿命长等优点。按照工作原理划分，触摸屏可分为电阻式、电容式、红外式、压力式几种类型。手柄也称操纵杆，是电子信号输入设备，最常用于电子游戏操作。

2.2　多媒体数据压缩技术

为什么要对多媒体数据进行压缩？多媒体数据为什么可以被压缩？压缩后的数据与原始数据相比，有什么变化？

由于多媒体元素种类繁多、构成复杂，使得计算机面临的是数字、音乐、动画、静态图像和动态视频等多种形式，还必须将它们在模拟量和数字量之间进行自由转换、信息吞吐、存储和传输。目前，虚拟现实技术还要实现逼真的三维空间、3D 立体声效果和在实境中进行仿真交互，带来的突出问题就是媒体元素数字化后巨大的数据量。要解决这一问题，单纯靠扩充存储器容量、增加通信干线传输率是不现实的。通过数据压缩技术可大大降低多媒体信息的数据量。以压缩形式存储和传输多媒体数据，既节约了存储空间，又提高了通信干线的传输效率，便于计算机实现音/视频数据的实时处理，确保播放质量和效果。

2.2.1　多媒体数据压缩的原理

香农（C. E. Shannon）在 1948 年创立的信息论一方面给出了数据压缩的极限，另一方面指明了数据压缩的有效途径。香农信息论指出，信源中含有一定的自然冗余度，只要找到冗余的来源，即可实现数据的有效压缩。多媒体数据，尤其是图像、音频和视频，其数据量相当大，但表达它们所携带的信息量并不需要那么大的数据量。在信息论中，这就称为冗余，即指信息存在的各种性质的多余度，主要有空间冗余、时间冗余、结构冗余、视觉冗余、知识冗余等。

1．空间冗余

空间冗余是指在静态图像中有一块表面颜色均匀的区域，在这个区域中所有点的光强和色彩以及色饱和度都相同，具有很大的空间冗余，是图像数据中经常存在的一种数据冗余。

2．时间冗余

时间冗余是指动态图像中前后帧之间具有很强的相关性，当其中的物体有位移时，后一帧的数据与前一帧的数据有许多共同的地方，如背景等不变，只有部分物体的位置发生改变，这是视频数据中经常存在的冗余。

3．结构冗余

结构冗余是指一幅图像中有很强的结构特性，如布纹图像和草席图像等，其纹理规范清晰，在结构上存在很大的相似性，存在着较强的结构冗余，这是数字化图像中物体表面纹理等结构常见的数据冗余。

4. 视觉冗余

视觉冗余是由于人类的视觉系统受生理特性的限制，对图像场的敏感性具有非均匀和非线性的特点，从而对某些图像信息表现出不敏感特性。例如，对图像的压缩或量化而引入的噪声能使图像发生一些变化，如果这些变化并不能被视觉所感知，则忽略这些变化后，仍认为图像是完好的。

5. 知识冗余

知识冗余是指对于图像中重复出现的部分，可以构造出基本模型，并创建对应各种特征的图像库，进而使图像的存储只需要保存一些特征参数，从而达到减少数据量的目的。

6. 其他冗余

多媒体数据还存在一些其他类型的冗余，如信息熵冗余和听觉冗余等。

2.2.2　压缩方法分类

为了提高硬件设备及软件产品的兼容性及扩展性，任何产品都必须满足一定的标准化要求，多媒体数据的压缩也必须实现标准化。由于多媒体数据冗余种类不同，相应的有不同类型的压缩方法。多媒体技术中常用的数据压缩算法，根据解码后数据与原始数据是否完全一致可以分为无损压缩法和有损压缩法两大类。在此基础上，根据编码原理进行分类，大致可分为统计编码、预测编码、变换编码、分析-合成编码和其他一些编码方法。其中，统计编码是无损编码，其他编码方法都有一些数据损失。

1. 根据解码后数据与原始数据是否一致分类

（1）无损压缩

无损压缩也称可逆压缩、无失真编码、熵编码等。其基本原理为：去除或减少冗余值，但这些值可在解压缩时重新插入到数据中，从而可完整地恢复原始数据。无损压缩常用在对文本和数据的压缩上，但是压缩比较低，大致在 2∶1～5∶1 之间。典型算法有：霍夫曼（Huffman）编码、Shannon-Fano 编码、算术编码、游程编码和 Lenpel-Ziv 编码等。

（2）有损压缩

有损压缩也称不可逆压缩。此法在压缩时减少了的数据信息是不能恢复的。使用压缩后的数据进行重构，重构后的数据与原来的数据有所不同，但不影响人们对原始资料表达信息的理解。有损压缩适用于重构信号不一定非要和原始信号完全相同的场合。例如，图像和声音的压缩就可以采用有损压缩，因为其中包含的数据往往多于人类的视觉和听觉系统所能接收的信息，丢掉一些数据而不至于对声音或者图像所表达的意思产生误解，但可大大提高压缩比。

2. 根据编码原理分类

（1）统计编码

统计编码包括行程编码、LZW 编码、Huffman 编码和算术编码，属于无失真编码。它对于出现频率大的符号用较少的位数来表示，而对出现频率小的符号用较多的位数来表示。其编码效率主要取决于需编码的符号出现的概率分布，越集中则压缩比越高。

行程编码是最简单、最古老的压缩技术之一，其主要技术是检测重复的比特或者字符序列，并用它们的出现次数取而代之。在此方式下每两个字节组成一个信息单元。第一个字节给出其后面相连的像素的个数。第二个字节给出这些像素使用的颜色索引表中的索引值。例如：信息单元

03 04，03 表示其后的像素个数是 3 个，04 表示这些像素使用的是颜色索引表中的第五项的值。压缩数据展开后就是 04 04 04。同理，对于信息单元 04 05，可以展开为 05 05 05 05。信息单元的第一个字节也可以是 00，这种情况下信息单元并不表示数据单元，而是表示一些特殊的含义。这些含义通常由信息单元的第二个字节的值来描述。

LZW 编码具有较高的压缩率，压缩处理所花费的时间也较短。LZW 压缩有三个重要的对象：数据流（Char Stream）、编码流（Code Stream）和编译表（String Table）。在编码时，数据流是输入对象（文本文件的数据序列），编码流就是输出对象（经过压缩运算的编码数据）；在解码时，编码流则是输入对象，数据流是输出对象。编译表是在编码和解码时都需要借助的对象。但是应该注意的是，编译表不是事先创建好的，而是根据原始文件数据动态创建的，解码时还要从已编码的数据中还原出原来的编译表。

Huffman 编码是最常用的统计编码方法之一，属于可变字长编码（Variable Length Coding，VLC）的一种。该方法完全依据字符出现概率来构造异字头的平均长度最短的码字，有时也称为最佳编码。Huffman 压缩属于无损压缩，一般用来压缩文本和程序文件。对于文件中的字符，Huffman 编码用一个特定长度的位序列替代。因此，在文件中出现频率高的符号，使用短的位序列，而那些很少出现的符号，则用较长的位序列。

算术编码是用符号的概率和它的编码间隔两个基本参数来描述的编码方法。算术编码可以是静态的或是自适应的。在静态算术编码中，信源符号的概率是固定的。在自适应算术编码中，信源符号的概率根据编码时符号出现的频繁程度动态地进行修改。算术编码的基本原理是将编码的消息表示成实数 0 和 1 之间的一个间隔（Interval），消息越长，编码表示它的间隔就越小，表示这一间隔所需的二进制位就越多。1979 年，Rissanen 和 G. G. Langdon 将算术编码系统化，并于 1981 年实现了二进制编码。1987 年，Witten 等人发表了一个实用的算术编码程序，即 CACM87（后用于 ITU-T 的 H.263 视频压缩标准）。同期，IBM 公司发表了著名的 Q-编码器（后用于 JPEG 和 JBIG 图像压缩标准）。

（2）预测编码

预测编码是根据原始的离散信号之间存在着一定关联性的特点，利用前面的一个或多个信号对下一个信号进行预测，然后对实际值和预测值的差（预测误差）进行编码。由于在对差值进行编码时进行了量化，预测编码是一种有失真的编码方法。差分脉冲编码调制（Differential Pulse Code Modulation，DPCM）和自适应差分脉冲编码调制（Adaptive Differential Pulse Code Modulation，ADPCM）是两种典型的预测编码。

脉冲编码调制（Pulse Code Modulation，PCM）的编码原理比较直观和简单，它的输入是模拟信号，首先经过时间采样，然后对每一个样值进行量化，作为数字信号输出，即 PCM 样本序列 $x(0), x(1), \cdots, x(n)$。

DPCM 编码是对模拟信号幅度抽样的差值进行量化编码的调制方式。这种方式根据前面的抽样值来预测下一个抽样值，并对预测值与现实样值的差值进行编码。由于 DPCM 记录的是信号的相对大小而不是绝对大小，且信号的相对大小变化通常要比信号本身要小，所以 DPCM 编码所用的编码位数也就少，编码效率就相应的得到提高。这种调制方式的主要特点是把增量值分为多个等级，然后把不同等级的增量值编为二进制代码再送到信道传输。因此，它兼有增量调制和 PCM 的各自特点。DPCM 编码可以提高编码频率，这种技术已应用于模拟信号的数字通信之中。

ADPCM 是在 DPCM 的基础上逐步发展起来的预测编码方法。它的核心思想：一是利用自适应的思想改变量化阶的大小，即使用小的量化阶（step-size）去编码小的差值，使用大的量化阶去编码大的差值；二是使用过去的样本值估算下一个输入样本的预测值，使实际样本值和预测值之间的差值总是最小。

（3）变换编码

变换编码（Transform Coding，TC）的主要思想是利用图像块内像素值之间的相关性，把图像变换到一组新的基上，使得能量集中到少数几个变换系数上，通过存储这些系数而达到压缩的目的。变换编码系统中压缩数据有三个步骤：变换、变换域采样和量化。变换是可逆的，本身并没有进行数据压缩，它只是把信号映射到另一个域。可见，变换编码是一种间接编码方法。典型的变换有离散傅里叶变换（Discrete Fourier Transform，DFT）、离散余弦变换（Discrete Cosine Transform，DCT）、沃尔什-哈达玛变换（Walsh Hadamard Transform，WHT）、K-L 变换（Karhunen-Loeve Transform，K-LT）等。其中，最常用的是离散余弦变换 DCT。

DCT 变换源自 DFT 变换。DFT 是用于数据压缩的一种常用而有效的方法，但该方法运算次数较多，尽管有快速傅里叶变换算法，但是它仍需要进行复数运算，使用起来较为不便。DCT 则从 DFT 变换中取出实部，并采用快速余弦变换算法，大大提高了运算速度。

（4）分析-合成编码

分析-合成编码方法突破了经典数据压缩编码的理论框架。其本质是通过对原始数据的分析，将其分解成一系列更适合于表示的"基元"或从中提取出若干具有更本质意义的参数。编码时，仅对这些基本单元或特征参数进行。译码时，借助一定的规则或模型，按一定的算法对这些基元或参数再综合成原数据的一个逼近。常见的分析-合成编码有矢量量化编码、小波变换编码、分形图像编码和子带编码等。

> ❓ **思维训练与能力拓展**：通过网络查询，了解矢量量化编码、小波变换编码、分形图像编码和子带编码的技术原理和特点。

2.2.3 压缩方法评价

数据压缩方法的优劣主要由所能达到的压缩倍数，从压缩后的数据所能恢复（或称重建）的图像（或声音）质量，以及压缩和解压缩的速度等几方面来评价。另外也必须考虑每个压缩算法所需要的软/硬件开销。

1. 压缩比

压缩比是指压缩过程中输入数据量和输出数据量之比。显然，压缩比越大，压缩效率越高。例如，一幅分辨率为 512×480、颜色深度为 24bit 的静态图像，则输入 = 737280byte，输出=15000byte，其压缩比 = 737280/15000 = 49。

2. 图像（声音）质量

压缩方法可以分为有损压缩和无损压缩，这里以图像的压缩为例进行分析。无损压缩在压缩以及解压过程中没有损失任何原始信息，所以无损系统不必担心恢复出来的图像质量。对于有损压缩而言，失真情况很难量化，只能对测试的图像进行估计。有损压缩的评价有主观评价和客观尺度评价两种，前者凭借感知者的主观感受来评价图像的质量；后者依据模型给出的量化指标，并将模型的输出值作为质量的评价值或失真的度量。国际上已有成熟的主观评价技术和国际标准，例如 ITU-R BT.500-11 规定了电视图像的主观评价方法，对评价过程中的测试序列、人员、距离以及环境做了详细规定。图像质量的客观评价方法是根据人眼的主观视觉系统建立数学模型，并据此计算图像的质量。其图像质量的客观评价方法有 3 种：均方误差、信噪比、峰值信噪比。

（1）均方误差

$$E_n = \frac{1}{n}\sum_i (x(i) - \hat{x}(i))^2$$

（2）信噪比

$$SNR(\text{dB}) = 10\log_{10}\frac{\sigma_x^2}{\sigma_r^2}$$

（3）峰值信噪比

$$PSNR(\text{dB}) = 10\log_{10}\frac{x_{\max}^2}{\sigma_r^2}$$

其中，$x(i)$ 为原始图像信号序列，$\hat{x}(i)$ 是重建图像信号，$x_{\max}$ 是 $x(i)$ 的峰值。$\sigma_x^2 = E[x^2(n)]$，$\sigma_r^2 = E\{[\hat{x}(n) - x(n)]^2\}$。

3．压缩/解压速度

在许多应用中，压缩和解压不能同时进行。因此，压缩和解压的速度需要分别估计。在静态图像中，压缩速度没有解压速度严格；在动态图像中，压缩、解压速度都有要求，因为需实时地从摄像机或 VCR 中抓取动态视频。

除此之外，还需要考虑软件和硬件的开销。有些数据的压缩和解压缩可以在标准的 PC 机硬件上用软件实现，有些则因为算法太复杂或者质量要求太高而必须采用专门的硬件，这就需要在占用 PC 计算资源和使用专门硬件之间做出选择。

2.3　主流数据压缩标准

大家看到的图片有 JPG、TIFF 等格式，而对于视频和音频也有不同的文件格式，这些格式是怎么来的？通过本小节的介绍，可以了解这些常见的多媒体数据格式的来源。

2.3.1　音频压缩标准

音频压缩技术指的是对原始数字音频信号流（PCM 编码流）运用适当的数字信号处理技术，在不损失有用信息量，或所引入损失可忽略的条件下，降低（压缩）其码率，也称为压缩编码。它必须具有相应的逆变换，称为解压缩或解码。音频信号在通过一个编/解码系统后可能引入一定的噪声并造成失真。

音频信号是多媒体信息的重要组成部分。音频信号可分为电话质量的语音、调幅广播质量的音频信号和高保真立体声信号（如调频广播信号、激光唱片音频信号等）。数字音频压缩技术标准分为电话语音压缩、调幅广播语音压缩和调频广播及 CD 音质的宽带音频压缩 3 种。电话（200Hz～3.4kHz）语音压缩标准，主要有 ITU 的 G.722（64kb/s）、G.721（32kb/s）、G.728（16kb/s）和 G.729（8kb/s）等，用于数字电话通信。调幅广播（50Hz～7kHz）语音压缩标准，主要采用 ITU 的 G.722（64kb/s），用于优质语音、音乐、音频会议和视频会议等。调频广播（20Hz～15kHz）及 CD 音质（20Hz～20kHz）的宽带音频压缩标准，主要采用 MPEG-1、MPEG-2 或杜比 AC-3 等，用于 CD、VCD、DVD、HDTV 和电影配音等。

MP3 是常见的音频压缩编码格式之一，主要用于连续图像（电影）格式中的声音部分，其全称是动态影像专家压缩标准音频层面 3（Moving Picture Experts Group Audio Layer III）。它是由德国埃尔朗根的研究组织 Fraunhofer-Gesellschaft 的一组工程师于 1991 年发明和标准化的，用来大幅度地降低音频数据量。利用 MPEG Audio Layer 3 技术，根据压缩质量和编码处理的不同分为三层，分别对应.MP1、.MP2 和.MP3 三种声音文件，可将音乐以 1∶10～1∶12 的压缩率压缩成容量较小的文件。

MP3 格式压缩音乐的采样频率有很多种，可以用 64kb/s 或更低的采样频率节省空间，也可以用 320kb/s 的标准达到更高的音质。相同长度的音乐文件，用 MP3 格式来存储，一般只有 WAV 格式的十分之一，而音质仅略微降低，可以满足大多数用户的要求。

> 思维训练与能力拓展：除了 MP3 格式的音频文件，大家常见的音频格式还有哪些？简要说明其相应的压缩方法？

2.3.2 静态图像压缩标准

国际标准化组织（ISO）和国际电报电话咨询委员会（CCITT）于 1986 年年底成立了联合图片专家组（Joint Photographic Experts Group，JPEG），专门研究连续色调静态图像压缩的国际标准算法。这是一种有多种压缩程度的压缩方法，其文件名后缀为 JPG 或 JPEG 等。该标准采用了多种压缩方法，主要包括 DCT、Huffman 编码和算术编码等。JPEG 专家组开发了两种基本的压缩算法，一种是以 DCT 为基础的有损压缩算法，另一种是采用以预测技术为基础的无损压缩算法。使用有损压缩算法时，在压缩比为 25∶1 的情况下，压缩后还原得到的图像与原始图像相比较，非图像专家难以找出它们之间的区别，因此得到了广泛的应用。

1. 以 DCT 为基础的有损编码方法

该方法包含两种不同层次的系统，即基本系统和增强系统，并且定义了顺序工作和累进工作两种工作方式。基本系统只采用顺序工作方式，熵编码时只能采用霍夫曼编码，且只能存储两套码表。增强系统是基本系统的扩充，可采用累进工作方式和分层工作方式等，熵编码时可以用霍夫曼编码和算术编码。

（1）基于 DCT 的顺序编码模式

基于 DCT 的顺序编码模式的压缩过程是：① 使用正向离散余弦变换（Forward Discrete Cosine Transform，FDCT）把空间域表示的图像变换成频率域表示的图像；② 使用加权函数对 DCT 系数进行量化，这个加权函数对于人的视觉系统是最佳的；③ 使用霍夫曼可变字长编码器对量化系数进行编码。

（2）基于 DCT 的累进编码模式

基于 DCT 的顺序编码模式的整个编码过程是从上到下、从左到右的顺序扫描方式一次性完成。基于 DCT 的累进编码模式则通过多次扫描的方法来对一幅图像进行数据压缩，其描述过程采取由粗到细的逐步累加的方式进行。图像还原时，在屏幕上首先看到的是图像的大致情况，而后逐步地细化，直到全部还原出来为止。

（3）基于 DCT 的分层编码模式

在分层编码模式中，一幅图像被分成多个低分辨率的图像，然后分别对每个低分辨率图像进行编码，其编码方法可以采用无失真编码，也可采用基于 DCT 的顺序编码或累进编码。解码时，先将低分辨率图像进行解码，然后将恢复的下一层低分辨率图像插入已重建图像之中，以此来提高图像分辨率，直到图像分辨率达到原图像的质量水平。

2. 以预测技术为基础的无损压缩方法

预测编码具有硬件实现容易、重建图像质量好的优点。预测器可以采用不同的预测方法，常用的预测方法为三邻域预测法，其预测公式如图 2-6 所示。

选择值	预测	选择值	预测
0	非预测值	4	$a+b-c$
1	a	5	$a+((b-c)/2)$
2	b	6	$b+((a-c)/2)$
3	c	7	$(a+b)/2)$

图 2-6　三邻域预测法公式

3. 其他静态图像压缩标准

JPEG2000 是静态图像专家组于 2000 年发布的静态图像压缩格式，这种格式主要采用基于小波变换的压缩算法。与 JPEG 相比，JPEG2000 图像格式在性能上有了很大的提高。其文件名后缀包括 JP2、JPX 等，标准号是 ISO/IEC 15444。目前，JPEG2000 在 Internet 上的应用还没有得到大多数浏览器的支持。

PNG 图像的现行版本是 ISO/IEC 15948: 2003，并在 2003 年 11 月 10 日作为 W3C 建议发布。其特点表现为以下 5 个方面。

① 体积小。网络通讯中因受带宽制约，在保证图片清晰、逼真的前提下，网页中不可能大范围地使用文件较大的 BMP、JPG 格式文件。

② 无损压缩。PNG 文件采用 LZ77 算法的派生算法进行压缩，压缩比较高，且不损失数据。它利用特殊的编码方法标记重复出现的数据，因而对图像的颜色没有影响。

③ 索引彩色模式。PNG-8 格式与 GIF 图像类似，同样采用 8 位调色板将 RGB 彩色图像转换为索引彩色图像。图像中保存的不再是各个像素的彩色信息，而是从图像中挑选出来的具有代表性的颜色编号，每一编号对应一种颜色，图像的数据量也因此减少，这对彩色图像的传播非常有利。

④ 更优化的网络传输显示。PNG 图像在浏览器上采用流式浏览，即使经过交错处理的图像会在完全下载之前会提供给浏览者一个基本的图像内容，然后再逐渐清晰起来。它允许连续读出和写入图像数据，这个特性很适合于在通信过程中显示和生成图像。

⑤ 支持透明效果。PNG 可以为原图像定义 256 个透明层次，使得彩色图像的边缘能与任何背景平滑地融合，从而彻底地消除锯齿边缘。这种功能是 GIF 和 JPEG 没有的。

2.3.3　动态视频压缩标准

视频图像压缩的一个重要标准是由活动图像专家组于 1990 年形成的一个标准草案，简称 MPEG，它已成为数码影像界公认的商业标准。MPEG 标准的视频压缩编码技术主要利用具有运动补偿的帧间压缩编码技术以减小时间冗余度，利用 DCT 技术以减小图像的空间冗余度，利用熵编码技术以减小信息表示时的统计冗余度。这几种技术的综合运用，大大增强了 MPEG 的压缩性能，使其具有画面质量高、带宽要求低等优点。目前已推出 MPEG-1，MPEG-2，MPEG-4，MPEG-7 等。

MPEG-1 标准是针对传输速率为 1Mb/s 到 1.5Mb/s 的普通电视质量的视频信号的压缩，主要用于 Video CD 内的压缩技术。MPEG-1 采用块方式的运动补偿、DCT 变换、量化等技术，并为 1.2Mb/s 传输速率进行了优化。MPEG-1 的输出质量大约和传统录像机 VCR 的信号质量相当，这也许是 Video CD 在发达国家未获成功的原因。

MPEG-2 标准的目标是对每秒 30 帧的 720×572 分辨率的视频信号进行压缩，主要用于 DVD 内的压缩技术。在扩展模式下，MPEG-2 可以对分辨率达 1440×1152 高清晰度电视（HDTV）的信号进行压缩。MPEG-2 图像压缩的原理是利用了图像中的两种特性：空间相关性和时间相关性。一帧图像内的任何一个场景都是由若干像素点构成的，因此一个像素通常与它周围的某些像素在亮度和色度上存在一定的关系，这种关系被称为空间相关性；一个节目中的一个情节常常由若干帧连续图像组成的图像序列构成，一个图像序列中前后帧图像间也存在一定的关系，这种关系被称为时间相关性。这两种相关性使得图像中存在大量的冗余信息。如果能将这些冗余信息去除，只保留少量非相关信息进行传输，就可以大大节省传输带宽。

MPEG-4 标准将众多的多媒体应用集成在一个完整框架内，实现为多媒体通信及应用环境提供标准的算法及工具。MPEG-4 可对音频、视频数据进行更为有效的编码，实现更为灵活的存取，具有压缩比高、节省存储空间和图像质量好的优点，主要适用于数码监控。MPEG-4 标准同以前标准的最显著的差别在于它是采用基于对象的编码理念，即在编码时将一幅景物分成若干在时间和空间上相互联系的视频音频对象，分别编码后，再经过复用传输到接收端，然后再对不同的对象分别解码，从而组合成所需要的视频和音频。这样既方便对不同的对象采用不同的编码和表示方法，又有利于不同数据类型间的融合，并且也可以方便地实现对于各种对象的操作及编辑。

随着信息爆炸时代的到来，在海量信息中，对基于视听内容的信息检索是非常困难的。继 MPEG-4 之后，要解决的矛盾就是对日渐庞大的图像、声音信息的管理和迅速的搜索。针对这个矛盾，MPEG 提出了解决方案 MPEG-7，力求能够快速且有效地搜索出用户所需的不同类型的多媒体资料。MPEG-7 被称为"多媒体内容描述接口"，其目的是制定出一系列的标准描述符来描述各种媒体信息，用于描述多媒体内容数据。MPEG-7 与其他 MPEG 标准的不同之处在于它只提供了与内容有关的描述符，并不包括具体的音/视频压缩算法，而且还未形成与内容提交有关的所有标准的总框架。

本章小结

1. 多媒体硬件系统主要包括 5 个部分：较高配置的计算机主机硬件、音频卡、视频卡、多媒体计算机输入/输出设备和多媒体信息存储介质。

2. 多媒体软件按其功能划分为多媒体驱动软件、多媒体操作系统、多媒体数据处理软件、多媒体创作软件、多媒体应用软件 5 类。

3. 多媒体数据，尤其是图像、音频和视频，其数据量相当大，但表达它们所携带的信息量并不需要那么大的数据量。信息冗余是指信息存在的各种性质的多余度，主要有空间冗余、时间冗余、结构冗余、视觉冗余、知识冗余等。

4. 根据解码后数据与原始数据是否一致分类，数据压缩方法可分为无损压缩和有损压缩。根据编码压缩原理分类，可分为统计编码、预测编码、变换编码、分析-合成编码等。

5. MP3 是常见的音频压缩编码格式之一，利用 MPEG Audio Layer 3 的技术，根据压缩质量和编码处理的不同分为三层，分别对应.MP1、.MP2、.MP3 三种声音文件。JPEG 适用于对静止图像的压缩，包括两种基本的压缩算法，即以离散余弦变换（DCT）为基础的有损压缩算法和以预测技术为基础的无损压缩算法。MPEG 用于动态视频的压缩，主要利用具有运动补偿的帧间压缩编码技术以减小时间冗余度，利用 DCT 技术以减小图像的空间冗余度，利用熵编码技术以减小信息表示时的统计冗余度，目前已推出 MPEG-1、MPEG-2、MPEG-4 和 MPEG-7 等技术标准。

快速检测

1. 多媒体技术的主要特性有_____。
   （1）多样性　　　　（2）集成性　　　　（3）交互性　　　　（4）实时性
   A. 仅（1）　　　　B.（1）（2）　　　　C.（1）（2）（3）　　　　D. 全部

2. 多媒体计算机系统由_____组成。
   A. 多媒体计算机硬件系统和多媒体计算机软件系统
   B. 计算机硬件系统与声卡
   C. 计算机硬件系统与视频卡
   D. 计算机硬件系统与 DVD

3. 多媒体硬件系统应包括的主要硬件设备是_____。
   （1）计算机最基本硬件设备　　　　　　（2）CD-ROM
   （3）音频输入/输出和处理设备　　　　　（4）多媒体通信传输设备
   A. 仅（1）　　　　　　　　　　　　　　B.（1）（2）
   C.（1）（2）（3）　　　　　　　　　　　D. 全部

4. 视频卡的种类很多，主要包括_____。
   （1）视频捕获卡　　（2）电影卡　　　　（3）电视卡　　　　（4）视频转换卡
   A.（1）　　　　　　　　　　　　　　　B.（1）（2）
   C.（1）（2）（3）　　　　　　　　　　　D. 全部

5. 在下列有关信息量的说法中，正确的是_____。
   A. 信息量等于数据量与冗余量之和　　　B. 信息量等于信息熵与数据量之差
   C. 信息量等于数据量与冗余量之差　　　D. 信息量等于信息熵与冗余量之和

6. 图像序列中的两幅相邻图像，后一幅图像与前一幅图像之间有较大的相关，这种相关性属于_____。
   A. 空间冗余　　　　　　　　　　　　　B. 时间冗余
   C. 信息熵冗余　　　　　　　　　　　　D. 视觉冗余

7. 衡量数据压缩技术性能的重要指标是_____。
   （1）压缩比　　　　　　　　　　　　　（2）算法复杂度
   （3）恢复效果　　　　　　　　　　　　（4）标准化
   A.（1）（3）　　　　　　　　　　　　　B.（1）（2）（3）

C.（1）（3）（4）   D. 全部

8. MP3 压缩标准中包含的音乐文件格式为_____。

（1）.mp1   （2）.mp2   （3）.mp3   （4）.mp4

A.（1）（3）   B.（2）（3）

C.（1）（2）（3）   D.（2）（3）（4）

9. JPEG 专家组采用_____压缩方法。

A. 统计编码和算术编码   B. PCM 编码和 DPCM 编码

C. 预测编码和变换编码   D. 哈夫曼编码、DCT、算术编码

10. 在 MPEG 中为了提高数据压缩比，采用了_____方法。

A. 运动补偿与运行估计   B. 减少时域冗余和空间冗余

C. 帧内图像数据与帧间图像数据压缩   D. 向前预测和向后预测

第3章
数字音频处理

声音是多媒体中最容易被人们感知的元素。从耳边低语到失声尖叫,任何语言都离不开声音。声音利用的好坏常常决定了一个多媒体作品是引人入胜还是平庸。本章首先介绍数字音频的基本概念以及 MIDI 音乐合成技术,然后介绍音频获取和处理的基本方法,最后通过介绍 Audition 的基本功能,让读者了解数字音频处理的基本方法和过程。

3.1 数字音频基础

声音来源于物体的振动。机械振动激发周围弹性介质(如空气、水、固体)内部的压力波动就形成了声波。声波作用于人的听觉系统会产生不同的感受。因此,可以充分利用声波的物理特性和人耳听觉特征对数字音频进行综合处理,以达到更加完美的音效。那么,声音和听觉有什么关系?如何获得数字音频?数字音频的质量标准以及文件格式又有哪些呢?

3.1.1 声音与听觉

自然界中的声音、人类语音、音乐等构成了丰富的声音世界,人类仅能听到一定频率和音量范围内的声音,这不仅与声音的特性有关,还与人的听觉系统有关。

1. 声音

声音(Sound)的物理特征由频率和振幅两个基本参数决定。频率描述了振动的快慢,单位为赫兹(Hz),频率越高,声音越尖锐;振幅描述了振动的强弱,振动越强,引起的声压变化越大,音量就越大。声波按频率划分可分为次声波(频率在 20Hz 以下)、音频波(频率在 20~20kHz)、超声波(频率超过 20kHz)。人们只能听到音频波,通常称为音频(Audio)。

声音按构成波形的频谱结构可分为纯音和复合音,波形如图 3-1 所示。纯音是振幅随时间做正弦波变化的声音,音调单一。复合音由包含多种不同频率和振幅的正弦波叠加形成,其中频率最低的成分称为基音,其余比基音频率高的成分称为泛音。自然界的声音、乐器声、语音、歌声等都是复合音,在听觉上有明确的音调和音色,给人以悦耳的感觉。

2. 听觉

人的听觉是一个非常复杂的系统。人耳对声音的强弱感觉大体上与声压的对数成比例。为了计量的方便,一般都用声压级来度量声音强弱,单位为分贝(dB)。声压级用以下公式来计算:

$$声压级 = 20 \lg P + 94 \ (dB)$$

其中,P 为声压,单位为帕。

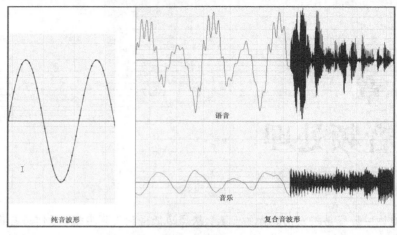

图 3-1　声音波形

音频的三个要素是音调、响度、音色。音调与频率相关，响度与声压相关，音色与泛音特性相关。

（1）音调

音调（Tone）指人耳听觉对声音高、低的主观感觉，也称为音高（Pitch）。音调的高低主要由基音频率决定。基音频率越低，声音越低沉。音阶与频率的对应关系见表 3-1。

表 3-1　　　　　　　　　　　　音阶与频率的对应关系

音阶	C	D	E	F	G	A	B
简谱音符	1	2	3	4	5	6	7
频率（Hz）	261	293	330	349	392	440	494

人耳对不同频率的声音敏感程度是不一样的，中频段（3k～5kHz）最敏感，幅度很低的信号都能听到；低频区和高频区较不敏感。随着年龄增大，对高频的听力会逐渐下降，比如 50 岁的人最高能听到的频率为 13kHz，而 60 岁的人很少能听到 8kHz 以上的声音。常见音频频率范围如表 3-2 所列。

表 3-2　　　　　　　　　　　　常见音频频率范围

音频	频率范围	音频	频率范围
语音	100～10kHz（主要集中在 300～3.4kHz）	低音	60～150Hz
男性语音	100～9kHz	中音	150～1.5kHz
女性语音	150～10kHz	中高音	1.5k～5kHz
超低音	60Hz 以下	高音	5kHz 以上

（2）响度

响度（Loudness）也称为音量（Volume），指人耳听觉对声音强弱的主观感觉。它不仅与声波的声压级有关，还与周围环境声以及听众的年龄、身体健康状况有关。人耳对声音细节的分辨与响度有直接关系，响度适中人耳辨音才灵敏；响度过低或过高，人耳会难以正确判别其音高和音色。

声学研究表明，人类对声音强弱变化的察觉能力是有限的。相当多的人对同一声音信号在其声压级突然变大或突然变小（变化量不超过 3dB）时是察觉不出来的，只有经过专门训练的音乐工作者或电声工作者才能察觉出 1～2dB 的声压级突变。因此，在电声工程中常以 3dB 这个数值来衡量一般电声设备某些指标的优劣。

（3）音色

音色（Timbre）是人耳听觉区别不同声源的主要依据，体现了声音的优美程度。"未见其人，先闻其声"说的就是每个人的音色都可能不同。同样音调和响度的声音，听起来可以有显著差别，这是由于声波中各种泛音的成分和比例不同，它们随时间衰减的程度就会不同，音色自然会有差异。音色是一种复杂的感觉，无法定量表示。

由此可见，声音及听觉是一个复杂的系统。声音是物理波作用于人的生理器官，由此带来的一系列生理、心理感受相互作用的结果，既有客观性又有主观因素。充分利用声学和生理学、心理学特性，可以研制和开发出更加完美的数字音频产品。同时，这些研究成果也为多媒体数字音频处理技术提供了理论依据。

3.1.2　数字音频

1. 模拟音频与数字音频

传统的电声产品中，麦克风将拾取的声波转换成随时间连续变化的电信号，由此得到了模拟音频。扬声器按照模拟音频电信号的变化控制纸盆振动，还原出原来的声波。模拟音频具有消除噪声困难、容易失真、复制转储信号会衰减、编辑修改困难等缺点。

计算机中所有的信息均以二进制表示，音频信号也必须转换成二进制编码，以数字音频方式进行处理。数字音频的特点是保真度高，动态范围大，可无限次复制而不会损失信息，便于编辑和特效处理。实际应用中，通常将模拟音频转换成数字音频，进行数字音频处理后再转换成模拟音频回放，如图 3-2 所示。

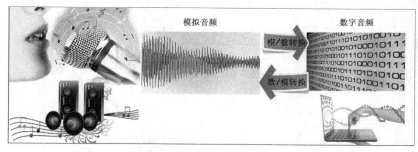

图 3-2　模拟音频与数字音频

2. 音频数字化

音频数字化是对模拟音频进行采样、量化、编码，将其转换为数字音频的过程。数字音频的质量主要由采样频率、量化位数、信噪比决定。

（1）采样频率

采样频率（Sampling Rate）是指每秒钟的采样次数。采样频率的高低是根据奈奎斯特理论和声音信号本身的最高频率决定的。采样频率不低于声音信号最高频率的两倍，才能确保数字音频能够还原成原来的模拟声音。

常用的采样频率有 8kHz、11.025kHz、22.05kHz、44.1kHz、48kHz、96kHz。对于不同频

率范围的声音和不同音频质量需选择不同的采样频率。例如，CD 音质信号高频要求达到 20kHz，采样频率为 44.1kHz。理论上采样频率越高，越利于恢复原始信号，但带来的是数据量的激增。同时，达到一定的采样频率后，再高的采样频率对恢复原始信号也起不到太大的作用。

（2）量化位数

对于每个采样点的幅度值用相应的二进制编码来表示，称为量化编码。量化位数（Bit Per Sample）越高，能表示的幅度的等级数越多，幅度值的描述就越精确。例如，每个声音样本用 4 位编码，测得的声音样本值仅能区分出 16 个等级。量化位数关系到声音的质量，位数越多，声音的质量越高，而需要的存储空间也越大。

常见的量化位数有 8 位、16 位和 24 位。8 位量化只能满足电话音质的基本要求；16 位量化可以满足立体声 CD-DA 音质的要求；更专业的音频处理设备需要使用 24 位以上的量化。此外，音频还分为单声道（Mono）、立体声（Stereo）、5.1 声道、7.1 声道等，每个声道都需要进行量化编码。

（3）信噪比

任何电子设备都不可避免地存在噪声和电磁干扰。在采集的信号中，有用信号与噪声的强度之比就是信噪比（Signal Noise Ratio，SNR），单位为分贝（dB），系统的分贝值越高干扰就越小。专业声卡的信噪比一般达到 110dB 以上。

量化过程总会带来信息的丢失和量化噪声的增加。要真正从数字音频中完全恢复原始音频信号，理论上必须要有无穷多位数据。在通常的数字系统中，无论量化阶距取多小，每个采样点都可能产生舍入误差，并且存在与这种误差相应的失真和噪声，将它们统称为量化噪声。音频数字化编码过程如图 3-3 所示。

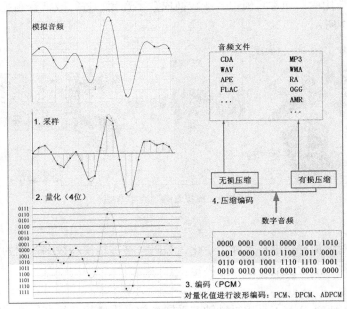

图 3-3　音频数字化编码

（4）数字音频数据量

由音频数字化过程可知，在非压缩状态下数字音频数据量计算方法为

数据量=采样频率×量化位数×声道数×时间秒数÷8（字节）

数据量与采样频率、量化位数、声道数都是线性递增的关系。因此，在多媒体应用系统中，必须从不同应用所要求的声音质量出发，选择合适的采样频率和量化位数，达到高效实用、经济方便的目的，不能盲目追求最高质量。

3.1.3　音频质量与压缩编码

1. 音频质量

声音质量通常分为四个等级，从低到高依次为电话（Telephone）、调幅无线电广播（AM）、调频无线电广播（FM）、数字激光唱盘(CD-DA)质量。实际应用中，可将音频分为语音通信、网络广播、立体声广播、CD音乐、家庭影院等。表3-3列出了常用声音质量要求和每秒钟量化的数据量。

表 3-3　各种声音质量及其相关数据

声音质量	声道	频率范围	采样频率	量化位	数据量（kB/S）
电话	单声道	200～3.4kHz	8kHz、11.025kHz	8	8、11
				16	16、22.1
AM 广播	单声道	50～7kHz	16kHz、22.05kHz	8	16、22.1
				16	32、44.1
FM 广播	双声道	20～15kHz	16kHz、37.8kHz	16	64、151.2
CD-DA	双声道	10～20kHz	44.1kHz、48kHz	16	176.4、192

2. 压缩编码方法

波形音频的数据量由采样频率、量化位数、声道数决定。同时，量化过程中的样值编码方法也同样会影响数据量。此外，音频数据存在大量的时间冗余、结构冗余、听觉冗余信息，充分利用音频特性和听觉特征，完全可以对数字音频进行压缩编码，使其达到保证音质的同时最大限度减少数据量。

音频量化编码常采用波形编码与子带编码。量化过程中最简单的均匀量化是先将整个振幅划分成等距的 2^n 个小幅度（量化阶距），把落入某个阶距内的采样值归为一类，并赋予相同的量化值编码。脉冲编码调制（PCM）就采用类似的方法。PCM 主要有三种方式：标准 PCM、差分脉冲编码调制（DPCM）和自适应差分脉冲编码调制（ADPCM）。标准 PCM 采用均匀量化，存储振幅的实际量化值。DPCM 中存储的是前后采样值之差，因而数据量减少了约 25%。ADPCM 改变了 DPCM 的量化步长，在同等音质下可压缩更多的数据。

对不同频带的音频信号还可以采用子带自适应差分脉冲编码调制（SB-ADPCM）进行编码。如 G.722 使用的是 SB-ADPCM 技术。子带编码中，往往先要应用某种变换方法得到频域系数，然后对频域按系数划分出多个子带。例如，在 G.722.1 中使用 MLT 变换，系数划分为 16 个子带；MPEG 伴音中用 FFT 或 MDCT 变换，划分的子带多达 32 个。

正如 2.2 节所述，对于波形数字音频，通常还会根据其音频特性和质量要求采用统计编码、预测编码、参数编码、变换编码、混合编码等多种编码算法压缩数据。例如，语音通信中的 G.729、EVRC、AMR 等常采用预测编码和参数编码压缩，而影音编码中的 MPEG、Doldy AC3、DTS 等采用变换编码、混合编码压缩。

3.1.4　音频文件格式

数字音频文件有两类，一类是采集各种原始声音数字化后得到的波形文件；另一类是专门记录乐器演奏指令的 MIDI 文件。有关 MIDI 文件将在 3.2 节详细介绍。常见的波形音频文件格式如下。

1. CD-A

CD-A 是用于存储声音信号轨道的标准 CD 格式，是目前音质最好的音频格式。在大多数播放软件的"打开文件类型"选项中，都可以看到 CD-A 格式。标准的 CD-A 格式是 44.1kHz 的采样频率、16 位量化立体声音频，数据速率为 88kbps。由于 CD 音轨近似无损，基本能够保存原声，是音乐发烧友的首选。

在 CD 光盘中看到的文件只是一个索引信息，并不真正包含声音信息，因此无论 CD 音乐多长，在电脑中看到的 CD-A 格式文件都是 44 字节。不能直接将复制的 CD-A 格式文件在硬盘上进行播放，需要使用抓音轨软件把 CD-A 格式文件转换成 WAV 格式保存。

2. WAV

WAV 是 Microsoft 开发的用于 Windows 平台的数字波形文件格式，由于保存的是 PCM 原始波形，能较好的体现音质，但占用磁盘空间大。标准 WAV 格式是 44.1kHz 的采样频率、16 位量化立体声，是目前微机上广为流行的声音文件格式。它由文件头（包含 40 字节）和音频数据两部分组成，文件头信息若被修改，则文件不能播放。几乎所有的音频编辑软件都支持 WAV 格式。

其他操作系统（如 Mac OS、Unix）都有专用的音频格式。Mac OS 系统采用 AIFF 格式，Unix 系统采用 AU 格式。它们与 WAV 格式非常相似，在大多数的音频编辑软件中，也都支持这几种常见的声音格式。

3. APE

APE 格式采用无损压缩，文件大小约为 CD-A 的一半，解压后能还原原始音频而不损失音质。随着宽带的普及，APE 格式越来越受到在线音乐爱好者的喜爱，尤其是希望通过网络传输 CD 音质的朋友，APE 可以为其节约大量的资源。

4. MP3

MPEG-1 是国际标准化组织（ISO/MPEG）采用的影音压缩标准，根据压缩质量和编码处理的不同可分为 3 层。目前，广播电台广泛应用 MPEG-1 Layer 1（MP1）、MPEG-1 Layer 2（MP2）。MP3 实际上是 MPEG-1 Layer 3。它采用有损压缩（压缩率 1：10～1：12），通过牺牲 12k～16kHz 高音频部分的质量来换取较小的文件尺寸。MP3 文件较小，但音质次于 CD 格式或 WAV 格式，且不能保护音乐版权，制约了未来的发展。

5. WMA

WMA（Windows Media Audio）格式是微软的压缩音频文件格式，音质强于 MP3，压缩率高于 MP3，可达到 1：18，其内置的版权保护技术可以限制播放时间和播放次数，甚至限制播放机器等，能有效防止盗版。另外，WMA 格式还支持音频流技术，适合在网络上在线播放，且不需要安装额外的播放器。只要安装了 Windows 操作系统，就可以直接播放 WMA 格式的音乐。Windows Media Player 具有直接把 CD 光盘中的文件转换为 WMA 格式文件的功能。在录制 WMA 格式的文件时，可以对音质进行调整。同一格式，音质好的可以与 CD 媲美，压缩率较高的可用于网络广播。

6. 其他音频

此外，RA、OGG、FLAC、AMR、AAC 等格式的音频文件也常见于网络在线音乐和手机录音中。RA 格式是一种流式音频文件，在低速网络上可实时传输音频信息，主要用于在线音乐欣赏。与 WMA 一样，RA 不仅支持边下载边播放，还支持使用特殊协议来隐匿文件的真实网络地址，实现在线播放但不提供下载的欣赏方式。RA 和 WMA 是目前互联网上，用于在线试听最多的音频文件格式。

OGG 格式支持多声道编码，其编码压缩率和音质都略好于 MP3。尽管 OGG 格式尚未普及，但在音乐软件、游戏音效、便携播放器、网络浏览器上得到了广泛应用。FLAC 格式采用无损压缩编码，可以还原 CD 光盘音质，已被很多播放软件及硬件音频产品支持。

AMR(Adaptive Multi-Rate)自适应多速率编码是应用在手机上的一种语音压缩文件格式。AMR 格式压缩率较高但是音质相对较差。AAC（Advanced Audio Coding）格式采用有损压缩编码，压缩比达到 1：18～1：20，其目的是取代 MP3 格式。相对于 MP3，AAC 格式的音质更佳，文件更小。苹果 ipod、诺基亚手机等都支持 AAC 格式的音频文件。

> 🧩 **思维训练与能力拓展**：音频文件格式种类繁多，如果你从网络上下载的音频文件不能在智能手机中播放，可能的原因是什么？如何解决？

3.2　MIDI 与音乐合成

❓早期的计算机只能通过扬声器发出单音演奏声，声音单调缺乏乐感。自 1966 年应用频率调制音乐合成技术以来，电子乐器演奏的音乐已经非常逼真。1984 年，人们又开发出波形表合成技术，使计算机演奏的乐曲更加优美。MIDI 就是实现电子乐器演奏和计算机音乐创作的手段，现今的大型演唱和音乐创作已经离不开 MIDI。那么，什么是 MIDI？计算机是如何演奏乐曲的呢？

3.2.1　MIDI 技术概述

1. MIDI 的定义

MIDI 是乐器数字接口（Musical Instrument Digital Interface）的英文缩写，是电子乐器以及计算机之间相互连接，并利用合成器产生音乐的技术规范。MIDI 传输的不是声音波形信号，而是音符、控制参数等指令，它指示 MIDI 设备要做什么、怎么做。如演奏哪个音符，使用多大音量，选择哪种音效等。可以把 MIDI 理解成是一种协议、一种标准或是一种技术，但不要把它看作是某个硬件设备。

2. MIDI 标准

1983 年，由 Yamaha、Roland 等著名电子乐器厂商联合制定了 MIDI 协议 1.0 版，解决了不同厂商之间数字乐器的兼容问题。MIDI 发展至今，有 3 个通用标准：GS、GM、XG。

1984，日本 Roland 公司提出了通用合成器（General Synthesizer）GS 标准。该标准具有 16 个声道、最大复音数超过 24，包含多种不同风格的乐器音色和打击乐音色，大大增强了音乐的表现力。

1991 年，为了让音乐家能使用不同的合成器设备并促进 MIDI 文件的交流，国际 MIDI 生产者协会（MMA）制定了通用 MIDI 标准，即 GM 标准。该标准以 GS 标准为基础，规定了 128 种乐器音色和 47 种打击乐器音色序号，极大地丰富了乐曲表现能力。

1994 年，Yamaha 公司在 GM 标准上推出了自己的 XG 标准，增加了更多数量的乐器组，扩大了 MIDI 标准定义范围，在专业音乐范围内得到广泛的应用。

3. MIDI 格式

国际 MIDI 协会的 GM 标准规范定义了 3 种 MIDI 文件格式，即 MIDI 0、MIDI 1、MIDI 2。MIDI 0 格式将所有 MIDI 音序数据存储在单个音轨上，数据读入和处理速度较快，有的硬件可以直接读取 MIDI 文件并即时回放；MIDI 1 格式以一个音轨集的方式存储多个音轨（同步多音轨），一般的硬件设备不能直接回放；MIDI 2 格式采用异步多音轨方式独立控制各个音轨。网上的绝大多数 MIDI 音乐都是多音轨的；多数手机 MIDI 音乐采用多个独立音轨，其和弦数目与 MIDI 中的音轨数相同。

之后，国际 MIDI 协会又推出了 SP-MIDI 格式（Scalable Polyphony MIDI），被称为"可升级的 MIDI 复音"。其主要作用是当合成器或音源的同时发音数小于作品的要求时，可以根据作曲家的事先决定省略某些音符或声部。

4. MIDI 文件

MIDI 文件可视为"电子乐谱"，由描述音乐的消息序列组成，是编曲界广泛使用的音乐标准格式。MIDI 文件由头块和音轨块两个部分组成。头块出现在文件的开头，用来描述文件的格式、音轨块的数量、节拍等内容。

音轨块可以想象成一个大型多音轨录音机，可将各种乐器演奏的音符分配到各自的音轨中。大多数 MIDI 音频拥有多个音轨，能够组合出各种音效。音轨块用一系列的 MIDI 消息来描述各个音轨的音序。

使用 MIDI 作曲软件可以反复修改并播放 MIDI 文件，从而实现音乐创作。从 20 世纪 80 年代初期开始，音乐家和作曲家已逐步接受并且越来越广泛地使用 MIDI。MIDI 文件非常小巧，一首完整的包含数十条音轨的 MIDI 音乐都只有几十 kB 大。很多流行的游戏、娱乐软件中都有不少以 MID、RMI 为扩展名的 MIDI 格式音乐文件。常见的 MIDI 文件扩展名如表 3-4 所列。

表 3-4　　　　　　　　　　　　　常见的 MIDI 文件扩展名

文件的扩展名	说　　　　明
cmf	Creative 声霸（SB）卡带的 MIDI 文件存储格式
mid	Windows 的 MIDI 文件存储格式
wrk	Cakewalk Pro 软件采用的 MIDI 文件存储格式
sng	手机铃声 MIDI 文件
mmf	移动电话内容标准应用格式
rmi	手机 MIDI 文件存储格式
mod	结构类似 MIDI 的音乐文件格式
mff	MIDI 文件存储格式

5. 音轨和音色表

简单地说，每个音轨对应一种乐器，并以特定的格式记录各个时刻该乐器所演奏的音符。比如，在某时刻被定义为钢琴的音轨上记录着和弦音符，那么合成器芯片就查询音色库得到所对应的音效,然后合成、播放该音符。所以音色库事关 MIDI 是否动听,好的音色库需要占用大量存储空间。

3.2.2　MIDI 合成技术

正如 3.1.1 节所述,复合音取决于基音频率、振幅以及泛音成分。利用电子振荡器产生一组正弦波形,通过调整它们的频率、振幅、波形包络等参数,并进行叠加就能构造出各种复合波,产生不同音色。目前,MIDI 合成技术有两种,即频率调制合成和波形表合成。

1. 频率调制合成

20 世纪 60 年代,美国斯坦福大学的约翰·卓宁(John Chowning)博士根据若干个不同频率和振幅的正弦波叠加产生复合音的原理发明了电子合成器。之后这一技术演变为使用数字运算器叠加几种乐音的数字波形,构成复合的数字波形来产生音乐。该方法称为数字式频率调制合成法(Digital Frequency Modulation Synthesis),简称为 FM 合成。

FM 合成器由数字载波器、调制器、声音包络发生器、数字运算器和模数转换器五个基本模块组成。FM 合成器通过调整数字载波波形、调制波形、波形参数等,能够模拟生成不同乐器的音色。例如,改变数字载波频率和调制频率可以调整音调;改变它的幅度可以调整音量;选择不同算法可以模拟生成不同的音色。音色还与波形的包络有关,改变包络是调节音色的重要手段。在音频编辑软件中可以观察不同音频信号的包络,并且可以调整包络线。

2. 波形表合成

普通声卡可以叠加三至四种不同频率和振幅的正弦波。由于乐器的音色可以分解出无限多种正弦波(通过傅立叶变换),三四种波形不足以还原逼真的音色,有些音色几乎不能产生,所以,普通声卡播放的 MIDI 音乐还不够逼真。因此很自然地就转向乐音样本合成法。

波表合成采用波表查找技术来产生 MIDI 音乐。这种技术是将录制的各种乐器的数字化声音样本存储在只读存储器中,形成波表存储器(Wavetable ROM)。合成器在处理 MIDI 信号时会根据乐器类型以及音符从 ROM 中提取相应的样本波形,由数字信号处理器进行相应的处理,比如根据需要对乐音样本做颤音、合奏、声音回荡、移动立体声源等处理,再使用声音包络发生器对音调、音量等进行处理,最后将合成的音频信号传送到数模转换器转换成模拟声音信号输出。波表合成器播放的是自然音的叠加和重现,产生的音效自然比 FM 合成的质量高、音色好。

3.2.3　MIDI 系统

音乐创作中通常会用到 MIDI 键盘、鼓机、采样器、合成器、编曲机、调音台等大量复杂昂贵的专业设备。然而,多媒体技术发展到今天,通过计算机及其作曲软件、音频编辑合成软件完全可以代替大量昂贵的专业设备,实现数字音乐创作。MIDI 系统一般需要配置 MIDI 输入设备、音序器、音源、音乐创作软件等。MIDI 系统构成如图 3-4 所示。

1. MIDI 输入设备

电子乐器只要具有处理 MIDI 消息的处理器和 MIDI 接口,都能成为 MIDI 输入设备。MIDI 键盘是音乐作曲专业系统中的首选设备,音乐爱好者也可使用带 MIDI 接口的电子琴代替。当然,业余人士还可以通过作曲软件(如 Cakewalk)中的虚拟键盘或者下载虚拟 MIDI 键盘软件(如 VSTplayer)来实现。从 MIDI 键盘传来的是 MIDI 信号,而不是音频信号。

2. 音序器

音序器俗称编曲机,是将音色、节奏、音符等按照一定的序列组织起来让音源发声的设备。

它按 MIDI 格式记录音乐的一般要素（如节拍、音高、节奏、音符时值等），很多音序器软件可以对这些音序进行可视化的编辑和创作。

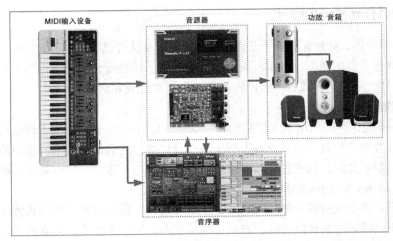

图 3-4　MIDI 系统构成

MIDI 系统至少需要一台音序器。它相当于一台多轨录音机，可以把各个声部录入不同的音轨进行编辑，实现多声部音乐制作。早期的音序器是硬件音序器，一般可以记录 8～16 个音轨，随着软件音序器的发展成熟，硬件音序器几乎被淘汰。软件音序器的功能非常强大，如，Cakewalk 可以记录 256 个音轨。此外，Cubase VST、Logic Audio 等都是专业 MIDI 音序器软件。音序器里记录的仍然是 MIDI 消息，从音序器中输出的 MIDI 消息传送到音源中由音源合成声音。

3. 音源

音源就是发出声音的设备。MIDI 音源分为硬音源和软音源两类。硬音源又可分为外部音源和内部音源。外部音源是一个独立的音源器，效果最专业，其价格不菲，动辄数千元以上。内部硬音源一般都固化在声卡上，受声卡工艺质量与价格、容量的限制，音源效果差距较大。声卡中的合成器能够按照 MIDI 消息中的指令，设置适当的参数，采用音频合成技术来模仿各种乐器演奏音乐。因此，声卡质量以及音色库、合成器至关重要，它直接影响到 MIDI 音乐演奏效果。正如再美妙的曲谱，在不同质量的乐器上演奏，听到的乐曲会大相径庭一样。软音源又称为软波表（Soft Synthetize Wavetable），是用软件控制 CPU 执行 MIDI 指令，将 MIDI 音序转换成数字波形来产生音效。

目前，市面上的声卡都有 128 种以上的音色库。微机主板集成声卡一般合成效果较差，选用主流厂商的中档独立声卡，一般都能满足音乐爱好者音乐创作的需要。例如，Creative 公司的 Sound Blaster Audigy 声卡和韩国 Audiotrak 公司的 MAYA 音频卡价位适中，音效完全能够满足非专业人士的需要。专业音乐创作最好配置外部音源或专业声卡，才能获得更高的音乐品质。

MIDI 消息相当于乐谱，包含的是所有的演奏信息，音源相当于乐器按照乐谱自动奏乐。MIDI 消息可以发送给任何按照某一种标准兼容的音源或合成器，这些音源接收了符合标准的 MIDI 信息，都能正确回放出相同的乐曲。不同的是，各种品牌的音源价格和性能相差甚远，回放出的声音效果也有很大的差别。最终的声音质量是由音源决定的，廉价的音源产生的声音往往较差，好的音源可以产生非常动听的声音。

思维训练与能力拓展：无论什么档次的声卡，其音色库都是有限的，往往缺少独具特色的民族乐器音色，如何让普通多媒体电脑实现民乐演奏？能将简谱乐曲转换成 MIDI 文件吗？

3.3 音频处理过程

正如前述，不论是将模拟音频转换成数字音频还是 MIDI 系统合成数字音频，都需要通过相应的音频输入/输出设备和音频处理软件来实现。在数字音频获取和处理过程中，除了必备的通用计算机系统音频处理设备之外，还需要配备哪些软件？数字音频处理包含哪些基本方法和过程？

3.3.1 音频处理软件

除了硬件设备之外，还必须配备一些常用的音频处理软件。这些软（插）件主要有 MIDI 音乐创作软件、软效果器、软音源、音色库、多轨录音混缩软件、音频格式转换软件等。音频处理软件门类众多、数量庞大，它们在功能上尽管互有重叠，但很多软件各有特色和侧重。下面简要介绍几种当今流行的音频处理软件。

1. 音乐创作软件

（1）Cakewalk sonar

电脑音乐界提起 Cakewalk，几乎无人不知。20 世纪 90 年代，Cakewalk 还只是一个专门进行 MIDI 制作、处理的音序器软件。现今发展到 Cakewalk sonar，真正实现了从 MIDI 制作到音频录制的全部功能，成为个人音乐工作室的首选软件。

Cakewalk sonar 自带有一系列完备的音频效果器（均衡、混响、合唱、动态等），还支持第三方的 DirectX 插件式效果器，具有五线谱与和弦标注功能，以及 MIDI 编辑、音频录音、混音、特效处理等功能，是一个综合性的音乐工作站软件。Sonar 有两种型号，完全功能的叫作 Sonar XL，简化的叫作 Sonar。Cakewalk sonar 运行于 Windows 平台。

（2）Logic Audio

Logic Audio 由 Emagic 公司出品，是当今在专业的音乐制作软件中最为成功的音序软件之一。它能够提供多项高级的 MIDI 功能以及对音频的录制和编辑操作，甚至提供了专业品质的采样音源（EXS24）和模拟合成器（ESI）。在个人多媒体计算机中若能很好地应用它，将具有专业级别的音频工作站品质。不过，它的操作非常复杂和烦琐，涉及很多物理声学和音乐方面的知识，不适合入门级的个人音乐爱好者选用。Logic Audio 运行于 Mac OS 平台。

（3）Cubase

Cubase 是德国 Steinberg 公司所开发的全功能数字音乐、音频工作软件，具有 MIDI 音序功能、音频编辑处理功能、多轨录音缩混功能、视频配乐以及环绕声处理功能。音乐工作站的未来发展方向是 MIDI、音频、音源（合成器）一体化制作，Cubase 是最先实现这个方式的软件。Cubase 自带 3 个软音源和数十种音频插件，支持所有的 VST 效果插件和 VST 软音源，支持环绕声混音，可在 Windows 以及 Mac OS X 操作系统下运行。

2. 音频编辑合成软件

（1）Adobe Audition

美国 Adobe 公司收购了 Syntrillium Software Corporation 公司开发的 Cool Edit Pro 之后，更名

为 Adobe Audition，它是一款功能强大、效果出色的多轨录音和音频处理软件。它可以在普通声卡上同时处理多达 128 轨的音频信号，具有极其丰富的音频处理效果。它能进行实时不限长度的音频预听和多轨音频的混缩合成，是个人音乐工作室的音频处理首选软件。目前的最新版本是 Audition CC 2014。

（2）Sound Forge

Sonic Foundry 公司的拳头产品 Sound Forge 是另一款音频录制、处理类软件。它几乎成了 PC 机上单轨音频处理的代名词。与 Audition 不同的是，Sound Forge 只能针对单个音频文件进行操作、处理，无法实现多轨音频的混缩。

（3）Samplitude

Samplitude 是一款非常适合个人音乐工作室选用的专业级别的多轨音频录制、非破坏性处理、混缩软件，有多个功能不同的系列。其中功能最强大的是 Samplitude 2496，它支持 24 位、96kHz 的高采样率，支持无限轨超级混缩。更重要的是采用了精确独特的内部算法，使其功能超强、品质卓越，在音频录制和成品混缩方面具有压倒性优势。与 Audition 相比，操作和控制上相对复杂，不易掌握。

3. 音频转换软件

（1）AmazingMIDI

对于 WAV 文件，如果想用 MIDI 方式进行编辑再创作，AmazingMIDI 是个很好的转换工具。它能将 WAV 音乐素材转换成 MIDI 文件。虽然 WAV 文件只有合成音轨，AmazingMIDI 能自动将乐器演奏时所发出来的背景声音自动分析出来，并作为 MIDI 文件中的乐器音轨保存。

（2）音频转化大师

音频转化大师是一款功能强大的音频转化工具。它既可在 WAV、MP3、WMA、Ogg Vorbis、RAW、VOX、CCIUT u-Law、PCM、MPC(MPEG plus/MusePack)、MP2(MPEG 1 Layer 2)、ADPCM、CCUIT A-LAW、AIFC、DSP、GSM、G721、G723、G726 格式之间互相转化，同时也支持同一种音频格式在不同压缩率的转化，并提供批量转化操作。

（3）Xilisoft Video Converter Ultimate

Xilisoft Video Converter Ultimate 音视频转换专家拥有强大音频、视频转换功能，对目前流行的几乎所有的音频、视频格式，如 AVI、MPEG、WMV、DivX、MP4、H.264/AVC、RM、3GP、FLV、MP3、WMA、WAV、RA、AAC 都可进行转换。针对 iPod、iPhone、PSP、Apple TV 等常用的数码设备，提供了丰富的预置方案。此外，还具有从视频中抓取图片或者将多张图片制作成独特的视频，剪辑合并视频，剪裁视频画面大小，添加和调整字幕，精确添加视频效果和水印等功能。

（4）格式工厂

格式工厂（Format Factory）是一款 Windows 系统下的多功能多媒体格式转换软件，可以读取大量音频格式文件，将其转换成 MP3、WMA、FLAC、AAC、MMF、AMR、M4A、M4R、OGG、MP2、WAV 等格式保存。可设置采样率、比特率等参数，以不同质量输出文件。可以抓取大量视频格式中的音频，并按照所需格式保存。此外，还可以实现多种视频、图像不同格式之间的相互转换。

音乐制作、音频处理软件还有很多，比如自动伴奏（编曲）软件、鼓机软件、乐谱打印软件、舞曲软件、音色采样软件、音色拼接软件、格式转换软件等。

3.3.2　音频获取与处理

多媒体作品中用到的音频，小到简单的背景音乐和按钮音效，大到影视动画和音乐创作作品，大都要经过音频处理，然后再集成到作品中。音频处理通常包括采集音频素材、编辑素材、添加声音效果、混音合成等几个环节。

1. 采集音频素材

音频素材种类繁多，如语音对白、背景音乐、演唱歌曲、伴奏等，需要使用多种方法采集。采集到的素材可能文件格式各异，必要时需使用格式转换软件将其转换成音频处理软件所支持的格式。

（1）网络下载音频素材

网络上拥有大量的音频素材，通过搜索下载可以获得丰富的音频文件。这些素材常以波形压缩文件格式保存，使用 Audition 等音频编辑软件打开即可进行编辑处理。对于 MIDI 文件，可以使用音源软件转换成波形文件。Audition CS6 不能导入 MIDI 文件，但是可以通过录制功能，将播放的 MIDI 音频转录为波形音频。

（2）影音产品中抓取音频

影音产品如 CD、VCD、DVD 盘片，网络电影、动画、视频上都拥有丰富的音频，在法律许可范围内，可以使用抓轨软件、格式转换软件等获取音频素材。Audition 可以抓取 CD 盘片中的歌曲以及 avi、mpeg 等多种格式视频文件中的音频。

（3）使用麦克风录制声音

语音对白、演唱歌曲这类素材往往需要配音演员在录音棚中录制。Audition 可录制来自麦克风、线路输入、声卡自身播放的音频。前期的录音很重要，它直接决定最后的音频效果，如果前期录音的质量太差，那么即使后期花再多的精力去修饰，也未必有很好的效果。

（4）MIDI 音乐创作

原创音效可以使用 MIDI 创作或拟音录制获得。将带有 MIDI 输出接口的乐器（如 MIDI 键盘、电吉他等）连接到声卡的 MIDI 端口，演奏 MIDI 音乐生成 MIDI 文件。也可以使用 Cakewalk sonar 等软件谱曲创作。Audition 可以通过生成基本音色来产生铃声、警报声等音效素材。

2. 编辑音频和效果处理

对各种音频素材，通常需要进行编辑和效果处理，目的是将其修饰成作品所需音效。为了获得好的音效，通常要进行降噪、均衡、压缩、混响等操作，特殊效果可以采取调制相位、频移、变调等方法实现。音频编辑和效果处理流程如图 3-5 所示。

图 3-5　音频编辑和音效处理流程

（1）降噪、标准化

录音肯定会产生噪音，主要有电子设备自身的系统噪声和录音环境噪声。要根据各种噪音的特点采用不同方法降噪。降噪一般有 FFT 采样降噪、滤波、专用插件降噪等方法。FFT 降噪适用于系统噪声消除，首先需要获取一段噪音样本，之后系统会按样本自动调整降噪参数，再将符合该样本特性的噪音从原音中去除。

录音时为避免削波失真，麦克风音量一般不能调得太高，但过低又会导致总体音量不足，使用"标准化"效果，能自动将总体音量调整到合适位置。另外，对于分别录制的多个音频片段，

"标准化"让它们在处理时有一个统一的基准。

（2）剪辑素材、调整音量

基本的音频编辑包括对各个声道波形的复制、删除、插入、静音、裁剪、混合粘贴等操作，达到将音频按所需进行拼接、裁剪的目的。剪辑后的音频通过小幅度调整音量，可达到满意的效果。

（3）频率均衡

均衡器（Equalizer，EQ）是一种可以调节各个频率成分信号放大量的效果器。通过对各频段信号的调节来补偿扬声器和声场的缺陷、修饰美化音色、抑制不需要的频率。

均衡器有图示均衡器和参数均衡器两类。图示均衡器将音频信号分成 10 段、20 段、30 段来进行调节。一般来说 10 段均衡器使用在一般场合下；20 段均衡器使用在专业扩声上；30 段均衡器多数用在比较重要的需要精细补偿的场合下。

参数均衡器对各种参数都可细致调节，包括频段、频点、增益和品质因子等。参数的设置必须研究音频信号的物理特性、技术参数以及其在人耳听感上的对应关系。例如，对语音、歌声进行频率均衡处理时，需要了解声带发音、鼻腔音、唇齿摩擦音的频带特征，为突出某一音感而进行的频段提升，都尽量使用曲线平缓的宽频带均衡，这样就能让鼻音、乐音、齿音三部分的频谱分布均匀连贯，以使其发音自然、顺畅。

（4）压缩限制

歌手演唱时若麦克风与嘴的距离很近，检拾到的信号电平变化则极为强烈，容易烧毁高音扬声器。使用压缩器可以避免信号过强造成的麻烦。压限的目的就是把音频从整体上调节得均衡一些，不至于忽大忽小、忽高忽低。一个混音作品是否专业，很大程度上取决于动态效果器，特别是压缩器的使用。

压缩器（Compressor）是一种动态处理器。可以设定一个称为阈值（Threshold）的电平点，一旦信号超过这个阈值，就会启动压缩器抑制音量，让整体音量平稳。若音量回落到阈值以下，压缩器会停止作用。压缩器是把大信号衰减、小信号提升以得到更加稳定的波形，波形本身的起伏实际上变小了。

压缩限制除了起到防止过激失真，保护后级设备的作用之外，还可以降低噪声、调整音色、产生特殊音效。例如，仔细调整弹拔乐器启动时间、恢复时间和压缩门限及压缩比，能得到一种类似于手风琴的声音；用很短的恢复时间并施以很大限制，可使钹的声音变成一种奇怪的声音，就像将钹的录音带倒着放一样。有关压限的参数说明详见 3.4.3 节压限效果。

（5）延时反馈

延时反馈在效果处理中应用最为广泛，混响、合唱、镶边、回声等效果都属于延时反馈。混响是一种声音多重反射的声学现象，比直达声晚到 50ms 以上的多次反射声都称为混响声。混响效果和混响时间、延迟、等效空间尺度、衰减斜率等许多因素有关，但最根本的是，混响具有强烈的场景暗示，可帮助人们辨别声场空间的大小和形状。同时，混响也会降低声音的清晰度和语言的可懂度。有关混响的参数说明详见 3.4.3 节混响效果。

3. 音频合成

很多素材以及音乐作品都是大量素材合成的结果。合成不仅是将多个音轨放在一起，而且还需要对素材位置（播出时间）、均衡、效果、包络线等多方面综合调整，使各个素材融合成一个整体，成为完美的作品。音频合成过程如图 3-6 所示。

Audition 的多轨混音窗口提供多达 128 个音轨，将素材导入到各音轨中，通过拖动波形图、单击设置按钮等简单操作，可以实现对上述音频的合成，通过试听和反复调整以达到所需效果。

相关操作详见 3.4.4 小节。

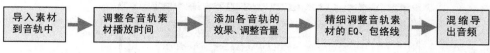

图 3-6 音频合成过程

3.4 Audition 音频处理

Audition 作为入门级的音频处理软件，操作简便直观，功能完善，为音频和视频专业人员后期音乐制作提供了有力的工具。Audition 具有哪些功能？如何操作 Audition 完成音频的编辑和效果处理呢？

3.4.1 Audition 简介

1. Audition 的主要功能

Adobe Audition 是一个专业音频编辑和混缩软件，具有操作便捷，编辑直观，工作面板高效等特点，适合入门者使用；具有丰富的声音处理手段、预设选项、预听播放以及直观的参数调节功能和卓越的动态处理能力。

Audition 功能完善，具有音频采集功能，能够抓取来自 CD、VCD、DVD 等多种格式盘片上的音乐，录制多种音源的音频，生成某些特殊声音；具有单轨编辑功能，实现音频剪辑、拼接、混合等操作；具有多种效果处理功能，实现淡入淡出、均衡、压限、延时、回声、混响、变调等效果；具有多轨音频混合控制功能，采用非破坏性方式对各音轨进行音量、相位、平衡、效果、包络线等方面的整体调整和混缩。

Audition CS6 最高达到 192kHz 采样频率和 32 位量化位数，支持 CD-DA 刻录，可提取、编辑视频文件（AVI、MPG、WMV、ASF）中的音轨；可以配合 Premiere Pro CS5 编辑音频，为视频添加背景音乐或者动画音效；支持 5.1 环绕声场，具有环绕混响效果。Adobe Audition CS6 的工作界面如图 3-7 所示。

2. 主要工作界面

除 Windows 界面的基本元素之外，Audition CS6 的工作窗口还包括波形编辑窗口、电量电平面板、选区面板等。其中，波形编辑窗口是 Audition CS6 的主要工作窗口，分为单轨编辑窗口和多轨混音编辑窗口，包括显示范围区、波形显示区、波形缩放工具栏、播放工具栏。

（1）波形编辑窗口

创建音频或导入音频后，根据音频的声道数在窗口中会分别显示各个声道的波形。通过窗口右边各声道的控制开关可以打开或关闭该声道；带橙色指针的播放线的作用类似文本编辑中的光标，在播放或编辑操作中分别指示出当前播放位置、波形插入位置、选取开始位置等。在波形中拖动鼠标，反显的波形被选中，成为选区；通过拖曳"选区"面板中的"开始"或"结束"时间数字，可以精确定位波形选区。使用"波形缩放工具"和"显示范围区"可以查看和快速定位波形。如图 3-7 所示。

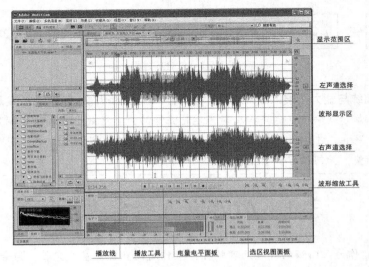

图 3-7　Adobe Audition CS6 的波形编辑界面

（2）多轨混音编辑窗口

创建或打开了多轨混音项目之后，将自动打开多轨混音编辑窗口。拖曳文件面板或媒体浏览面板中的音频素材到各音轨中，将显示出音频波形。通过各音轨左端的控制按钮，可以调整该音轨的音量、声道平衡、频率均衡、效果、静音、独奏、录音等状态。用鼠标拖曳波形移动位置，可以调整该音轨起始播放时间。在包络线上单击，添加控制点之后，调整控制点位置可以修改包络线，抑制音轨中的音量按包络线变化。多轨混音编辑窗口如图 3-8 所示。

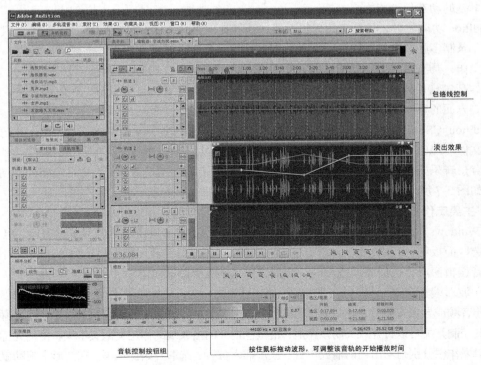

图 3-8　Adobe Audition CS6 的多轨混音编辑界面

（3）浮动面板

打开 Audition 的"窗口"菜单，将显示出多达 24 个显示窗口和面板。常用的有文件面板、媒体浏览器、效果夹、标记、属性、混音器、振幅统计、历史、视频等。通常使用媒体浏览器打开音频素材文件夹，双击素材文件将自动导入该音频，并在文件面板中显示导入的音频文件，同时波形编辑窗口中显示音频波形。效果夹的"预设"列表中列出了常用的 37 种效果设置，选择相应的效果之后，单击波形编辑窗口中的播放按钮，即可预听音频音效，单击效果夹上的"应用"按钮，可以完成该处理。

3.4.2　音频基本操作

1. 导入音频

（1）打开波形文件

选择"文件→打开…"菜单，在"打开文件"对话框的"文件类型"列表中，列出了 Audition 支持的音频文件格式，找到音频文件即可导入。也可以通过媒体浏览器打开文件夹找到音频文件后，双击该文件导入。

（2）导入 CD 乐曲

选择"文件→从 CD 中提取音频…"菜单，在对话框中选择乐曲轨道即可导入，也可以一次选取多首乐曲导入。

（3）生成音频

多媒体作品中有时会用到电子铃声、警报声、电子干扰声、机器轰鸣声等特殊声音。Audition 可以生成类似音效。

【例 3-1】产生电机马达声。

➤ 在 Audition 中选择"文件→新建→音频文件…"菜单，在"新建音频文件"对话框中，根据用途可选择音频的采样频率、声道数、位深度。输入文件名"电机声"，设置 44100 采样、单声道、16 位深度。

➤ 选择"效果→生成基本音色…"菜单，在对话框中设置参数如下：预设为"小三和弦"、基本频率为"500"、调整深度为"1000"、调整速率为"100"、形状为"正弦"、音量为"-10dB"持续时间为"10"。将产生 10 秒钟的噪声。

➤ 预听效果。单击"预演播放"按钮可以预听音效，单击"确定"按钮将产生音频波形。

➤ 使用预设效果。打开效果夹，在预设列表中选择"破坏声"，再次播放预听音频效果。

➤ 保存音频文件。选择"文件→存储"菜单，在"格式"列表中选择"Wave PCM"文件类型保存。

2. 录制音频

可以录制来自麦克风、线路输入（连接磁带、功放、CD 等电子设备）、声卡内录等不同设备的音频。将麦克风等设备连接到声卡上，先设置录音参数，再在 Audition 中录音。

【例 3-2】录制语音和 MIDI 文件播放音乐。

➤ 打开 Windows "音量控制"窗口，选择"选项→属性"菜单项，打开"属性"对话框。

➤ 在"调整音量"区中选择"录音"单选项；在"显示下列音量控制"列表中选择"麦克风（Microphone）"、"混音（Stereo Mix）"；此列表中列出了多种录音设备，如需要可多选几项。

> 确定后返回"录音控制"窗口，在"麦克风"设备下的"选择(S)"框前单击打勾，其音量滑动杆调节到中间位置，可控制输入音量。

> 新建音频文件，文件名为"语音"，设置采样频率44100、立体声、16位深度。

> 单击操作面板上的录音按钮，开始录音。正式录音前先录制几秒钟的空白作为噪声样本。若录制音量过低或过高，可在Windows的"录音控制"窗口中调整麦克风的音量。要避免音量过低或过载，音频过载会产生严重的削波失真。录制完成后按停止按钮，将文件以MP3格式保存。

Audition不能导入和播放MIDI文件，可以使用Windows的播放器播放MIDI音频，再用声卡内录方式将播放的MIDI音乐录制成波形文件。只需在上述步骤三中选择"混音（Stereo Mix）"，再在Windows中播放MIDI音频，按上述步骤四、五操作即可完成MIDI音频录音。

> 从音频素材中下载"爱江山更爱美人.mid"，录制该MIDI音乐并保存成WAV文件。

其实，录制CD播放或其他播放软件播放的音频原理与上述方法相同，都是利用声卡的输入/输出通道，将声卡中播放的数字音频一边传送到扬声器进行转换输出，一边传送到录制通道直接存放到Audition的音频文件缓冲区中。此外还可使用线路录音实现内录。线路录音可将录音机、功放等的输出电信号通过线路直接输入到计算机声卡，将模拟音频转换成数字音频。与声卡内录不同的是，线路录音需要将输入的模拟音频转换成数字音频后再录音，而声卡内录直接就在声卡上完成，无需再做模数转换，录音效果只与声卡的合成器及播放质量有关。

3. 编辑音频

编辑音频主要是对音频波形片段进行删除、裁剪、拼接、混合。首先在波形显示区中选择需要操作的波形，如果不选择，Audition默认对整个音频进行操作；然后选择"编辑"菜单中的命令或者右击选择快捷菜单中的命令，可以执行相关的编辑操作。快速、精确选取需要的波形，是熟练掌握编辑操作的关键。此外，需要熟练掌握常用的快捷键，以及编辑器窗口中的时间标尺、左右声道控制开关、波形放大器、播放控制器、选区/视图面板等工具的操作。

（1）选取波形

在波形区中直接按住鼠标左键拖动一个区域，呈反显状态的波形即被选中。按住Shift键后再单击波形可调整选区。选区的左边界线是橙色游标指针，光标移到选区的时间标尺上后会变成手形，可以拖动修改选区。结合选区放大按钮，以及时间标尺和"选区/视图"面板上的起止时间数字，可以精确选择选区。

（2）调整零交叉

放大波形可以看到，波形曲线是围绕着中间的红线上下波动的。当波形与红线交叉时，其音量为0，称此点为零交叉（Zero Crossings）。从这个位置开始播放，对于前后的音频连接来说，可以得到很平滑的过渡效果。除此之外的其他位置播放，就会产生轻微的爆破声。音频片断的起始点和终止点都处于零交叉位置，当进行剪切、复制、粘贴、删除等编辑时，对原波形文件的整体破坏会减少到最小程度，在听感上会更加自然，否则可能会在连接端产生爆破音，影响声音效果。

选择"编辑→零交叉"的下级菜单中6个子菜单项之一，都能完成选区的零点调整，它们的不同之处在于零点向选区的哪端调整。

（3）剪切和裁剪波形

选择要删除的波形，调整零交叉后，按删除键 Delete 或 Ctrl+X 剪切即可。选择波形后执行"剪切"和"裁剪"的作用不同，裁剪是保留选择区波形，删除未选中波形，剪切正好相反。

（4）粘贴、拼接波形

对选中的波形执行复制命令或按 Ctrl+C 键，可将其复制到剪贴板中。若剪贴板中已复制有波形，执行粘贴或按 Ctrl+V 键，剪贴板中的波形将粘贴到波形游标指针的位置，相当于将剪贴板中的波形插入到该位置。Audition CS6 提供了 5 个剪贴板可供选择使用。

（5）混合粘贴音频

粘贴和混合粘贴有很大的区别。粘贴仅仅是将剪贴板中的波形插入到波形游标指针位置；而混合粘贴可以将剪贴板中的声音与游标指针之后声音混合，变成两个声音共同播放的效果。并且在对话框中可以调整音量、选择粘贴模式。

【例 3-3】编辑录制的语音和 MIDI 音乐。

无论是声卡内录、线路录音还是用麦克风外录都会产生噪声。用麦克风录音除了受到声卡质量、电噪音、麦克风质量的影响外，还受到环境噪音的干扰。对录音一般都要降噪，之后再使用"标准化"效果调整音量。

➢ 打开 MIDI 录音文件。刚录制的音频，在文件面板中会列表显示，保存之后在媒体浏览器中可以找到。在文件面板中双击该文件，波形编辑窗口中将显示其波形。用振幅放大镜查看空白音部分波形。

➢ 噪音采样。选取一段噪音样本，选择"效果→降噪→捕捉噪声样本"菜单，系统自动获取噪声样本。

➢ 消除噪音。按 Ctrl+A 全选波形，选择"效果→降噪→降噪处理"菜单降噪，可以试听降噪效果。如果还有明显噪音，可以重复上一步操作再次降噪。对话框中的参数"降噪"从 0～100，数字越大降噪的程度越大，声音也就越干净，但是对原波形的损失也越严重。所以要慢慢地调节，找到一个最合适的数值，一般设在 50 左右。展开"高级"项之后，"精度"数值越大对原波形的损失越小，但降噪效果会略下降，一般选择 6～10，但如果背景噪音很大，也可以选择 2 以下的数字；"FFT 大小"一般选取 8192 或者 4096，有时候噪音波形实在太短可以选择 512。消除噪音对原声会有不同程度的损耗，所以要多听多试，选择合适的折中方案，既去除了不可忍受的背景噪音，而声音也没有过分的变形。

➢ 选择"效果→振幅与压限→标准化"菜单，调整音量。

➢ 剪切录音首尾的空白波形。分别选择波形头部和尾部的空白波形，按 Delete 键删除。

4. 混合粘贴

【例 3-4】将录制的语音处理成步话机的通话效果。

由于普通的步话机不是高保真音频设备，因此声音肯定会有失真并混入无线电噪音，讲话的声音也不会很清晰，会带有一些衍生噪音。

➢ 打开语音录音。

➢ 使用延时效果。选择"效果→滤波与均衡→FFT 滤波…"菜单，在"预设"列表中选择"保持 400-4k"，单击"预演播放"按钮试听效果，音频范围被限制在电话语音频率之中。

➢ 调整音量。降噪后一般音量会降低，选择"效果→振幅与压限→标准化"菜单，按默认设置标准化。

➢ 衍生噪音。新建一个与录音文件采样属性一样的音频文件，选择"效果→生成基本音色"

菜单项，在对话框中设置参数如下：预设选择"大三和弦"、基本频率为"2000"、形状为"反正弦"、音量为"-35"、持续时间与语音播放长度相同。按 Ctrl+A 键全选波形并复制。

➤ 混合粘贴。返回到语音波形，在波形开始位置右击鼠标，选择"混合式粘贴"菜单项，按默认设置操作，噪声混合到语音中。

➤ 试听效果，不满意还可以再次生成不同参数的噪声混合到语音中，形成混杂噪声环境下的步话机通话效果。

3.4.3　音频效果处理

若对编辑之后的音频试听效果不满意，可以通过适当的效果处理来修饰音效。所谓音频效果，就是利用声音的物理特性和人的听觉心理，对音频的频率、振幅、相位、延时、调制等进行设置和调整。最关键的效果有均衡、压限和混响。效果处理过程如图 3-9 所示。

图 3-9　音频效果处理过程

1. 淡入淡出

先选择需要淡化的波形（一般是音频的首尾两端），再选择"效果→振幅与压限→淡化包络"菜单，在对话框的预设列表中选择需要的淡入、淡出方式。

【例 3-5】将"茉莉花.wav"增加淡入淡出效果。

萨克斯独奏《茉莉花》是一首轻松优雅的乐曲，开始从人们的听觉中淡淡地飘入，最后在不知不觉中消退，让人回味无穷。可选取乐曲的前 9 秒做淡入处理，后 5 秒做淡出处理。

➤ 打开文件"茉莉花.wav"。

➤ 选择乐曲前 9 秒波形。在"选区/视图"面板中输入选区的开始位置为"0"和持续时间为"9"可以精确选取前 9 秒钟。

➤ 选择"效果→振幅与压限→淡化包络…"菜单，在预设列表中选择"淡入"。

➤ 选择乐曲后 5 秒波形。用同样方法可以选取前 5 秒钟波形，光标移到选区的时间标尺上停留，指针变成手形后按住鼠标左键拖动选区到波形末尾。

➤ 选择"效果→振幅与压限→淡化包络…"菜单项，在预设列表中选择"淡出"。

其实，波形图上方左端和右端各有 1 个方形按钮，左端的控制淡入，右端的控制淡出，拖曳这 2 个按钮就可以实现淡入淡出效果。

2. 频率均衡

均衡器通过对不同频段的声音进行抑制或增强来达到所需音效。因此，掌握均衡器使用的关键是了解各频段的音感特征，根据音频特性和表达内容的需要设置均衡器参数。

【例 3-6】英语录音处理。

转录的单声道英语朗读保存在文件"英语原音.mp3"中。音频音量整体偏低，男声高音部分有些震耳，声音层次不够清晰。

➤ 打开"英语原音.mp3"，查看整个波形，单击语音停顿较长的波形部分做水平放大。

➤ 选取整个波形，选择"效果→振幅与压限→标准化…"菜单，调整音量。

➤ 选择"效果→滤波与均衡→图示均衡器（30 段）…"菜单，在预设列表中选择"中音部提升（轻度）"，单击"应用"按钮；再次选择该均衡器，预设项选择"低音-增强清晰度"并单击"应用"按钮；第 3 次选择该均衡器，预设项选择"高频切除（轻度）"，并将"16k"以上波段的幅度逐次降低到-15dB。

> 选取整个波形，选择"效果→振幅与压限→标准化..."菜单，调整音量。

> 听音比较均衡后的效果。可以新建一个立体声音频文件，分别将原音和均衡处理后的音频复制到该文件的左、右声道，通过声道控制按钮切换播放比较音频处理效果。

3. 压缩限制

Audition CS6 中提供有多种压限方式，如多段压限、动态处理、电子管压限等。选择"效果→振幅与压限→单段压限器"菜单，在对话框的预设列表中选择预设效果并试听，观察各参数的设置。主要参数有阈值、压缩比、启动时间、恢复时间、输出增益。

（1）阈值

阈值（Threshold）也称为启控电平或拐点电平。表示当输入音频信号的电平超过调整的分贝数值以后，压缩器开始起作用。

（2）压缩比

压缩比（Ratio）是指对于超过阈值部分的电平按多大比例衰减。通常用输入动态与输出动态的变化量来表示。它的数值常表示为 X：1，对于这种表示可以从字面上理解为，输入的电平必须超过阈值电平 X 个 dB，才能在输出获得 1 个 dB 的增益。一般压缩器把这个参数设置在 2：1 到 8：1 之间。当调整到 10：1 甚至更高的时候，压缩器就变成了限制器。

（3）启动时间

启动时间（Attack）是指音频信号高于阈值时，压缩器由未压缩状态转换到压缩状态需要的时间，通常指增益下降到最终值所需要的时间。

（4）恢复时间

恢复时间（Release）与 Attack 相对应，是指音频信号低于阈值时，压缩器从压缩状态恢复到原始电平所需要的时间。从字面上，这两个参数就应该非常容易理解，但这两个参数使用起来非常有技巧，可以说在很多情况下是压限器使用的关键参数，是成败的关键。

（5）输出增益

输出增益（Output Gain）作用是放大衰减后的电平，以便在输出到录音机或调音台后有比较好的信噪比。

【例 3-7】歌曲演唱压缩处理。从发霉的磁带上录下来的一段发闷的歌曲"妈妈的吻原音.wav"使用均衡和压缩方法进行处理。

> 打开"妈妈的吻原音.wav"，查看整个波形，音量较小。

> 选择"效果→滤波与均衡→图示均衡器（30 段）..."菜单，在预设列表中选择"低音增强清晰度"，800～2.5k 频段增益缓升缓降 6dB，主控增益"7dB"，单击"应用"按钮。

> 选择"效果→振幅与压限→多段压限器..."菜单，预设选取"Enhance Highs"，增益（Gain）设为"3dB"，单击"应用"按钮。Audition CS6 安装插件"iZotope Ozone V5"之后，预设中才有"Enhance Highs"选项，若未安装插件，可试用其他预设项并试听效果。

> 选取整个波形，选择"效果→振幅与压限→标准化..."菜单，调整音量。

一个混音作品是否专业，很大程度取决于动态效果器，特别是压限器的使用。选择了合适设备，使用合适参数的压限处理，可以得到非常漂亮的并且是易于混合的声音。欧美的音乐听起来都很饱满，他们会把录制的钢琴再压缩，钢琴的所有信息都能控制在一定的动态范围内，这样录制声音大的地方不毛，声音小的地方也不弱。每种乐器的频率首先是不一样的，动态又可以分开，音乐自然会很有层次感。

4. 混响

选择"效果→混响→完全混响"菜单，在对话框中的预设列表中选择预设效果并试听，观察各参数的设置。下面列出混响效果的 3 个主要参数说明，限于篇幅，其他参数的作用请上网查阅相关资料。

（1）衰减时间

衰减时间（Decay time）是整个混响的总长度。不同的环境会有不同的长度，有以下几个特点：空间越大、越空旷，衰减时间越长；空间中家具或别的物体（比如柱子之类）越少，衰减时间越长；空间表面越光滑平整，衰减时间越长。反之亦然。其实真正的一些剧院、音乐厅的混响时间并没有想象的那么长。例如维也纳音乐厅是 2.05 秒，纽约卡内基音乐厅是 1.7 秒。

（2）预延迟时间

预延迟时间（Predelay）就是直达声与前反射声的时间距离。空间越大、越空旷，预延迟时间越长。想要表现很宽大空旷的空间，就把预延迟时间设大一点。

（3）扩散

扩散（Diffusion）也称为早反射散射度（Early Reflections Diffusion）。早反射是一组比较明显的反射声，这些反射声的相互接近程度，称为扩散。墙壁越不光滑，声音的扩散度就越大，反射声越多，相互之间越接近，混响是连声一片的，声音很温和；墙壁越光滑，声音的扩散度就越小，反射声越少，相互之间隔得越开，混响声听起来就比较接近回声，声音很清晰。因此，对于一些延音类的声音（如风琴 、合成弦乐等），可以使用较小的 Diffusion，声音就比较漂亮清楚；对于脉冲类的声音（如打击乐、木琴等），可以使用较大的 Diffusion，混响就比较柔软流畅。

【例 3-8】将录制的单声道歌声"兰花花.wav"处理成立体声、山谷中的歌唱声。

需要先将单声道扩展成双声道，再应用通道混合功能将双声道歌声混合成立体声。最后对立体声歌声做混响和回声效果。

➢ 打开"兰花花.wav"，用采样去噪方法去除噪音。按 Ctrl+A 选中全部波形，按 Ctrl+C 将其复制到剪贴板中。

➢ 按 Ctrl+Shift+N 新建一个立体声音频文件，采样率为 44100Hz、16 位采样深度。按 Ctrl+V 将歌声粘贴到新建文件中，生成一个双声道的兰花花歌声。

➢ 选择"效果→振幅与压限→声道混合..."菜单，在预设列表中选择"混缩到 2/0（立体声）"，将左右声道声音混合成立体声。

➢ 选择"效果→混响→混响..."菜单，在预设列表中选择"流畅柔美扬声器"，预演播放音效并应用该效果。

➢ 选择"效果→延迟与回声→延迟..."菜单，在预设列表中选择"山谷回声"，预演播放音效有山谷回音效果。

5. 其他效果

（1）前后反转

可以对波形进行上下颠倒和首尾反转，产生奇特的音频效果。

【例 3-9】利用现有的歌曲"兰花花"给反映香格里拉藏族生活风情的视频作背景配音。

➢ 打开歌曲"兰花花.wav"。

➢ 剪切掉歌中过长的停顿。分别选取各段空白波形，按 Delete 键删除歌声中的停顿。

➢ 选择"效果→前后反转"菜单，颠倒音频。

➢ 播放声音，得到需要的听不懂的少数民族歌声，保存波形文件。

（2）和声

和声是指声音的重叠，就是在原来声音的基础上叠加一些由效果器计算产生的类似声音样本，听上去好像很多人在发声一样。它还可以使原声音加宽、加厚。合唱在音乐制作、音频编辑中使用十分广泛，尤其对人声的处理，更能起到良好的作用效果。它使人声听上去更有层次感，更丰富饱满。利用合唱特效可以将独唱处理成二重唱、四重唱、多人齐唱等效果，也能将独奏处理成重奏、多声部和声、电声效果等。选择"效果→调制→和声…"菜单，在对话框中的预设列表中选择预设效果并试听，观察各参数的设置。

【例 3-10】将歌曲"我对天空说.mp3"添加合唱效果。

➢ 打开歌曲"我对天空说.mp3"。

➢ 选择"效果→振幅与压限→标准化…"菜单，调整音量。

➢ 选择"效果→调制→和声…"菜单项，在预设列表中选择"低声合唱"，试听效果并应用。

（3）镶边

镶边（Flanger）是一种空间感处理效果。应用镶边效果能够产生水下、科幻、火星人、闪回等感觉，它在原来声音的边缘加上了新奇的声响，就像声音被镶上一道道一样。镶边产生的回旋、颤音、共鸣、相位转换等效果有很高的使用价值。选择"效果→调制→镶边…"菜单，在对话框中的预设列表中选择预设效果并试听，观察各参数的设置。

【例 3-11】对"涉水.wav"做镶边处理。

➢ 打开"涉水.wav"。

➢ 选择"效果→调制→镶边…"菜单，在预设列表中选择"海特·阿什伯里"，试听音效并应用。涉水声音仿佛变成高速飞行的战机在云层穿越的轰鸣声。

（4）变调

最常见的变调效果是升降音调和伸缩播放时间（改变播放速度）。将男声升调会变成女声，反过来，女声降调会变成男声。选择"效果→时间与变调→伸缩与变调…"菜单，在对话框中的预设列表中选择预设效果并试听，观察各参数的设置。

【例 3-12】将录制的女高音歌声"兰花花.wav"降 8 个半音变成男音。

仅将声调降下来，要保持音速不变。降调前先除去噪音。

➢ 打开"兰花花.wav"，用采样去噪方法去除噪音。

➢ 选择"效果→时间与变调→伸缩与变调…"菜单，在预设中选择"降调"，变调设置为"–8"，试听效果并应用。

3.4.4 音频合成

1. 创建多轨混音项目

选择"文件→新建→多轨混音项目"菜单，输入项目文件名。将在指定的文件夹中创建扩展名为.sesx 的项目文件，并自动打开多轨混音窗口。多轨中的编辑是对各轨音频的整体调整，将调整参数保存在项目文件中，而不是直接修改各个音轨的素材，是非破坏性的操作。项目文件仅仅保存混音参数，各轨的波形独立以文件形式存放。为了编辑修改方便，建议建立项目文件夹，将项目文件和所有用到的音频素材保存在该文件夹中，以备日后使用，避免素材文件丢失造成混音缺失。

2．导入音频

选中空白音轨右击，选择快捷菜单中的"插入→文件"导入文件中的音频到该轨。或者在媒体浏览器中打开项目文件夹，将素材文件拖曳到空白音轨中。

如果要导入 CD 上的乐曲或 VCD 上的音频，应在单轨窗口中抓取这些盘片上的音频，并以 wav 文件保存到项目文件夹中，再在多轨窗口中导入 wav 文件。

3．多轨编辑

多轨编辑仅仅是将用到的音频布置在各个音轨中，再做节拍时序上的调整，以及音量、平衡、混响等效果上的调整，目的是将多个音频按照需要的音量和效果混合起来，合成为一个综合的效果。多轨中的编辑并不直接作用在各轨的波形上，可以反复修改这个项目，并试听合成效果，直到满意为止。

（1）调整音轨播放时间

按住音轨中的波形拖动，可以调整播放起始时间；光标移动到波形左端拖动，可以调整开始播放的位置；光标移动到波形右端拖动，可以调整结束播放的位置。

（2）使用音轨控制台

多轨编辑中经常需要调节某些音轨的音量、立体声平衡、效果，以及控制音轨静音、播放、录音等，最简单的方法是使用音轨控制台调节。每个音轨的音轨控制台上都有相应操作的按钮，光标移动到按钮上悬停会显示按钮的功能。

（3）使用包络线

包络线操作是一种非常重要的控制方式，它能够灵活地对音量、声相以及效果器用量进行自由的调节。先要启用包络线显示功能和编辑功能，才能对包络线进行编辑。在"视图"菜单的选项中确认"显示素材音量包络线"、"显示素材声场包络线"菜单项左边打勾，表示启用包络线显示功能，音轨中就能看到多了两条水平方向的线。淡黄色的音量包络线处于音轨上端，表示音量未调整；淡蓝色的声场包络线处于音轨的中央，表示相位偏移为 0。

单击选中包络线后，再在包络线上单击可以添加控制点，右击弹出的快捷菜单中可以选择包络线按折线方式还是样条曲线方式编辑。移动控制点可以调整包络线，达到控制该音轨音量和声场的变化。

（4）使用效果器

打开效果夹面板，预设中有多种效果供选择。效果夹按顺序序号排列有多种可供设置的效果，单击空白效果项右边的三角形按钮，可选择相关效果并进行设置。

在效果夹中设置好效果后，调整音轨显示高度（光标移动到音轨控制台下边线附近，光标变成带箭头双线时按住鼠标左键拖动），显示出与效果夹对应的效果控制按钮，启动对应序号的效果按钮，该效果将作用到音轨上。在音轨控制台可以同时为一个音轨加载多种实时处理效果器和插件。

多轨编辑的目的在于多种音频的合成，讲求的是时间上的安排和音量层次上的叠加。要达到满意的效果，掌握编辑技术仅仅是一个方面，最主要的是对音乐的体验和经验。反复调试、多听多练就能获得经验。另外，不要滥用效果器，它只是在必要的时候做些修饰。

4．合成输出

在多轨编辑完成以后，选择"文件→导出→多轨缩混→完整混音…"菜单，将合成后的音频以指定文件格式保存。最后对导出的 wav 文件还可以用母带处理软件 T-racks 做压缩处理，使声音更加柔和温暖，更符合人耳的听觉习惯。

【例 3-13】使用多轨窗口制作配乐诗朗诵。

➤ 准备素材。创建项目文件夹"混音",将素材文件"黄鹤楼.mp3"和"乐曲.mp3"复制到该文件夹中。

➤ 创建项目。选择"文件→新建→多轨混音项目"菜单,输入项目文件名"配乐诗朗诵",并将项目文件保存到项目文件夹中,系统自动打开多轨编辑窗口。

➤ 导入素材。使用媒体浏览器打开项目文件夹,将"黄鹤楼.mp3"拖曳到"轨道 1"中,将"乐曲.mp3"拖曳到"轨道 2"中。

➤ 调整播放位置。在时间标尺上移动游标指针到 30 秒位置,在轨道 1 中拖曳移动波形,使其左端与游标指针对齐。

➤ 裁剪背景乐曲。在轨道 2 中移动波形左端到开始播放位置,在时间标尺上移动游标指针到 1 分 35 秒位置,选择"编辑→工具→剃刀"菜单,在轨道 2 的移动游标位置单击 2 次,选择右边被剪断的波形,按 Delete 键删除。

➤ 调整音量。使用音轨控制台将轨道 2 的音量增加 3dB,轨道 1 的音量降低 3dB。在波形中调整轨道 2 的音量包络线,将 30 秒至 1 分 10 秒部分的音量包络线压低到中间线下方。

➤ 使用效果。调整轨道 1 的高度,使其显示出效果列,单击效果项右边的三角形按钮,选择"混响→混响…"菜单,在预设中选择"流畅柔美扬声器"。编辑结果如图 3-10 所示。

➤ 试听效果,不满意再进行适当调整。双击轨道 1 波形可切换到单轨编辑窗口,对波形进行编辑。按"多轨混音"按钮返回多轨窗口。

➤ 保存项目和混音结果。选择 "文件→全部存储"菜单,将保存项目文件。选择"文件→导出→多轨缩混→完整混音…"菜单,设置文件格式和保存位置,可将混缩后的音频保存在指定文件夹中。

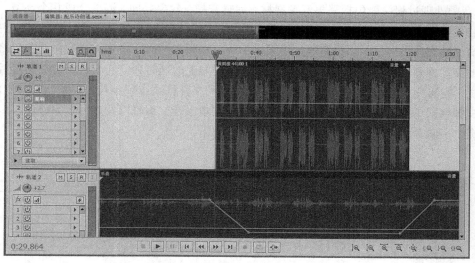

图 3-10　配乐诗朗诵项目编辑窗口

🧠 **思维训练与能力拓展**:自己动手制作 MV 视频时,需要录制演唱歌声,导入乐曲声,添加节拍,之后混缩成歌曲。画面中的歌词字幕如何与演唱歌声同步?Audition 中的"添加提示标记"有什么作用?

本章小结

本章介绍了数字音频和 MIDI 技术的相关概念，以及数字音频处理方法，主要内容如下所述。

1. 声音是物理波作用于人的听觉器官，由此带来的一系列生理、心理感受相互作用的结果，既有客观性又有主观因素。音频通过音调、响度、音色来描述。音调与声波频率相关，音量与声波振幅引起的声压变化相关，音色与泛音特性相关。

2. 数字音频的质量由采样频率、量化位数、信噪比决定。采样频率越高、量化位数越多，音质越高，同时数据量也越大。音频数据量还与声道数量成正比。国际公认的声音质量分为 4 个等级，从低到高依次为电话质量、调幅广播质量、调频广播质量、CD 质量，每种质量都有相应的采样频率、量化位数、声道数指标。

3. 音频文件分为波形文件、MIDI 文件两大类。波形文件是模拟声音数字化后产生的，不同格式的波形文件可能采用不同的压缩算法，其压缩比从大致为 1∶2～1∶20。MIDI 文件保存的是演奏命令，需要由音源器演奏之后才会产生声音。MIDI 声音质量受合成器影响，合成器分为 FM 合成和波形表合成两类。一般而言波形表合成的音质高于 FM 合成，而波形文件的音质高于 MIDI 音质，但是，MIDI 文件小，适合于音质要求不高的背景音以及需要循环播放但存储空间有限的多媒体应用中。

4. 音频处理需要有硬件设备和相关软件支撑。硬件除了普通计算机设备外，还需要有声卡、麦克风、音箱等音频输入/输出设备。音频处理软件种类繁多，可分为音乐创作软件、音频编辑与混缩软件、格式转换软件等多种类型。Audition 是一个专业的音频编辑与多轨混缩软件。

5. 音频处理过程一般包括采集音频素材、编辑音频、效果处理、混缩合成几个环节。录制的音频一般要进行降噪、标准化、剪辑、效果处理。效果处理最核心的是动态效果处理，主要包括频率均衡、动态压缩、混响。均衡通过增强或抑制某些频率的声音来修饰音效；动态压缩通过限制音量的突然剧烈变化使声音平稳；混响是声音在时间上的延时和空间上的反射叠加之后产生的空间感觉，能够突出声场效应。Audition CS6 支持多种文件格式音频导入，可从 CD、VCD、DVD 等多种视频格式中抓取音频；其单轨编辑窗口中可实现录音、编辑以及多种效果处理，多轨混缩窗口中提供多轨录音和混缩功能。

快速检测

1. 一般而言，人耳能听到的声音频率范围是_____。
   A. 200Hz～3.4kHz
   B. 50Hz～15kHz
   C. 20Hz～20kHz
   D. 10Hz～44.1kHz

2. 将模拟声音信号转换为数字音频信号的过程是_____。
   A. 采样→编码→量化
   B. 采样→量化→编码
   C. 编码→压缩→解压
   D. 量化→编码→压缩

3. 乐器发出的声音是_____。
   A. 纯音
   B. 杂音

    C．复合音　　　　　　　　　　　　　　　　D．泛音

4．3 分钟单声道、16 位采样位数、22.05KHz 采样频率声音的不压缩的数据量约为_____。

    A．7.94MB　　　　　　　　　　　　　　　　B．7.57MB

    C．60.56MB　　　　　　　　　　　　　　　D．63.5MB

5．同等播放长度下，数字音频文件数据量最小的文件格式是_____。

    A．WAV　　　　　　　　　　　　　　　　　B．WMA

    C．MP3　　　　　　　　　　　　　　　　　D．APE

6．下列文件扩展名属 MIDI 文件的是_____。

    A．AMR　　　　　　　　　　　　　　　　　B．FLAC

    C．AAC　　　　　　　　　　　　　　　　　D．RMI

7．_____时需要使用 MIDI。

    A．经常需要改变音效

    B．对背景音乐质量要求较高

    C．需要在不同设备上都获得稳定音质

    D．需要长时间连续播放音乐而存储空间有限

8．对录制的音频一般不需要做的操作是_____。

    A．标准化　　　　　　　　　　　　　　　　B．降噪

    C．均衡　　　　　　　　　　　　　　　　　D．混响

9．Audition CS6 不能导入下列哪种文件格式的音频_____。

    A．WMA　　　　　　　　　　　　　　　　　B．AVI

    C．MID　　　　　　　　　　　　　　　　　D．APE

10．Audition CS6 的编辑菜单不包括下列哪项操作_____。

    A．替换　　　　　　　　　　　　　　　　　B．删除

    C．粘贴　　　　　　　　　　　　　　　　　D．裁剪

第4章
计算机图形处理

在某一时刻，通过眼睛看到的静止画面，就是一幅图，图给予人们最丰富多彩的信息。人们通过形状、大小和色彩来认识和描绘事物。计算机出现以前，通过绘画来表达图信息，需要较高的技巧和素养。随着计算机图形图像处理软件的大规模应用，其便捷快速和易于修改等优点，使计算机绘图在绝大多数领域取代了手工绘图。一些重大工程设计结果的主要表达形式就是计算机图纸，要进行这些设计，需要熟练掌握计算机图形设计软件的应用。本章首先介绍计算机图形设计相关的基础知识，然后介绍图形软件 Adobe Illustrator CS6 的基本功能和使用方法。

4.1　图像与图形

　　图形和图像通过编码以二进制的方式存储在计算机中，它们之间有什么区别和联系？其绘制和处理的软件是否相同？搞清楚这些问题，是学习图形图像处理技术的前提。

4.1.1　图像

图广义的图像是指所有具有视觉效果的画面，即各种图形和影像的总称。在计算机中，以一个点代表一个微小区域，称为像素，在纵、横方向各点位置上记录对应的颜色，离散有限的所有点构成图，称之为图像或位图。可见，图像是由平面上的多个像素点组成的。本书将在第5章详细介绍计算机图像处理的相关知识和方法。

4.1.2　图形

图形也称矢量图。与图像不同，在计算机图形文件中只记录生成图的算法和图上的某些特征点。图形的最大优点就是容易进行移动、压缩、旋转和扭曲等变换，主要用于表示线框型的图画、工程制图、美术字等。在工程设计中，经常需要对线条轮廓进行设计，对面和立体形状进行填充处理，这些都属于图形设计和处理的范畴。

由于图形只保存生成图的算法和特征点，所以相对于位图（图像）的大数据量来说，它占用的存储空间相对较小。但由于每次屏幕显示时都需要重新计算，故显示速度没有图像快。在打印输出和放大时，图形的质量较高，而点阵表示的位图（图像）常会发生失真。

从广泛的意义上来说，图形可以被看作图像的一个子类。图形可以存储为位图文件，对图像进行矢量化处理可将图像处理成图形。可见，图形和图像既相互区别又彼此联系。

4.1.3　计算机图形处理软件

计算机图形图像处理软件有数十种，尽管当中一些软件既可以处理图像又可以处理图形，但由于对图形和图像的处理还是有很大的不同，因此建议读者最好还是采用专门的图像和图形处理软件。对于矢量图形的绘制和处理来说，著名的软件有 AutoCAD、CorelDraw 和 Adobe Illustrator 等。

AutoCAD 是美国 Autodesk 公司于 20 世纪 80 年代初为微机上应用 CAD 技术而开发的矢量绘图程序软件包，经过不断的完善，现已经成为国际上广为流行的绘图工具。AutoCAD 可以绘制任意二维和三维图形。

CorelDraw 和 Illustrator 均是平面矢量绘图软件。作为两款相互竞争的软件，它们的功能相差不多，甚至很多场合可以互相替代，但这两款软件还是各具特点。总的来说，CorelDraw 的插件相对多一些，但 Illustrator 和 Photoshop 同为 Adobe 公司的产品，故它们的兼容性相对更好。由于多数图形设计和处理中常包含图像素材，鉴于 Photoshop 在图像处理中具有不可替代的优势地位，因此将 Illustrator 和 Photoshop 配套使用更显得方便一些。同时，Illustrator 还提供与 Adobe 的其他应用软件（如 PageMaker 等）相近的界面，更易于学习和使用。Illustrator 不仅仅是艺术作品的工具，它也同时提供相当的精度，可以设计任何小型到大型的复杂项目。

图形处理软件还有 Adobe PageMaker、Corel 公司的 Painter、Autodesk 公司的 3D MAX 以及西门子公司的 Sigraph Design 等，它们各有所长。本章将以 Adobe Illustrator CS6 为例，介绍计算机图形设计和处理的相关知识和方法。

4.2　颜　色　原　理

无论是进行高级的手工绘图，还是在计算机中使用软件进行图形绘制和设计，必然要涉及颜色的处理，自然界物体的颜色是怎么形成的？在计算机中又是怎样生成和显示的？印刷颜色和显示颜色是相同的吗？颜色原理是图形图像设计和处理过程中所必须具备的基础知识。本节介绍颜色的形成、色彩的要素、色彩的混合及色彩模式等基本颜色理论知识。

4.2.1　颜色的形成

颜色是光作用于人眼引起的除形状之外的视觉特性。光的物理性质由它的波长和能量来决定。波长决定了光的颜色，能量决定了光的强度（明暗的不同）。

物体表面色彩的形成取决于三个方面：光源的照射、物体本身反射一定的色光、环境与空间对物体色彩的影响。发光体的颜色决定于所发色光的光谱成分。非发光体本身不辐射光能量，但不同程度地吸收、反射和透射其上的能量而呈现出不同的颜色。

1. 物体色

物体对光的选择性吸收是物体呈色的主要原因。红花呈现红色，是因为它吸收了白色光中 400～500nm 的蓝色光和 500～600nm 的绿色光，仅仅反射了 600～700nm 的红色光。花本身没有色彩，光才是色彩的源泉。如果红色表面用绿光来照射，那么就呈现黑色，因为绿光波长的辐射可被全部吸收，它不再包含可反射的红光波长。可见，物体在不同的光谱组成的光的照射下，会呈现出不同的色彩。物体颜色的形成过程是：该物体本身不发光，而是从被照射的光里选择性地吸收了一部分光谱波长的色光，反射（或透过）剩余的色光。人们所看到的色彩是剩余的色光，这就是物体的颜色，简称物体色。日常生活中看到的任何物体，都对色光具有选择性地吸收、反射或透射的性质。当白光照射到不同的物体上，由于物体固有的物理属性不同，一部分色光被吸收，另一部分色光被反射或透射，就呈现出千差万别的物体色彩。

2. 固有色

人们在日光或灯光下辨认物体的颜色。因此，固有色是指在相同的白光照射下，不同的物体所反射的不同色光。固有色给人的印象最深刻，形成了记忆，又称为记忆色。导致固有色产生差异的原因有五个：一是物体本身的差异；二是光线照射的角度，即固有色一般在间接光照射下比较明显，在直接光照射下就会减弱，在背光情况下会明显变暗；三是物体本身的结构特点，即反光差的物体的固有色比较明显，反光强的物体固有色比较弱；四是表面状况，即平面物体的固有色比较明显，曲面物体的固有色比较弱；五是距离视点的位置，即离视点近的物体固有色比较明显，离视点远的物体固有色较弱。

3. 影响物体色的因素

（1）光源色

光源色在色彩关系中起支配地位，是影响物体色彩的主要因素。光源色的变化，势必影响物体的色彩。光源色对物体色的影响主要表现在物体的光亮部位。特别是表面光滑的物体如陶瓷、金属、玻璃等器皿上的高光，往往是光源色的直接反射。光源本身的色彩也不是一成不变的，它随着光的强弱、距离的远近、媒质的变化等有所不同。当光源色彩改变时，受光物体所呈现的颜色也随之发生变化。

（2）环境色

环境色指对象所处的环境的色彩。任何物体若放在其他有色物体中间，必然会受到周围邻近物体的颜色（即环境色）的影响。环境色对物体色的影响在物体的暗部表现得比较明显。

物体基本色彩由光源色、固有色与环境色三者共同构成，并且由于三者作用的此强彼弱，产生了物体各部分色彩的差异。

> 🔖 **思维训练与能力拓展**：烛光晚餐经常能营造一种温馨、浪漫的气氛。试从颜色形成和影响物体色的因素等角度，对其进行简要分析。

4.2.2 色彩的要素和性质

1. 色彩的三要素

客观世界的色彩千变万化，各不相同，但任何色彩都有色相（Hue）、饱和度（Saturation）和明度（Brightness）三方面的性质，称为色彩的三要素。

（1）色相

色相指的是色彩的相貌特征和相互区别，简单地说也就是颜色的名称，如红色、黄色、蓝色等。色相实际上是指一种颜色在色盘上所占的位置，与其名称同义。色彩因波长不同的光波作用于人的视网膜，人便产生了不同的颜色感受。色相具体指的是红、橙、黄、绿、青、蓝、紫。它们的波长各不相同，其中红、橙、黄光波较长，对人的视觉有较强的冲击力。蓝、绿、紫光波较短，冲击力相对较弱。色相主要体现事物的固有色和冷暖感。

（2）饱和度

饱和度指的是色素的饱和程度。色彩的饱和度体现事物的量感。饱和度不同，即高饱和度的色和低饱和度的色表现出事物的量感就不同。光谱中红、橙、黄、绿、青、蓝、紫等色光都是最纯的高饱和度的光。以上每一种颜色系中，如红色系中的橘红、朱红、桃红、曙红，它们之间的饱和度均不同，都比红色略低。高饱和度的色彩通常显得更加富丽和丰满。

（3）明度

明度是指色彩的深与浅所显示出来的程度。所有的颜色都有明与暗的层次差别，就如人们常说的黑、白、灰。在红、橙、黄、绿、青、蓝、紫七种基本颜色中，明度最高的是黄色，橙、绿次之，红、青再次之，最暗的是蓝色与紫色。色彩明度的变化即深浅的变化，使得色彩有层次感，表现出立体的效果。

2. 色彩的性质

色彩不同，其光波作用于人的视网膜使人产生的感受也不同，于是面对不同的颜色人们就会产生冷暖、明暗、轻重、强弱、远近、胀缩等不同的心理反应。

① 色彩的冷与暖。绿、蓝、紫色相能给人以文静、清凉近似于冷的感受，而红、橙、黄色相能给人以热烈、温暖、兴奋近似于暖的感受。在冷色与暖色之间也有一种给人冷热适中的中间色，如色环上的黄绿、蓝绿色。冷暖色也有层次关系，有的偏冷（如紫红、柠檬黄、蓝紫），有的偏暖（如橘红、橘黄、蓝绿）。冷暖关系是在色相相互比较中产生的。

② 色彩的轻与重。轻和重的色彩感是由色相的饱和度在视觉上产生的一种效果。凡是感觉重的色都是色相饱和度高的色，饱和度低则感觉轻。色彩的色相因饱和度值不同，其轻重的量感也就不一样。若把白色的心理感觉重量计为 100 克，则黑色是 187 克、黄色是 113 克、绿色是 133 克、蓝色是 152 克、紫色是 155 克、灰色是 155 克、红色是 158 克。

③ 色彩的远与近。远和近的色彩感是由于色彩的冷暖关系作用于人们的视觉感受而产生的。一般冷色给人以远的感觉。如在自然界中，蓝色的群山就给人远的感觉，暖色则给人以近感。

④ 色彩的胀与缩。胀与缩的色彩感，是由色彩的明度不同而产生的。一般胀色淡，缩色深。白色与灰色相比，白色就呈膨胀感，这是因为色彩的明度体现光感和事物体积的大小。

色彩中的冷和暖、轻和重、远与近、胀与缩、明与暗、强与弱，不但说明色彩的性质，也是人们心理和视觉情绪上的反映，是一种感觉对比，这种色彩的对比有强烈的视觉效果。

4.2.3　三基色及色彩的混合

色彩混合有三种方式，即色光的混合、颜料的混合和色彩并置混合。

1. 三基色及色光混合

三基色是对于光而言的。白光经过色散后可以分解成七种单色光，其中红、绿、蓝三种色光相互混合后可以组成其他颜色的各种色光，故将红、绿、蓝称为三基色（也称色光三原色）。国际上统一规定，光的三基色波长为：红光 700.00nm、绿光 546.1nm、蓝光 435.8nm。

三基色的混合是加色混合，光线会越加越亮，其实质是能量的叠加，两两混合可以得到更亮的中间色：黄、品红（或者叫洋红、紫）、青。三种基色或三种中间色等量组合可以得到白色。补色指完全不含另一种颜色，红和绿混合成黄色，因为完全不含蓝，所以黄色和蓝色就互为补色。两个等量补色混合也形成白色。

17 世纪，物理学家牛顿发明了色环，他以图解的形式阐述了各种颜色在视觉上和科学上的相互关系，如图 4-1 所示。色环上的近似色在色环上互为毗邻，互补色在色环上处于互相对称的位置。

把两种或两种以上的颜色混合在一起，就可以得到一种新的颜色。从本质上讲，色环就是色谱上可以看到的颜色所形成的连续环，一个色环通常包括 12 种明显不同的颜色，如图 4-1（a）所示。

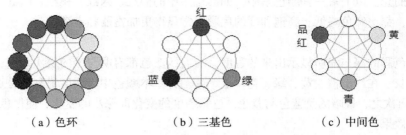

| （a）色环 | （b）三基色 | （c）中间色 |

图 4-1　色环、三基色及中间色

图 4-1 所示的色环、三基色和中间色的示意图显示出如下规律。

① 基色沿圆周排列，彼此之间的距离完全相等，每一种中间色都处在产生它的两种基色之间。

② 每一种基色，都处在两种中间色之间。比如说要减少图像中的红色，可以减少黄色和品红。

③ 互补色在色盘上彼此直接相对。例如，红色对着青色，蓝色对着黄色，绿色对着品红。互补色是彼此之间最不一样的颜色。

④ 如果用户要向图像增加某种颜色，可以通过减少它的互补色来实现。

2. 色料三原色及颜料混合

色料三原色是针对颜料而言的，颜料的三原色是品红、黄、青。通过这三种颜色颜料的混合，可以组成所有各种不同颜色的颜料，但它们却不能用其他颜料调出来。色料三原色是减光混合，不同的色料经混合后，吸收的光波增加而体现颜色的反射光或透射光减少了，这种混合称减色混合。

色光的加色混合和色料的减色混合对比如表 4-1 所示。

表 4-1　　　　　　　　　　　　色光加色混合和色料减色混合对比

	加色混合法	减色混合法
原色	R、G、B	C、M、Y
色彩变化	R + G = Y R + B = M G + B = C R + G + B = W	M + Y = R M + C = B Y + C = G C + M + Y = K
色的合成本质	色光混合后，光能量增加，色彩更加鲜艳	颜料混合后，光能量减少，色彩更加暗淡
混合方式	色光连续混合	透明层叠合，颜料混合
用途	显示器、扫描仪、TV、彩色电影等	印刷、摄影、颜料混合等

3. 色彩并置混合

当把红、蓝色点或色块并置的画面放到一定的距离处，就会发现它们变成了紫色，只是由于空间距离和视觉生理的限制，眼睛辨别不出过小或过远物象的细节，因此把两个不相同的色块感受成一个新的色彩，这种现象便称为色彩的并置混合或空间混合。

4.2.4　色彩对比

两种以上的色彩，以空间或时间关系相比较，将显示出明显的差别，这称为色彩对比。主要有以下基本类型。

① 色相对比：因色相之间的差别形成的对比。当主色相确定后，必须考虑其他色相与主色相是什么关系，要表现什么内容及效果等，这样才能增强其表现力。

② 明度对比：因明度之间的差别形成的对比。柠檬黄明度高，蓝紫色明度低，橙色和绿色属中明度，红色与蓝色属中低明度。

③ 饱和度对比：一种颜色与另一种更鲜艳的颜色相比时，会感觉不太鲜明，但与不鲜艳的颜色相比时，则显得鲜明，这种色彩的对比便称为饱和度对比。

④ 补色对比：将红与绿、黄与紫、蓝与橙等具有补色关系的色彩彼此并置，使色彩感觉更为鲜明，饱和度增加，称为补色对比。这可使视觉的残像现象更加明显。

⑤ 冷暖对比：由于色彩感觉的冷暖差别而形成的色彩对比，称为冷暖对比。例如，红、橙、黄使人感觉温暖；蓝、蓝绿、蓝紫使人感觉寒冷；绿与紫介于其间。另外，色彩的冷暖对比还受明度与饱和度的影响，白光反射高而感觉冷，黑色吸收率高而感觉暖。

4.2.5　色彩调和

两种或两种以上的色彩合理搭配，产生统一和谐的效果，称为色彩调和。

① 同种色调和：相同色相，不同明度和饱和度的色彩调和。方法为：使之产生循序的渐进，在明度、饱和度的变化上，形成强弱、高低的对比，以弥补同色调和的单调感。

② 类似色调和：以色相接近的某类色彩，如红与橙、蓝与紫等的调和，称为类似色调和。类似色的调和主要靠类似色之间的共同色来产生作用。

③ 对比色调和：以色相相对或相近的某类色彩，如红与绿、黄与紫、蓝与橙的调和。调和方法主要有四种：一是选用一种对比色将其饱和度提高，或降低另一种对比色的饱和度；二是在对比色之间插入分割色（金、银、黑、白、灰等）；三是采用双方面积大小不同的处理方法，以达到对比中的和谐；四是对比色之间具有类似色的关系，也可起到调和作用。

4.2.6　色彩模式

为了在计算机图形图像处理中选择合适的颜色，首先需要了解色彩模式。色彩模式是将一种颜色转换成数字数据的方法，以便能在实际应用中对颜色进行连续的描述。色彩模式是计算机在显示图像或打印图像时定义颜色的不同方式，常用的色彩模式分为以下几种。

1. 灰度模式

灰度模式表现具有黑、白及其之间过渡色调的图像。黑、白间的过渡色调称为灰度，其级别被分为 254 个等级。显然，计算机需要 8 位二进制数表示一个像素的状态，才能显示 256 种色调。

2. RGB 模式

计算机显示的色彩以红、绿、蓝三种颜色为基本色彩，每种基色的取值范围为 0～255，这样每种基色被分成 256 种亮度，可以将不同颜色不同亮度的色彩组合形成 256³ 种计算机可以表现的色彩，这种形成计算机色彩的模式即称为 RGB 模式。由于其原理是三色叠加，故也称为加色模式。所有基色的相加便形成白色。反之，当所有的基色的值都为 0 时，便得到了黑色。值得注意的是，RGB 色彩空间是与设备有关的，不同的 RGB 设备再现的颜色不可能完全相同。

RGB 颜色模式是屏幕等发光显示设备的颜色模式，屏幕上的所有颜色都由红色、绿色、蓝色三原色光按照不同的比例混合而成，屏幕上的任何一个颜色都可以由一组 RGB 值来记录和表达，如图 4-2 所示。R、G、B 值指的是亮度，并使用 0～255 之间的整数来表示，共有 256 级。按此计算，RGB 颜色模式共能组合出 $256 \times 256 \times 256 \approx 1678$ 万种颜色。

RGB 颜色有时也称为 24 位色，因为这种模式下的图像中的每个像素颜色用 3 个字节来表示。有时，RGB 颜色模式也称为 8 位通道色。所谓通道，是指三种色光各自的亮度范围都是 256，恰好是 2 的 8 次方。这样，RGB 模式的图像也就具有 3 个颜色通道。

当这 3 种颜色分量的值相等时，结果是中性灰色，当所有分量的值均为 255 时，结果是纯白色，当所有分量的值均为 0 时，结果是纯黑色，如图 4-2 所示。

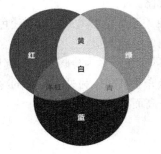

红色（255，0，0）   青色（0，255，255）
绿色（0，255，0）   洋红色（255，0，255）
蓝色（0，0，255）   黄色（255，255，0）
白色（255，255，255）   黑色（0，0，0）

图 4-2　RGB 颜色模式示意图

思维训练与能力拓展：既然灰度和 RGB 一样是有数值的，那么这个数值和百分比是怎么换算的？比如 18% 的灰度，是 256 级灰度中的哪一级呢？

3. CMYK 模式

当阳光照射到一个物体上时，物体将吸收一部分光线，并将其他的光线进行反射，反射的光线就是所看到的物体的颜色，这是一种减色模式，在纸上印刷使用的就是这种模式。

CMY 是 3 种印刷油墨名称的首字母：青色、洋红色、黄色。而 K 取的是黑色的最后一个字母，避免与蓝色混淆。从理论上来说，只需要 CMY 三种油墨就足够了，CMY 加在一起就应该得到黑色。但是，由于目前制造工艺还不能造出高饱和度的油墨，CMY 相加的结果是一种暗红色。因此，还需要加入一种专门的黑墨来调和。

CMYK 色彩模式有青色、洋红、黄色和黑色 4 个颜色通道，每个通道的颜色也是 8 位，即 256 种亮度级别，4 个通道组合使得每个像素具有 32 位的颜色容量，在理论上能产生 2^{32} 种颜色。

CMYK 通道的灰度图和 RGB 类似。RGB 灰度表示色光亮度，CMYK 灰度表示油墨浓度，但二者对灰度图中的明暗有着不同的定义。RGB 通道灰度图较白表示亮度较高，较黑表示亮度较低，纯白表示亮度最高，纯黑表示亮度为零；CMYK 通道灰度图较白表示油墨含量较低，较黑表示油墨含量较高，纯白表示完全没有油墨，纯黑表示油墨浓度最高。

4. HSB 模式

H 代表色相，S 代表饱和度，B 代表亮度。HSB 模式将颜色按色相、饱和度和亮度划分，并以各自不同的值构成不同的色彩。很显然，H 值代表选择的色彩，S 的值越大，颜色则越纯；B 的值越大，颜色则越鲜艳。HSB 色彩模式，是基于人对颜色的感觉，将颜色看作由色泽、饱和度、明亮度组成，为将自然颜色转换为计算机创建的色彩提供了一种直观方法。在进行图像色彩校正时，经常都会用到色泽/饱和度命令，它非常直观。

5. Lab 模式

Lab 颜色模式是由国际照明委员会于 1976 年公布的一种色彩模式。不同于 RGB 和 CMYK 模式，Lab 模式不依赖光线，理论上包括了人眼可以看见的所有色彩，弥补了 RGB 和 CMYK 两种颜色模式的不足。

Lab 模式由三个通道组成。L 通道表示亮度（0～100），a 和 b 是色彩通道，取值范围为-120～+120。a 通道包括的颜色从绿色（低亮度值）→灰色（中亮度值）→红色（高亮度值），b 通道则从蓝色（低亮度值）→灰色（中亮度值）→黄色（高亮度值）。

在表达色彩范围上，最全的是 Lab 模式，其次是 RGB 模式，最窄的是 CMYK 模式。也就是说，Lab 模式所定义的色彩最多，且与光线及设备无关，其处理速度与 RGB 模式同样快，比 CMYK 模式快数倍。

4.3　Illustrator 软件基本应用

Illustrator 软件是业界著名的计算机图形处理软件，它有哪些基本功能？这些功能中哪些是重点和难点？本节通过介绍 Illustrator 的软件环境、绘制工具、对象选择与编辑、对象着色、图层与蒙版、文本与段落及图表等基本内容，使读者了解该软件的基本使用方法。

4.3.1　Illustrator 软件环境

Illustrator 是 Adobe 公司著名的计算机图形处理软件，其工作界面如图 4-3 所示。Illustrator 的功能菜单包括文件、编辑、对象、文字、选择、效果、视图、窗口和帮助等。其中，文件、编辑、选择和帮助菜单和其他软件类似，仅有个别功能略显不同。视图菜单主要用于控制显示方式，窗口菜单用于打开或关闭各种重要窗口和面板，这些窗口和面板是矢量图形绘制的基础，它们常常和对象及文字菜单配合使用，以完成大部分图形的前期绘制工作。效果菜单主要用于对图形施加各种特殊效果，是 Illustrator 软件的重要组成部分。有关 Illustrator 的详细介绍，可参考 Adobe 公司的官方网站 http://helpx.adobe.com/cn/illustrator/topics.html。

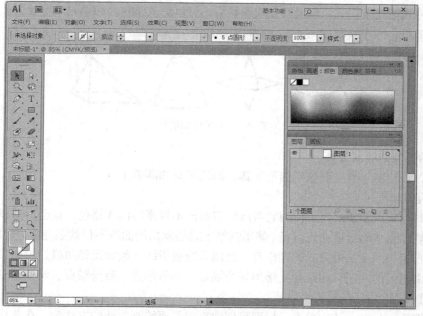

图 4-3　Illustrator CS6 软件界面

4.3.2　绘制图形对象

Illustrator 提供了丰富的绘图工具，初学者需要熟练地使用它们。使用钢笔、铅笔、直线、弧线等工具可以快速绘制图形，也可以使用规则图形工具快速创建矩形、椭圆、多边形、星形等多种规则图形对象。另外，使用旋转、比例缩放及自由变换等工具可以改变图形对象的大小及位置，使用吸管工具、网格工具、渐变工具及混合工具可以为对象着色。

1. 使用规则绘制工具

在直线段工具图标上按住鼠标左键拖动，即可打开如图 4-4 所示的工具组合菜单，单击弧线工具即可绘制弧线。绘制椭圆等其他图形使用类似方法。绘制时，按住 shift 键可以绘制正圆、正多边形等。想要绘制出精确的图形，在选择好图形工具后，在空白处单击，在弹出的对话框中输入尺寸即可。

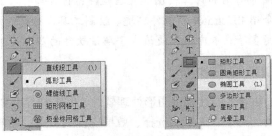

图 4-4　规则绘制工具

在绘图时，可以创建称作路径的线条。路径由一个或多个直线或曲线线段组成，每个线段的起点和终点由锚点进行标记。路径可以是闭合的，也可以是开放的。通过拖动路径的锚点、方向点（位于锚点处出现的方向线的末尾）或路径段本身，可以改变路径的形状。路径的轮廓称为描边。应用于开放或闭合路径的内部区域的颜色或渐变称作填充。描边可以具有宽度、颜色和虚线样式或固定格式的线条样式。创建路径或形状后，可以更改其描边和填充的特性。

示例与练习：练习绘制如图 4-5 所示的简单图形。

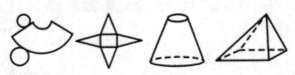

图 4-5　简单绘制素材

2. 使用不规则绘制工具

不规则路径绘制工具主要包括钢笔工具、铅笔工具和画笔工具。

（1）钢笔工具

钢笔工具的应用非常广泛，使用它可以随意画出不规则的曲线路径，且会自动根据鼠标指针的轨迹来设置锚点从而形成曲线路径。使用钢笔工具绘制出的曲线不仅线条流畅，而且易于修改。使用钢笔工具组中的工具可完成的操作有：绘制直线或折线、绘制流畅曲线、绘制带有尖角锚点的曲线、结束路径的绘制、在路径上增加新的锚点、删除锚点、转换锚点、调整锚点、延续路径等。钢笔工具如图 4-6 所示。

在使用钢笔工具时，依次单击鼠标即可创建直线，而绘制曲线的方法为：在曲线段的末尾单

击鼠标后按住鼠标不放，拖动鼠标改变方向线的长度和方向，待形状合适后松开，方向线如图 4-7
所示。不释放鼠标并按 Alt 键拖动手柄可改变下一线段的方向，绘制完成后按回车键确认。如需
修改曲线形状，使用钢笔工具在线段上单击添加方向锚点后，可使用直接选择工具（图 4-6 右上
的白色箭头）方便地进行修改和调整。

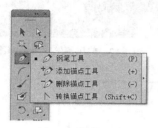

图 4-6　钢笔工具

图 4-7　弧线及方向线

示例与练习：练习绘制如图 4-8 所示的简单图形。

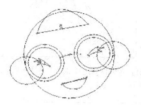

图 4-8　钢笔工具练习素材

（2）铅笔工具

铅笔工具的使用较为简单，系统会依照鼠标指针的轨迹来设置锚点从而形成曲线路径。双击
工具箱中的铅笔工具按钮，可在弹出的"铅笔工具首选项"对话框中进行锚点特性设置。在铅笔
工具图标上拖动，可以在弹出的菜单上选择使用平滑工具，平滑工具可将原本拐角锐利的路径修
整平滑。

【例 4-1】使用铅笔工具改变路径形状。

如图 4-9 所示，选择要更改的路径，将铅笔工具定位在要重新绘制的路径上或附近，当小"x"
符号消失时，即表示与路径非常接近，拖动铅笔工具直到路径达到所需形状。

（3）画笔工具

画笔工具在绘画中较为常用，它可以为用户提供一种接近手绘的矢量效果。使用画笔工具时，
常与画笔面板一同使用。除可以使用 Illustrator 软件内置的画笔资源外，用户也可以自创画笔。
Illustrator 中的斑点画笔工具与画笔工具的区别为：斑点画笔的画线是有外轮廓路径的，看上去是
一条线，实际是一个窄面，而画笔工具的画线没有外轮廓路径。此外，在使用斑点画笔时，相交
的几条线会自动合并到一个路径里，而使用画笔工具每画一笔自动生成一个路径。

示例与练习：使用画笔工具绘制如图 4-10 所示的图案。

（4）光晕工具

光晕工具可以创建具有明亮的中心、光晕和射线及光环的光晕对象。使用此工具可创建类似
照片中镜头光晕的效果。"光晕"包括中央手柄和末端手柄，中央手柄是光晕的明亮中心，光晕路
径从该点开始，可使用这些手柄定位光晕及其光环，如图 4-11 所示。

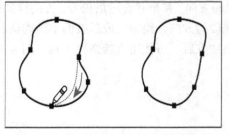

图 4-9　使用铅笔工具编辑闭合形状

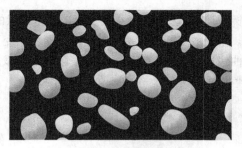

图 4-10　使用画笔工具绘制图案

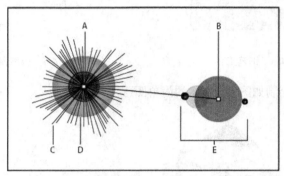

图 4-11　创建光晕对象（A 中央手柄　B 末端手柄　C 射线　D 光晕　E 光环）

> **思维训练与能力拓展**：绘制对象与绘制路径有何异同？橡皮擦和路径橡皮擦有何作用？请实际操作试一试。

4.3.3　选择对象

在编辑某个对象之前，需要先选择该对象。Illustrator 提供以下选择方法和工具。

1. 隔离模式

隔离模式可隔离对象，以便能够轻松选择和编辑特定对象或对象的某些部分。可以隔离下列任何对象：图层、子图层、组、符号、剪切蒙版、复合路径、渐变网格和路径等。在隔离模式下，文档中所有未隔离的对象都会变暗，并且不可对其进行选择或编辑；可以对隔离的图稿进行删除、替换或添加新的图稿，退出隔离模式后，替换的或新的图稿便会添加到原始隔离图稿所在的位置。

在对象上右击，选择隔离选中的路径，可进入隔离模式。在隔离模式中，隔离的对象以全色显示，而图稿的其余部分则会变暗，如图 4-12 所示。"图层"面板则仅仅显示隔离子图层或组中的图稿。当退出隔离模式后，其他图层和组将重新显示在"图层"面板中。

2. 图层面板

使用图层面板可快速选择单个或多个对象。既可以选择单个对象（即使其位于组中），也可以选择图层中的所有对象，还可以选择整个组。

3. 选择工具

使用选择工具 ▶ 时，可通过单击对象（要选择多个对象时同时按 Shift 键）或鼠标框选完成对象和组的选定，也可在组中选择特定对象。在 Illustrator CS6 中，可以按住 Ctrl 键单击来选择位于其他对象后面的对象。按住 Ctrl 键后，第一次单击时指针会变成"选择后方对象"形状。接下来再使用 Ctrl+单击时，选择区域会循环选中位于指针位置后方的各个对象。若要启用或禁用此选项，可单击"编辑→首选项→选择和锚点显示"菜单，然后在"选择"区域中勾选"按住 Ctrl 键单击选择下方的对象"复选框。

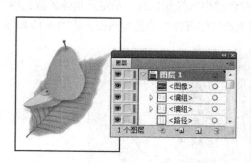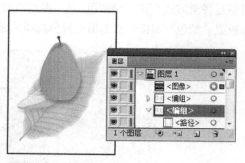

图 4-12　使用隔离模式示例

4. 直接选择工具

单击直接选择工具后，可单击选择对象上的任意点来选择整个路径或组，或在对象组中选择一个或多个对象。为避免选择不希望的图形，可在选择前锁定或隐藏图形。

5. 编组选择工具

可在一个组中选择单个对象，也可在多个组中选择单个组或在图稿中选择一个组集合。每多单击一次鼠标，就会添加层次结构内下一组中的所有对象。

6. 透视选区工具

将对象和文本置于透视中，可方便地移动透视中的对象。

7. 套索工具

使用套索工具可选择对象、锚点或路径段，方法是围绕整个对象或对象的一部分移动鼠标。

8. 魔棒工具

使用魔棒工具时，可通过单击对象来选择具有相同颜色、描边粗细、描边颜色、不透明度或混合模式的对象。

9. 实时上色选择工具

通过实时上色选择工具可选择"实时上色"组的表面（由路径包围的区域）和边缘（路径交叉部分）。

10. 选择命令

使用选择菜单中的"选择"命令，可快速选择或取消选择所有对象，以及相对其他对象的位置来选择对象。也可以选择属于某一特定类型或共享某些特定属性的所有对象，然后存储或加载所选对象，还可以选择现用画板中的所有对象。

4.3.4　对象着色

在工具箱中单击切换按钮，可以为对象进行描边或填充。颜色的选择可以使用下列方法之一。

1. 色板面板和色板库面板

色板面板和色板库面板提供不同的颜色和颜色组。可以从现有的色板和库中选择颜色，也可以创建自己的颜色。

2. 吸管工具

通过单击可对图稿中的颜色进行取样。

3. 拾色器

可通过视觉方式直接选择颜色、通过颜色滑块在色谱中选择颜色或手动定义具体的颜色值。在"工具"面板或"颜色"面板中双击填充颜色或描边颜色选框即可弹出拾色器面板，如图4-13所示。

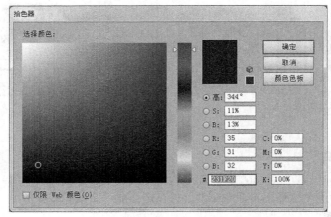

图4-13　拾色器

4. 颜色面板

颜色面板显示色谱、各个颜色值滑块和颜色值文本框，如图4-14所示。可以利用颜色面板来指定填充颜色和描边颜色。颜色面板中可使用不同颜色模型显示颜色值。默认情况下，颜色面板中只显示最常用的选项。

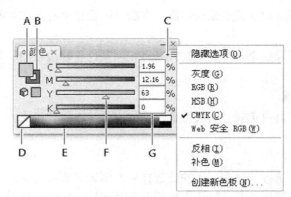

图4-14　颜色面板

（A填充颜色　B描边颜色　C面板菜单　D无色　E色谱条　F颜色滑块　G颜色成分的文本框）

5. 颜色参考面板

可以从颜色参考面板中选择颜色协调规则或从中选择的基色来创建颜色组，也可以使用淡色和暗色、暖色和冷色、亮色和柔色创建各种颜色变化。

6. 编辑颜色/重新着色图稿对话框

此对话框的一部分功能提供了用于精确定义或调整颜色组或图稿中的颜色的工具，另一部分则用于通过颜色组中的颜色来重新着色图稿，减少或转换输出的颜色。

7. 添加选中的颜色命令或新建颜色组按钮

创建包含选定图稿中颜色的颜色组。此命令和按钮都位于"色板"面板中。

8. 渐变填充

选择对象后，单击工具面板上的渐变工具，在弹出的渐变面板上（如图 4-15 所示）进行设置渐变角度和填充颜色等选项，确定后即可得到如图 4-16 所示的渐变效果。注意，渐变面板上的渐变条下的滑块，双击即可选择颜色，也可单击渐变条中间部分添加滑块进而添加渐变颜色。

此外，还可以使用描边面板来为对象描边，使用渐变工具和渐变调板为对象进行渐变填充，使用透明度调板设置透明度等，这些功能将在 4.4.2 节中进行介绍。

图 4-15　渐变面板

图 4-16　渐变效果

4.3.5　编辑对象

1. 复制对象

和 Windows 中大多数软件复制时按 Ctrl 键并拖动鼠标不同，在 Illustrator 中复制对象时需按住 Alt 键并拖动鼠标，但是复制快捷键是相同的。使用"图层"面板可快速复制对象、组和整个图层。

2. 锁定、隐藏和删除对象

锁定对象可防止对象被选择和编辑。只需锁定父图层，即可快速锁定其包括的多个路径、组和子图层。若要锁定对象，可在"图层"面板中单击相应图层的编辑列按钮。

3. 移动、对齐和分布对象

可以通过特定工具拖动对象、键盘上的箭头键、在面板或对话框中输入精确数值等方法来移动对象。在图层间移动对象可以使用剪切与粘贴。移动操作中，也可使用 Shift 键来限制一个或多个对象沿 x 轴、y 轴或对角线方向进行移动。同时，还可以用 Shift 键来以 45 度角的倍数旋转对象。

对齐和分布对象时，可以使对象边界对齐网格线，或使用"对齐"面板（通过"窗口→对齐"菜单打开"对齐"面板）根据对象之间的相对位置来对其进行定位，或使用"控制"面板中的对齐选项沿指定的轴对齐或分布所选对象。

4. 剪切和分割对象

Illustrator 提供了以下几种剪切、分割和裁切对象的方法。

① 分割下方对象：就像是一把切刀或剪刀，它使选定的对象切穿其他对象，而丢弃原来所选的对象。要使用此命令，可选择"对象→路径→分割下方对象"菜单命令。

② 在所选锚点处剪切路径：在锚点处剪切路径，一个锚点将变为两个锚点，其中一个锚点位于另一个锚点的正上方。要使用此按钮，可使用直接选择工具选择一个或多个锚点，然后在"控制"面板中使用该按钮。

③ 美工刀工具：单击并按住橡皮擦工具即可查看并选择美工刀工具，可以使用该工具绘制的

自由路径来剪切对象，并将对象分割为填充表面（表面是未被线段分割的区域）。

④ 剪刀工具：单击并按住橡皮擦工具即可查看并选择剪刀工具。可在锚点处或沿某个段分割路径、图形框架或空文本框架。

⑤ 分割为网格命令：用于将一个或多个对象分割为多个按行和列排列的矩形对象。可以精确地更改行和列之间的高度、宽度和间距大小，并快速创建参考线来布置图稿。要使用此命令，可选择"对象→路径→分割为网格"菜单命令。

⑥ 复合路径与复合形状：可以用一个对象在另一个对象中开出一个孔洞。

⑦ 路径查找器效果：提供各种分割和裁切重叠对象的方法。

⑧ 剪切蒙版：可以用一个对象来隐藏其他对象的某些部分。

练习与示例：绘制如图 4-17 所示的花瓣和花朵。

图 4-17　绘制与编辑练习示例

4.3.6　图层与蒙版

1. 图层

图层在图形图像绘制软件中广泛使用，图层就像是含有文字或图形等元素的胶片或玻璃纸，一张张按顺序叠放在一起，组合起来最终形成一幅完整的作品。图层可以将页面上的元素进行精确定位。图层中可以加入文本、图片和表格等对象，也可以在里面再嵌套图层。Illustrator 与 Photoshop 中的图层的不同之处在于没有背景层。在 Illustrator 中新建一个文档后，系统会自动在"图层"面板中生成一个图层。利用"图层"面板，可以进行新建图层或子图层、折叠子图层、复制图层、删除图层、显示或隐藏图层、锁定图层、合并图层、定位对象等操作，如图 4-18 所示。

在图层上双击，可以弹出图层选项窗口，方便对图层进行重命名等操作，如图 4-19 所示。

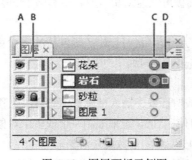

图 4-18　图层面板示例图

图 4-19　图层选项

在图 4-18 所示的图层面板中，在列表的左右两侧提供若干列，其中：A 为可视性列，B 为编辑列，C 为目标列，D 为选择列，主要用于控制下面的特性。

① 可视性列：指示图层中的项目是可见的（显示●图标）还是隐藏的（空白），并指示这些项目是模板图层（▣）还是轮廓图层（⬭）。

② 编辑列：指示项目是锁定的还是非锁定的。若显示锁状图标🔒，则指示项目为锁定状态，不可编辑；若为空白，则指示项目为非锁定状态，可以进行编辑。

③ 目标列：指示是否已选定项目以应用"外观"面板中的效果和编辑属性。当目标按钮显示为双环图标（◎或◉）时，表示项目已被选定；单环图标表示项目未被选定。

④ 选择列：指示是否已选定项目。当选定项目时，会显示一个颜色框。如果一个项目（如图

层或组）包含一些已选定的对象以及其他一些未选定的对象，则会在父项目旁显示一个较小的选择颜色框。

利用"图层"面板，可以以轮廓形式显示某些项目，而以最终图稿样式显示其余项目，还可以使链接的图像和位图对象变暗，以便轻松地在图像上方编辑图稿，如图 4-20 所示（其中：A 为轮廓视图中显示的对象；B 为变暗 50%的位图对象；C 为预览视图中显示的选定对象）。这一功能在描摹位图图像时尤为有用。

2．剪切蒙版

蒙版用于显示或隐藏图形中的某些部分，包括剪切蒙版和不透明蒙版两类。

剪切蒙版是一个可以用其形状遮盖其他图稿的对象。使用剪切蒙版，只能看到蒙版形状内的区域，从效果上来说，就是将图稿裁剪为蒙版的形状。剪切蒙版和被遮盖的对象一起称为剪切组合。可以通过选择的两个或多个对象或者一个组或图层中的所有对象来建立剪切组合。

对象级剪切组合在"图层"面板中组合成一组。如果创建图层级剪切组合，则图层顶部的对象会剪切下面的所有对象。为对象级剪切组合执行的所有操作（如变换和对齐）都基于剪切蒙版的边界，而不是未遮盖的边界。在创建对象级的剪切蒙版之后，只能通过使用"图层"面板、直接选择工具或隔离剪切组来选择剪切的内容。

创建剪切蒙版时需注意下列规则。

① 蒙版对象将被移到"图层"面板中的剪切蒙版组内。

② 只有矢量对象可以作为剪切蒙版；不过，任何图稿都可以被蒙版。

③ 如果使用图层或组来创建剪切蒙版，则图层或组中的第一个对象将会遮盖图层或组的子集的所有内容。

④ 无论对象先前的属性如何，剪切蒙版会变成一个不带填色也不带描边的对象。

【例 4-2】剪切蒙版示例。

使用椭圆做剪切蒙版的前后对比，如图 4-21 所示。步骤如下。

➢ 打开一幅图片；

➢ 创建要用作蒙版的椭圆；

➢ 将椭圆以及打开的图片移入图层或组；

➢ 在图层面板中，确保椭圆位于组或图层的上方，然后单击图层或组的名称；

➢ 单击位于图层面板底部的"建立/释放剪切蒙版"按钮，或者从"图层"面板菜单中选择"建立剪切蒙版"。

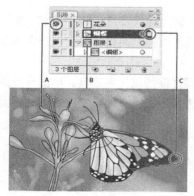

图 4-20　分层图稿的显示选项

图 4-21　剪切蒙版使用对比

思维训练与能力拓展：字比较大的时候，应怎样使用剪切蒙版创建图形背景的文字？

3．不透明蒙版

可以使用不透明蒙版和蒙版对象来更改图稿的透明度。也可以由不透明蒙版的形状来显示其他对象，如图 4-22 所示。在该示例中，A 为底层对象，B 为不透明蒙版图稿，C 为使用从黑到白的渐变填充的蒙版对象，D 为 C 移动到 B 区域并对 B 进行蒙版的效果。可见，蒙版对象定义了透明区域和透明度。可以将任何着色对象或栅格图像作为蒙版对象。Illustrator 使用蒙版对象中颜色的等效灰度来表示蒙版中的不透明度。如果不透明蒙版为白色，则会完全显示图稿。如果不透明蒙版为黑色，则会隐藏图稿。蒙版中的灰阶会导致图稿中出现不同程度的透明度。

创建不透明蒙版时，"透明度"面板中被蒙版的图稿缩览图右侧将显示蒙版对象的缩览图，如图 4-23 所示。如果未显示这些缩览图，可从面板菜单中选择"显示缩览图"。默认情况下，被蒙版的图稿和蒙版对象之间将建立链接（面板中的缩览图之间会显示一个链接）。移动被蒙版的图稿时，蒙版对象也会随之移动；而移动蒙版对象时，被蒙版的图稿却不会随之移动。可以在"透明度"面板中取消蒙版链接，以将蒙版锁定在合适的位置并单独移动被蒙版的图稿。此外，还可以在 Photoshop 和 Illustrator 之间移动蒙版。Illustrator 中的不透明蒙版在 Photoshop 中将会被转换为图层蒙版，反之亦然。

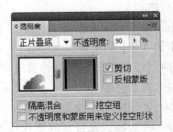

图 4-22　不透明蒙版示例　　　　　　　　　图 4-23　透明度面板

4.3.7　文本与段落

1．输入文字

在工具面板中选择文字工具或直排文字工具，单击即可输入横排或竖排文字，也可以用鼠标画一个矩形区域然后再在区域中输入文字。右击文字或使用控制面板，可以进行字体及大小、字距和行距等设置。

在一个区域中输入文字时，可选择区域文字工具或直排区域文字工具，单击对象路径的任意位置，即可输入文字。同时，选择区域文字对象后，选择"文字→区域文字选项"子菜单，可以进行文本行、列（分栏）、内边距及首行基线等设置。

2．设置分散对齐

选择"文字→适合标题"可以使标题适合文字区域的宽度。

3．串接文本

可以在不同对象上串接文本，即在下一对象上接着输入上一对象后的文本。要将文本从一个对象串接（或继续）到下一个对象，需链接这些对象。链接文字的对象可以是任何形状，但其文本必须为区域文本或路径文本，而不是点文本。

单击所选文字对象的输入连接点或输出连接点，指针会变成已加载文本的图标，若要链接现有对象，可将指针置于现有对象的路径之上，当指针形状变为时，单击路径即可链接对象；若要链接新对象，可在画板上的空白部分单击或拖动。单击操作会创建与原始对象具有相同大小和形状的对象，拖动操作则可创建任意大小的矩形对象。

另一种在对象之间串接文本的方法是，选择一个区域文字对象，选择要串接到的一个或多个对象，然后选择"文字→串接文本→创建"。

4. 文本绕排

可以将区域文本绕排在任何对象的周围，其中包括文字对象、导入的图像以及在Illustrator 中绘制的对象。如果绕排对象是嵌入的位图图像，Illustrator 则会在不透明或半透明的像素周围绕排文本，而忽略完全透明的像素。绕排是由对象的堆叠顺序决定的，可以在"图层"面板中单击图层名称旁边的三角形查看其堆叠顺序。要在对象周围绕排文本，绕排对象必须与文本位于相同的图层组中，并且在图层层次结构中位于文本的正上方。可以在"图层"面板中将内容向上或向下拖移以更改图层的层次结构。

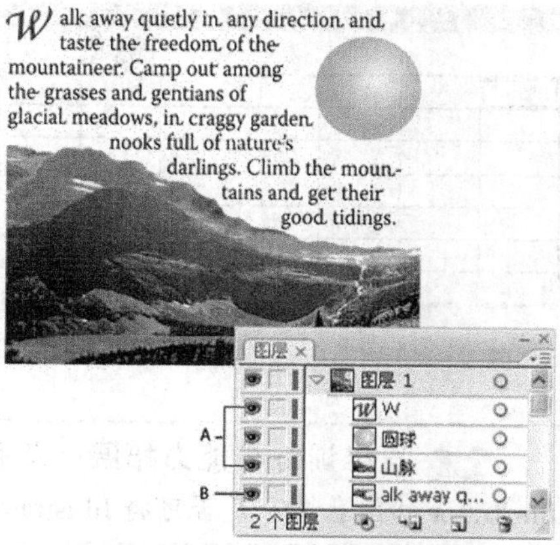

示例与练习：完成如图 4-24 所示的文本绕排，图片文字自选。

绕排文本制作的一般步骤如下。

➢ 确保要绕排的文字满足以下条件：该文字是区域文字（在输入框中键入）；该文字与绕排对象位于相同的图层中；该文字在图层层次结构中位于绕排对象的正下方。如果图层中包含多个文字对象，需将不希望绕排于绕排对象周围的文字对象转移到其他图层中或是绕排对象上方。

➢ 选择一个或多个要绕排文本的对象。

➢ 选择"对象→文本绕排→建立"。

➢ 选择"对象→文本绕排→文本绕排选项"，可指定以下位移、反向绕排、使文本不再绕排在对象周围等选项。

图 4-24　绕排于对象周围的文本
（A 绕排对象　B 绕排文本）

5. 将文字与对象对齐

要根据实际字形的边界而不是字体度量值来对齐文本，可执行以下操作。

使用"效果→路径→轮廓化对象"对文本对象应用"轮廓化对象"效果。通过从"对齐"面板菜单中选择"使用预览边界"来设置对齐面板，以使用预览边界。

6. 从图稿中删除空文字对象

删除不用的文字对象可使图稿打印更加顺畅，同时还可减小文件大小。如果在图稿区域无意中单击了"文字"工具，然后又选择了另一种工具，就会创建空文字对象。选择"对象→路径→清理"菜单，选择"空文本路径"即可。

7. 段落设置

使用"窗口→文字→段落"菜单打开"段落"面板，可更改列和段落的格式。另外，通过"窗口→文字→制表符"菜单也可打开"制表符"面板，设置段落或文字对象的制表位。

4.3.8 图表

Illustrator 提供了九种图表工具，用于创建不同类型的图表。拖曳工具面板上的柱形图按钮，选择一种图表类型，画一个合适大小的图表，则自动显示"图表数据"窗口，在表中输入数据即可，如图 4-25 所示。其中，A 为输入文本框，B 为导入数据，C 为换位行/列，D 为切换 x/y，E 为单元格样式，F 为恢复，G 为应用。

图 4-26 为一散点图示例，其余图表类型类似。此外，图表可以设置图表选项，可以进行统一缩放和局部缩放，可以在一个图表中组合显示不同的图表类型。

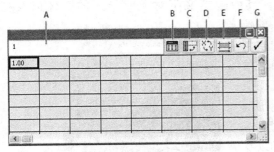

图 4-25 "图表数据"窗口

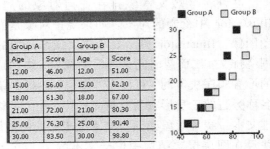

图 4-26 散点图数据

> ❓🖱 **思维训练与能力拓展**：是否可将其他文件格式（如 Excel 或 Access）中的数据导入 Illustrator 的图表中？是否可将 Illustrator 中的图表数据导出到 Excel 或 Access？请实际操作试一试。

4.4 Illustrator 软件高级应用

❓ 掌握了 Illustrator 的基本功能后，还需要探索 Illustrator 强大的效果渲染等高级功能。那么，Illustrator 的高级功能有哪些呢？本节将以实例化的方式，介绍 Illustrator CS6 中的图形变换和高级填充等功能，以让读者了解和体会该软件的实际应用方法和技巧。

4.4.1 图形的变换

1. 使用效果改变对象形状

使用变形工具、"效果→扭曲和变换"菜单和"效果→变形"菜单可实现多种变换效果，如图 4-27、4-28 和 4-29 所示。这些变换操作并不困难，读者可在实际应用中多加体会。

2. 使用封套改变形状

封套是对选定对象进行扭曲和改变形状的特殊工具，如图 4-30 和图 4-31 所示。可以利用画板上的对象来制作封套，或使用预设的变形形状或网格作为封套。除图表、参考线或链接对象以外，可以在任何对象上使用封套。

在应用了封套之后，仍可继续编辑原始对象。还可以随时编辑、删除或扩展封套。可以编辑封套形状或被封套的对象，但不可以同时编辑两者。

图 4-27　变形工具　　　图 4-28　扭曲和变换菜单　　　图 4-29　变形菜单

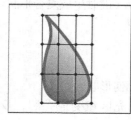 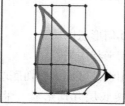

图 4-30　网格封套　　　　　　　　图 4-31　从其他对象创建封套

（1）使用封套扭曲对象

选择一个或多个对象。使用下列方法之一创建封套。

① 要使用封套的预设变形形状，可选择"对象→封套扭曲→用变形建立"菜单。在"变形选项"对话框中，选择一种变形样式并设置选项。

② 要设置封套的矩形网格，可选择"对象→封套扭曲→用网格建立"菜单。在"封套网格"对话框中，设置行数和列数。

③ 若要使用一个对象作为封套的形状，请确保对象的堆栈顺序在所选对象之上。如果不是这样，请使用"图层"面板将该对象向上移动，然后重新选择所有对象。之后，选择"对象→封套扭曲→用顶层对象建立"菜单命令。

创建封套后，若要改变封套形状，可执行下列操作之一。

① 使用"直接选择"或"网格"工具拖动封套上的任意锚点。

② 若要删除网格上的锚点，使用"直接选择"或"网格"工具选择该锚点，然后按 Delete 键。

③ 若要向网格添加锚点，使用"网格"工具在网格上单击。

④ 要将描边或填充应用于封套，使用"外观"面板。

（2）编辑封套内容

选择封套，单击"控制"面板中的"编辑内容"按钮，或选择"对象→封套扭曲→编辑内容"，根据需要，对其进行编辑。在修改封套内容时，封套会自动偏移，以使修改结果和原始内容的中心点对齐。

（3）删除封套

可以通过释放封套或扩展封套的方式来删除封套。释放套封对象可创建两个单独的对象，即保持原始状态的对象和保持封套形状的对象。扩展封套对象的方式可以删除封套，但对象仍保持扭曲的形状。要释放封套，可选择封套，然后选择"对象→封套扭曲→释放"。要扩展封套，可选择封套，然后选择"对象→封套扭曲→扩展"。

（4）封套选项

封套选项决定应以何种形式扭曲图稿以适合封套。要设置封套选项，可选择封套对象，然后单击"控制"面板中的"封套选项"按钮，或者选择"对象→封套扭曲→封套选项"。可设置消除锯齿、保留形状、扭曲外观、扭曲线性渐变、扭曲图案填充等。

3. 组合对象和形状

（1）路径查找器

通过"窗口→路径查找器"菜单命令，打开"路径查找器"面板，可将对象组合为新形状，如图 4-32 所示。

面板首行按钮，在默认情况下可生成路径或复合路径，并且仅在按住 Alt 键时生成复合形状。可以从以下形状模式中进行选择。

① 添加到形状区域：将组件区域添加到底层几何形状中。

② 从形状区域中减去：将组件区域从底层几何形状中切除。

③ 与形状区域相交：和蒙版功能一样，可使用组件区域来剪切底层几何形状。

④ 排除重叠形状区域：使用组件区域来反转底层几何形状，将填充区域变成孔洞，反之亦然。

面板最下面一排按钮称为"路径查找器"效果，只需单击相应的按钮，即可创建最终形状组合，如图 4-33 所示。其中，A 代表所有处于"相加"模式的组件，B 为应用于方块的"相减"模式，C 指应用于方块的"交集"模式，D 则为应用于方块的"差集"模式。

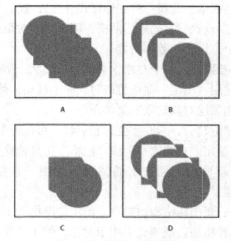

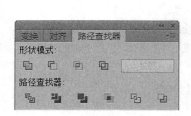

图 4-32　路径查找器面板　　　　　　　　　图 4-33　路径查找器效果

路径查找器的选项可以从"路径查找器"面板菜单中设置"路径查找器选项"，或者双击"外观"面板中的路径查找器效果以进行设置。

可通过使用"效果"菜单或"路径查找器"面板来应用路径查找器效果。应用路径查找器效果后，能够从重叠对象中创建新的形状。两种应用路径查找器效果方法的区别如下。

① "效果"菜单中的路径查找器效果仅可应用于组、图层和文本对象。应用效果后，仍可选

择和编辑原始对象，也可以使用"外观"面板来修改或删除效果。要使用"效果"菜单应用路径查找器效果，先将要使用的对象编组到一起并选择该组，或将要使用的对象移动到单独的图层中，并定位该图层。然后，选择"效果→路径查找器"子菜单，选择一个路径查找器效果。若要再次快速应用相同的路径查找器效果，可选择"效果→应用[效果]"。

②　"路径查找器"面板中的路径查找器效果可应用于任何对象、组和图层的组合。单击"路径查找器"按钮即可创建最终的形状组合；之后，便不能再编辑原始对象。如果这种效果产生了多个对象，这些对象会被自动编组到一起。使用路径查找器面板应用路径查找器效果的方法为：先选择要应用效果的对象，若要对组或图层应用路径查找器效果，可定位该组或图层；然后，在"路径查找器"面板中，单击一个路径查找器按钮（最下面一排），或者按住 Alt 键并单击一个"形状模式"按钮（最上面一排）。

Illustrator 提供的路径查找器效果有以下几种。

①　相加：描摹所有对象的轮廓，就像它们是单独的、已合并的对象一样。此选项产生的结果形状会采用顶层对象的上色属性。

②　交集：描摹被所有对象重叠的区域轮廓。

③　差集：描摹对象所有未被重叠的区域，并使重叠区域透明。若有偶数个对象重叠，则重叠处会变成透明。而有奇数个对象重叠时，重叠的地方则会填充颜色。

④　相减：从最后面的对象中减去最前面的对象。应用此命令，可以通过调整堆栈顺序来删除插图中的某些区域。

⑤　减去后方对象：从最前面的对象中减去后面的对象。应用此命令，可以通过调整堆栈顺序来删除插图中的某些区域。

⑥　分割：将一份图稿分割为作为其构成成分的填充表面（表面是未被线段分割的区域）。注意：使用"路径查找器"面板中的"分割"按钮时，可以使用直接选择工具或编组选择工具来分别处理生成的每个面。应用"分割"命令时，还可以选择删除或保留未填充的对象。

⑦　修边：删除已填充对象被隐藏的部分。它会删除所有描边，且不会合并相同颜色的对象。

⑧　合并：删除已填充对象被隐藏的部分。它会删除所有描边，且会合并具有相同颜色的相邻或重叠的对象。

⑨　裁剪：将图稿分割为作为其构成成分的填充表面，然后删除图稿中所有落在最上方对象边界之外的部分。这还会删除所有描边。

⑩　轮廓：将对象分割为其组件线段或边缘。准备需要对叠印对象进行陷印的图稿时，此命令非常有用。注意：使用"路径查找器"面板中的"轮廓"按钮时，可以使用直接选择工具或编组选择工具来分别处理每个边缘。应用"轮廓"命令时，还可以选择删除或保留未填充的对象。

⑪　实色混合：通过选择每个颜色组件的最高值来组合颜色。例如，如果颜色 1 为 20%的青色、66%的洋红色、40%的黄色和 0%的黑色；而颜色 2 为 40%的青色、20%的洋红色、30%的黄色和 10%的黑色，则产生的实色混合色为 40%的青色、66%的洋红色、40%的黄色和 10%的黑色。

⑫　透明混合：使底层颜色透过重叠的图稿可见，然后将图像划分为其构成部分的表面。可以指定在重叠颜色中的可视性百分比。

⑬　陷印：通过在两个相邻颜色之间创建一个小重叠区域（称为陷印）来补偿图稿中各颜色之间的潜在间隙。

（2）复合形状

复合形状是可编辑的图稿，由两个或多个对象组成，每个对象都分配有一种形状模式。复合形状简化了复杂形状的创建过程，可以精确地操作所含的每个路径的形状、位置和外观等内容。

复合形状可将对象进行编组。可以使用"图层"面板来显示、选择和处理复合形状的内容，如更改其组件的堆叠顺序。还可以使用"直接选择"工具或"编组选择"工具来选择复合形状的组件。

当创建一个复合形状时，此形状会采用相加、交集或差集模式中最上层组件的上色和透明度属性。随后，可以更改复合形状的上色、样式或透明度属性。当选择整个复合形状的任意部分时，除非在"图层"面板中明确定位某一组件，否则 Illustrator 将自动定位整个复合形状。有关复合形状的使用如图 4-34 所示，其中：A 为原始对象，B 为创建的复合形状，C 为应用于每个组件的单独形状模式，D 为应用于整个复合形状的样式。

① 创建复合形状。

创建复合形状的过程包含两部分。首先，建立复合形状，其中所有的组件都具有相同的形状模式。然后，将形状模式分配给组件，直至得到所需的形状区域组合为止。具体步骤如下。

➤ 选择要作为复合形状一部分的所有对象。复合形状中可包括路径、复合路径、组、其他复合形状、混合、文本、封套和变形。选择的任何开放式路径都会自动关闭。

➤ 执行下列操作之一。

● 在"路径查找器"面板中，按住 Alt 键单击"形状模式"按钮。复合形状的每个组件都会被指定为所选择的形状。

● 从"路径查找器"面板菜单中选择"建立复合形状"。复合形状的每个组件都会被默认指定为"相加"模式。

图 4-34　使用复合形状

可更改任何组件的形状模式，方法是：使用直接选择工具或"图层"面板选择该组件，然后单击"形状模式"按钮。

② 修改复合形状。

使用直接选择工具或"图层"面板选择复合形状的单个组件；在"路径查找器"面板中查找突出显示的"形状模式"按钮，以确定当前应用于选定组件的模式（如果选择了两个或多个使用不同模式的组件，"形状模式"按钮上便会出现问号）；在"路径查找器"面板中，单击一个不同的"形状模式"按钮。

③ 释放和扩展复合形状。

释放复合形状可将其拆分回单独的对象，扩展复合形状会保持复合对象的形状，但不能再选择其中的单个组件。具体操作为：使用选择工具或"图层"面板选择复合形状后，执行下列操作之一。

● 在"路径查找器"面板中，单击"扩展"。

● 从"路径查找器"面板菜单中选择"扩展复合形状"。

● 根据所使用的形状模式，复合形状将转换为"图层"面板中的"路径"或"复合路径"。

- 从"路径查找器"面板菜单中选择"释放复合形状"。

（3）复合路径

复合路径包含两个或多个已上色的路径，因此在路径重叠处将呈现孔洞。将对象定义为复合路径后，复合路径中的所有对象都将应用堆栈顺序中最后方对象的上色和样式属性。

复合路径可用作编组对象。使用直接选择工具或编组选择工具选择复合路径的一部分后，可以处理复合路径的各个组件的形状，但无法更改各个组件的外观属性、图形样式或效果，并且无法在"图层"面板中单独处理这些组件。

① 使用复合路径在对象中开出一个孔洞。

➢ 选择要用作孔洞的对象，并将其放置在要剪切的对象上。

➢ 选择要包含在复合路径中的所有对象。

➢ 选择"对象→复合路径→建立"。

② 将填充规则应用于复合路径。

可以指定复合路径是非零缠绕路径还是奇偶路径。非零缠绕路径的填充规则是 Illustrator 的默认规则。奇偶路径的填充规则的可预测性更高，因为无论路径是什么方向，奇偶复合路径内每隔一个区域就有一个孔洞。根据所需的外观，可以选择做成非零缠绕路径或奇偶路径，如图 4-35 所示。

③ 更改复合路径的填充规则。

使用选择工具或"图层"面板选择复合路径。然后在"属性"面板中，单击"使用非零缠绕填充规则"按钮，或"使用奇偶填充规则"按钮。

④ 将复合路径中的孔洞变为填充区域。

确保复合路径使用的是非零缠绕填充规则。然后使用"直接选择"工具，选择复合路径中要反转的部分。不要选择整个复合路径。最后在"属性"面板中，单击"反转路径方向（关）"按钮或"反转路径方向（开）"按钮。

⑤ 将复合路径恢复为其原始组件。

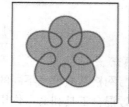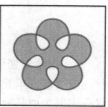

图 4-35　非零缠绕填充（左）和
奇偶填充规则（右）对比

使用选择工具或"图层"面板选择复合路径，然后选择"对象→复合路径→释放"。

4.4.2　对象的高级填充

1. 图案填充

图案填充是指将一些美丽的花纹、图案等图形图像填充到一定的形状中。图案填充同样也可以完成内部和描边两个部分的填充。单击色板调板左下角"色板库"菜单，弹出下拉菜单，菜单中包含图案调板，可以使用其中丰富的填充方案。

用户也可以使用自定义对象图案进行填充。选中需要自定义的对象，按住鼠标左键将其拖到色板调板中，调板中会自动形成一个新的图案。

2. 渐变网格填充

渐变网格是非常奇妙的一种上色方法，上色后的效果非常逼真，能够从一种颜色自然地过渡到另一种颜色。

【例 4-3】网格填充示例。

画一个椭圆，任意填充一种颜色，然后从工具箱中选取网格工具，在椭圆内部单击两次，然后单击其中一个锚点，在色板上选择一种颜色，这样就可产生一个具有特殊效果的物体，如图 4-36 所示。

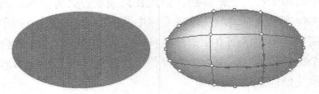

图 4-36　一个简单的网格填充

【例 4-4】创建较复杂的网格填充示例。

绘制树叶轮廓，填充绿色。从工具箱中选择网格工具，设定填色为绿色，在绿色中均匀点击，调整好锚点位置后，设定填色颜色为黄绿色，点击锚点进行渐变填充，如图 4-37 所示。

图 4-37　创建渐变网格

3. 混合渐变填充

混合渐变填充与网格渐变填充不同的是，它不仅能实现色的渐变，更能将形状融入图形中。混合图形主要是通过混合工具和命令作用在指定的图形上，使图形之间进行多形状和多种颜色的过渡混合。

单击画板中任意两条路径，都能实现混合。混合不仅能作用在闭合图形上，而且能够作用在开放路径之间和两个以上的图形之间。

【例 4-5】混合填充示例。

绘制要进行混合的多个对象，并为对象设置初始颜色；双击工具箱中的混合工具按钮，在弹出的"混合选项"对话框中设置"间距"、"取向"选项，单击"确定"按钮；移动鼠标指针到绘制对象上单击鼠标，移动鼠标指针到第二个绘制对象上再次单击鼠标。用同样的方法依次单击绘制对象，完成混合对象的绘制。鼠标单击的位置可以控制混合颜色后形成的图案形状，如图 4-38 所示。

图 4-38　混合填充

【例 4-6】混合步数填充示例。

➢ 双击工具箱中的混合工具按钮，在弹出的"混合选项"对话框中单击"间距"右侧的下拉按钮，在弹出的下拉列表中选择"指定的步数"，并在其右边的数值框中输入步数值，单击"确定"按钮，即完成混合步数填充设置。

➢ 使用工具箱中的形状工具按钮，绘制两种形状，并分别设置不同的颜色。

➢ 单击工具箱中的混合工具按钮，分别拾取两个对象，效果如图 4-39 所示。

图 4-39　混合步数填充

4.4.3　效果

Illustrator 的"效果"菜单中的功能是基于栅格的效果，对矢量对象应用这些效果，都将使用文档的栅格效果进行设置。效果菜单中各命令的功能参见表 4-2 所示。

表 4-2　　　　　　　　　　　　　　　Illustrator 效果列表

效果	动作
3D	将开放路径或封闭路径，或是位图对象，转换为可以旋转、打光和投影的三维对象
艺术效果	在传统介质上模拟应用绘画效果
模糊	可在图像中对指定线条和阴影区域的轮廓边线旁的像素进行平衡，从而润色图像，使过渡显得更柔和
画笔描边	使用不同的画笔和油墨描边效果创建绘画效果或美术效果
转换为形状	改变矢量对象或位图对象的形状
裁剪标记	将裁剪标记应用于选定的对象
扭曲和变换	改变矢量对象的形状，或使用"外观"面板将效果应用于添加到位图对象上的填充或描边
扭曲	对图像进行几何扭曲及改变对象形状
路径	将对象路径相对于对象的原始位置进行偏移，将文字转化为如同任何其他图形对象那样可进行编辑和操作的一组复合路径，将所选对象的描边更改为与原始描边相同粗细的填色对象。还可以使用"外观"面板将这些命令应用于添加到位图对象上的填充或描边
路径查找器	将组、图层或子图层合并到单一的可编辑对象中
像素化	通过将颜色值相近的像素集结成块来清晰地定义一个选区
栅格化	将矢量对象转换为位图对象
锐化	通过增加相邻像素的对比度，聚焦模糊的图像

效果	动作
素描	向图像添加纹理，常用于制作 3D 效果。这些效果还适用于创建美术效果或手绘效果
风格化（上部区域）	向对象添加箭头、投影、圆角、羽化边缘、发光以及涂抹风格的外观
风格化（下部区域）	"照亮边缘"命令可以通过替换像素以及查找和提高图像对比度的方法，为选区生成绘画效果或印象派效果
SVG 滤镜	添加基于 XML 的图形属性，例如在图稿中添加投影
纹理	使图像表面具有深度感或质地感，或是为其赋予有机风格
视频	对从视频中捕获的图像或用于电视放映的图稿进行优化处理
变形	使对象扭曲或变形，可作用的对象有路径、文本、网格、混合和栅格图像

【例 4-7】羽化对象边缘示例。

➢ 选择对象或组，或在"图层"面板中定位一个图层。

➢ 选择"效果→风格化→羽化"。

➢ 设置希望对象从不透明渐隐到透明的中间距离，如图 4-40 所示。

【例 4-8】3D 效果示例。

绘制一个正方形（填色：灰 40），执行"效果→3D→凸出与斜角"，设置位置"等角-上方、透视 100、突出厚度 201"；执行"对象→扩展外观"，可勾选预览。逐一选择每个面，给面填上渐变（双击渐变滑块可自定义颜色），如图 4-41 所示。

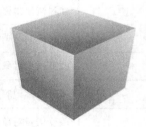

图 4-40　使用羽化效果　　　　　　　　　图 4-41 3D 效果

> 💭 **思维训练与能力拓展**：栅格是什么？栅格化操作的结果是什么？为什么 Illustrator 的效果菜单中的功能都是基于栅格的效果？

本章小结

本章以矢量图形绘制与处理为主要学习对象，并以 Adobe Illustrator CS6 为操作软件，介绍计算机图形处理的相关知识和常用方法。主要内容如下所述。

1. 图像是由平面上的多个像素点组成的。图形也称矢量图，在计算机图形文件中只记录生成图的算法和图上的某些特征点。图形具有占用存储空间小，放大不失真等优点。图形和图像既相互区别又彼此联系。

2. 色彩的形成取决于光源的照射、物体本身反射一定的色光、环境与空间对物体色彩的影响三个方面。色彩的三要素指的是色彩的色相、饱和度和明度。通常所说的三基色是指红、绿、蓝，由它们可组成常见的各种颜色。

3. 常用的色彩模式包括灰度模式、RGB 模式、CMYK 模式、HSB 模式和 Lab 模式等。其中，RGB 模式以红、绿、蓝三种颜色为基本色彩，每种基色的取值范围为 0～255。CMYK 色彩模式提供青色、洋红、黄色和黑色 4 个颜色通道，每个通道的颜色也是 8 位，即 256 种亮度级别。HSB 模式将颜色按色相、饱和度和亮度划分，并以各自不同的值构成不同的色彩。Lab 模式由三个通道组成，L 通道表示亮度（0～100），a 和 b 是色彩通道，取值范围为-120～+120。

4. Illustrator 软件的基本应用是本章的重点。主要包括绘制图形对象、选择和编辑图形、图形着色、插入文本和图表、使用图层和蒙版等操作。

5. Illustrator 软件的高级应用是本章的难点。其中，图形形状和路径的改变、对象的高级填充、效果的应用是三种典型的应用方式。

快速检测

1. 三基色是指_____。
   A. 红、黄、蓝　　　　　　　　　　　B. 红、绿、蓝
   C. 红、黄、青　　　　　　　　　　　D. 品红、黄、青

2. 关于 RGB 色彩模式，以下说法中错误的是_____。
   A. 三种基色中每一种基色的取值范围均为 0～255
   B. RGB 模式是加色模式
   C. 当三基色所有的基色的值都为 0 时，便得到了黑色
   D. RGB 色彩空间与设备无关

3. 关于 RGB 颜色模式，以下说法中错误的是_____。
   A. RGB 颜色有时也称为 24 位色
   B. RGB 颜色模式有时也称为 8 位通道色
   C. RGB 颜色模式是用于印刷的颜色模式
   D. RGB 模式的图像具有 3 个颜色通道

4. 要同时显示或隐藏工具箱与控制面板，可以使用的快捷键是_____。
   A. Tab 键　　　　　　　　　　　　　B. Shiftt+Tab 键
   C. Shift+crtl 键　　　　　　　　　　D. Ctrl 键

5. 使用钢笔工具时，结束绘制的方法是_____。
   A. 按住 Ctrl 键并单击空白区域　　　B. 按 Ctrl + 回车键
   C. 按回车键　　　　　　　　　　　　D. 双击鼠标

6. 在 Illustrator 中，进入隔离模式时_____。
   A. 隔离的对象以全色显示，图稿的其余部分则会变暗

B. 隔离的对象会变暗，图稿的其余部分则以全色显示

C. "图层"面板显示所有图层或组中的图稿

D. "图层"面板不显示隔离子图层或组中的图稿

7. 在下面的工具中，和填充颜色无关的工具_____。

    A. 吸管工具   B. 网格工具

    C. 渐变工具   D. 剪刀工具

8. 在 Illustrator 中，使用图形对齐分布的_____命令，可以将对象以顶部对齐。

    A. 垂直顶分布   B. 水平居中对齐

    C. 垂直底对齐   D. 垂直顶对齐

9. 下列有关倾斜工具的叙述中，不正确的是_____。

    A. 利用倾斜工具使图形发生倾斜前，应先确定倾斜的基准点

    B. 用鼠标拖拉一个矩形倾斜的过程中，按住 Alt 键，原来的矩形保持位置不变，新复制的矩形相对于原来的矩形倾斜了一个角度

    C. 在倾斜工具的对话框中，倾斜角度和轴中的角度定义的角度必须完全相同

    D. 精确定义倾斜的角度，需打开倾斜工具的对话框，设定倾斜角度及倾斜轴的角度

10. 在下面的工具中，可以将封闭的路径断开的是_____。

    A. 使用直接选择工具选中单个锚点后，将其拖动到其他位置即可

    B. 使用剪刀工具在路径上任意一点单击

    C. 使用裁刀工具在路径上任意一点单击

    D. 使用钢笔工具中的删除锚点工具单击线中间的某个锚点

第5章
数字图像处理

丰富多彩的自然景观通过人的视觉观察，在大脑中留下印记，就是图像。随着数码技术、计算机技术的发展，把图像数字化并利用计算机对图像进行处理已非常流行。本章主要介绍数字图像的基础知识与处理技术，涉及图像获取、存储、处理与应用，以及常用图像文件格式和相关软件的使用，并重点介绍了 Photoshop 图像处理软件。

5.1　数字图像基础

数字图像基础涉及数字图像的组成及特点、像素和分辨率的概念、颜色表达方式、图像存储格式等。那么，影响数字图像质量及存储空间的因素有哪些？本小节将对这些内容进行介绍，为数字图像处理的学习打下坚实的基础。

5.1.1　基本概念

1. 图像的概念及特点

图像是指拍摄、绘制或印刷的影像，图像处理是将现有图像改变成一幅新的、更好的图像，以满足使用需求。正如第 4 章所述，图像也称为位图、光栅图，由像素（pixel）组成，图像中的像素是一个个的小方块，也称为像素点，其位置值和颜色值决定了一幅图像的外观。将位图图像放大到一定比例，可看到很多个方形的色块，就是像素，同时图像也会变得模糊，并产生锯齿。如图 5-1 中的白色气球部分。

图 5-1　位图图像放大后失真

图像的表现力强，层次和色彩丰富，适合表达丰富多彩的自然景观，这和第 4 章介绍的图形不同。图像具有以下特点。

① 占用空间大。组成位图图像的每个像素值都需要保存，在存储高分辨率彩色图像时，所占硬盘空间、内存都较大。

② 缩放会失真。一幅图像在成像后，其像素数量是固定的，单位尺寸内的像素数量越多，图像越清晰、越逼真，图像效果也越好。图像处理过程中增加或减少像素都会导致图像失真，放大时图像模糊、出现锯齿；缩小时丢失细节。

③ 位图图像在色彩上的表现优于矢量图形，尤其在阴影过渡、色彩的细节方面效果更好。

2. 像素和分辨率

（1）像素

像素是用来计算数码影像的一种单位。显示器、手机、数码设备等的屏幕都使用像素作为基本度量单位，但一个像素有多大却不好衡量。相同尺寸的屏幕，其分辨率越高，像素就越小。所以在屏幕允许的前提下，调高屏幕的分辨率，图像和文字看上去更清晰。

像素是组成位图图像的基本单位，一幅图像由多少像素组成，由成像设备和成像参数决定。在同等的成像条件下，单位尺寸上的像素越多，图像越清晰，效果越好。

（2）分辨率

分辨率是指单位长度上能表达的像素的数量。图像分辨率使用 PPI 作为单位，指"图像中每英寸能表达的像素数量"，如 72PPI，就是指图像中每英寸能表达 72 个像素点；而另外一个分辨率 DPI（Dots per Inch）则用于打印或印刷行业，用来描述打印机、扫描仪等设备的硬件性能，指"每英寸能表达的打印点数"，如打印机的分辨率为 300DPI，是指打印时在每英寸长度上能打印 300 个点。

PPI 和 DPI 是两个概念，在实际中经常被混淆。打印的点和图像中的像素不是一一对应的关系，可能一个点对应一个像素，也可能不是。

例如：一幅分辨率为 150PPI 的图像，CMYK 四色喷墨打印机的打印分辨率为 600DPI，则图像的每个像素对应打印机打印的点数为：$600 \div 150 \times 4 = 16$ 点/像素（dot/pixel）。

> ❓ **思维训练与能力拓展**：苹果手机 iPhone 5s，其指标为屏幕像素为 1136×640，后置摄像头 800 万像素。请说明 1136×640 的含义，如果手机拍摄的照片分辨率为 72PPI，用 Photoshop 调整后，照片的分辨率达到 300PPI，请问打印出来的照片尺寸大概是多少英寸？

3. 颜色模式

颜色模式决定显示和打印数字图像的色彩模型。简单地说，颜色模式是用于描述颜色的方法。常见的颜色模式有 RGB 模式、HSB 模式、CMYK 模式、位图模式、灰度模式、双色调模式、Lab 模式、索引色模式、多通道模式及 8 位/16 位模式。每种模式的图像描述和重现色彩的原理及所能显示的颜色数量（色域）是不同的。在处理数字图像时，可在不同颜色模式之间进行转换，但是由于每种色彩模式的颜色范围不同，可能会产生偏色。具体可参阅第 4 章。

4. 颜色深度

数字化图像的颜色数量是有限的，从理论上讲，颜色数量越多，图像色彩越丰富，表现力越强，但数据量也越大。图像深度描述的是图像中每个像素的数据所占的二进制位数，也称为颜色深度，它决定了彩色图像中可以出现的最多颜色数，或者灰度图像中的最大灰度等级数。

当图像的颜色深度达到或高于 24bit 时，颜色数量已经足够多，基本上还原了自然影像，称之为真彩色。太高的颜色深度已经远远超出了人眼能识别的范围，而且图像的数据量也随之大大增加，意义不大。

5.1.2 常见的图像格式

数字化图像以文件的形式存储在计算机中，确定理想的图像格式，必须首先考虑图像的使用方式，如用于网页的图像一般使用 PNG、JPG 和 GIF 格式，用于印刷的图像一般要保存为 TIFF 格式。下面简要介绍几种常见的图像格式。

1. PSD 格式

图像处理软件 Photoshop 的专用格式，能存储图像数据的每个细节，包括图层、通道、路径等。其最大的优势是便于修改，缺点是文件较大。

2. BMP 格式

BMP 是微软公司的专用格式，由于未经任何压缩，所以图像具有极其逼真和绚丽的色彩，缺点是文件较大，存储和传输时需较大空间和带宽。在存储时可采用 RLE 无损压缩，适当减小文件大小。BMP 支持 RGB、索引颜色、灰度和位图颜色模式，但不支持 Alpha 通道。

3. JPEG 格式

JPEG 格式是较为常用的图像格式，采用有损压缩，且压缩率较高，也可按需要调节压缩率的大小。该格式支持 CMYK、RGB 和灰度颜色模式，不支持 Alpha 通道。JPEG 格式是网络支持较好的格式之一。

4. TIFF 格式

TIFF 格式主要用于印刷和扫描。它采用无损压缩方式，TIFF 格式支持带 Alpha 通道的 CMYK、RGB 和灰度文件，支持不带 Alpha 通道的 Lab、索引色和位图文件，是 PSD 文件格式外支持多通道的文件格式。

5. PNG 格式

Adobe 公司针对网络图像开发的文件格式，采用无损压缩，并可用 Alpha 通道作为透明背景。PNG 格式使用新的、高速的交替显示方案，可以迅速地显示。只要下载 1/64 的图像信息就可以显示出低分辨率的预览图像。

6. GIF 格式

GIF 格式文件的应用范围很广泛，且适用于各种平台，并被众多软件所支持，能存储透明背景，但只能达到 256 色。常用于网络传输，传输速度比其他图像格式快很多，并且可以将数张图像存储成一个文件而形成动画效果。

> **思维训练与能力拓展：**图像的存储格式类型非常多，除上面介绍的几种格式外，你还知道哪些图像格式？通过网络查询，列举几种其他的图像格式并简述其特点。

5.2 图像的获取与处理

准备素材是创作数字图像作品的第一步，实际中应结合作品表达的主题，通过多种方式选择合适的图像素材。如何获取图像素材？通常所说的图像处理的含义是什么？其过程一般包含哪些方面？本节将围绕这些主题展开讨论。

5.2.1 图像的获取

数字图像的获取主要有扫描仪扫描、数码相机拍摄、利用绘图软件和绘图板绘制、视频单帧捕捉、网络下载等，商业应用应购买获得授权的图像素材光盘。

如果想从屏幕上获取图像，可利用键盘上的 PrtScn 键抓取整屏或按组合键 Alt+PrtScn 抓取当前活动窗口，也可使用专门的抓图软件（如 SnagIt 等）抓取图像。

获取的数字图像以文件的形式存储在外存上，如果图片数量较大，可借助管理软件进行管理，方便图像的使用和维护。

1. 抓图软件 SnagIt

SnagIt 可以截取屏幕上的任意区域为图像，包括屏幕、窗口、菜单、按钮等，截取画面的同时可使用滤镜为图像添加特效。截取的图像可直接保存为文件，输出到剪贴板或打印机，还可直接输出到 Word、PowerPoint 等软件。如果有必要，还可利用 SnagIt 提供的图像编辑器对图像进行简单编辑，再存储为不同的图像格式。除了截取图像之外，SnagIt 还可捕获屏幕上的文字存为文本文件，以及将捕获画面保存为 AVI 视频文件。SnagIt 软件的主界面如图 5-2 所示。

图 5-2　SnagIt 的主界面

（1）设置抓图热键

SnagIt 默认的抓图热键是键盘上的 PrtScn。选择菜单"Tools→Program Preferences"打开对话框，切换到"Hotkeys"选项卡，可设置 Global capture 为其他按键。

（2）设置抓取模式

在菜单"Capture→Mode"下提供了四种模式，分别是 Image Capture（图像捕获）、Text Capture（文本捕获）、Video Capture（视频捕获）、Web Capture（Web 捕获），默认为 Image Capture。

（3）输入设置

在菜单"Capture→Input"下设置截取的画面类型。SnagIt 输入类型较多，基本设置方法是，先选择输入类型，如果有必要可选择 Input 下的 Properties 针对选择的输入类型做详细设置。

输入类型主要包括 Region（区域）、Window（窗口）、Scrolling Window（滚动窗口）、Menu

（菜单）、Full Screen（全屏幕）、Shape（形状）、Advanced（高级）。在 Advanced 下可设置更多的类型，包括 Object（对象）、Fixed Region（固定区域）、Active Window（活动窗口）等。

如果抓取的画面涉及不同对象，可选择 Input 下的 All-in-one（多合一）和 Multiple Area（多重区域）；另外，同时还可选择 Include Cursor（包含光标）、Keep Links（保持链接）。

（4）输出设置

在菜单"Capture→Output"下设置截取的画面输出类型。默认每次抓取的图像都会自动输出到"Preview in Editor"（编辑窗口）预览。SnagIt 输出类型较多，基本设置方法是，先选择输出类型，如有必要可选择 Output 下的 Properties 针对选择的输出类型做详细设置。单一输出包括 Printer、Clipboard、File、FTP、Word、Excel 等。

要同时设置多种输出，复选 Output 下的 Multiple Outputs，再复选 Output 下的其他输出即可。

（5）滤镜设置

在菜单"Capture→Filters"下提供了多种滤镜，包括 Color Depth（颜色深度）、Color Substitution（颜色替换）、Color Correction（颜色校正）、Image Resolution（图像分辨率）、Image Scaling（图像缩放）、Caption（标题）、Border（边框）、Edge Effects（边缘特效）、Watermark（水印）、Trim（裁切）。抓取图像后，便可使用选择的滤镜进行处理。

（6）抓图按下设置的抓图热键或主界面上的红色按钮开始抓图。

（7）图像预处理

图像抓取后，如果输出选择了"Preview in Editor"选项，则抓取的图像会在图像编辑器中打开。图像编辑器是单独运行的程序，可对图像进行简单的编辑，如图 5-3 所示。比如添加说明文字，旋转图像，调整图像大小，设置边框，添加特效等。编辑完成后按需要保存为相应文件格式。

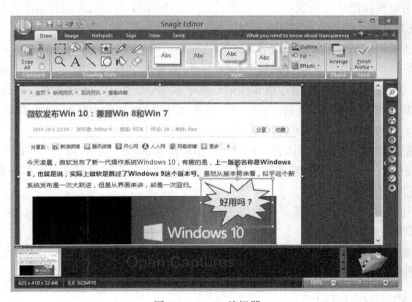

图 5-3　SnagIt 编辑器

2. 图像管理软件 ACDSee

ACDSee 是著名的图像管理软件，提供一站式管理中心，可以用最适合自己的方式来管理图片，即使计算机中存储了上千张图片，也不会再出现找不到图片的情况，其主界面如图 5-4 所示。

图 5-4　ACDSee 的主界面

ACDSee 的主要功能如下。

（1）管理功能

① 可实时浏览所有相片集，还可以根据日期、事件、编辑状态等进行排序，浏览速度非常快。如果有必要，可创建类别、添加分层关键词、编辑元数据以及对图片评级。单击图像可标记图像和指定颜色标签，并将标记的图像集中起来以供进一步编辑或共享。

② 可使用地理标记来按位置查找与整理图片。支持 GPS 的相机即时查看图像位置，也可自己快速添加位置信息，便于按位置查找图片。

③ 可根据相机信息排列文件，或者轻松、快捷地编辑 EXIF 和 IPTC 元数据。

④ 提供快速查找功能。即使是在数千张图片中，也能快速找出所需的那一张。输入关键词搜索，或者仅搜索特定文件夹，利用相机文件信息缩小范围，或使用"快速搜索"栏找到特定图像。

⑤ 可分类管理不同类型的文件。支持 100 多种文件类型，包括 BMP、GIF、JPG、PNG、PSD、MP3、MPEG、TIFF、WAV 及其他多种格式。

⑥ 提供完善的备份功能。可以备份图片，与移动硬盘或网络驱动器同步文件夹，或直接同步到 ACDSee Online 云。可将图片和数据库信息备份至光盘中，支持自定义自动备份和提醒计划。

（2）浏览功能

ACDSee 可快速打开图片浏览，并提供了全屏、幻灯片放映等多种方式。

（3）编辑功能

ACDSee 提供了一组简单易用的编辑工具和 20 多种特效滤镜，如转换图像格式、校正曝光、更改颜色、智能模糊、添加边框、添加文字、添加阴影、消除杂点、改善红眼等。

5.2.2　图像处理过程

图像处理是指对已有的数字图像进行再编辑，主要是对构成图像的数据进行运算、处理和重新编码，以此形成新的数字组合和描述，从而改变图像的视觉效果。能够实现图像处理功能的软件很多，从专业级软件到流行的家用软件，功能有大而全的，也有小而精的，而使用的难易程度也依软件的不同而不同。典型的图像处理软件是 Adobe 公司的 Photoshop、Corel 公司的 PaintShop

Pro、光影魔术手等。一般来说，获取的数字图像需按照最终作品的要求编辑后，才能用于数字多媒体作品，比如平面设计领域、制作多媒体产品、广告设计领域等。

图像处理环节一般包括确定图像主题及构图、确定成品图的尺寸及画面基调、获取基本的图像素材、对素材进行处理、图片叠加、使用文字、绘制图形、整体效果调整、图像输出等。在实际处理时，可能只涉及其中的某一步或几步，但图像的主题和目标始终指导着图像处理的每一步骤。另外，图像处理是一个包含技术和艺术的创作过程，需要反复实践才能达到满意的效果。

1. 确定主题及构图

设计好的图像在多媒体作品中要突出什么，表现什么主题，这是图像处理之前需要考虑的，因为图像的设计和处理都是围绕着主题进行的，按照主题的要求再来构图。主题可以帮助限定基本素材的选用范围及画面基调，构图决定了各素材如何搭配，有助于形成初步的视觉效果。

2. 确定成品图的尺寸及画面基调

根据设计目标确定图像的大小，即为以后各个对象确定一个可以比较的基准界面。如果是建立一幅新图像，应选择合适的颜色模式、分辨率及大小。其他的图像素材可根据基本图像重新采样或裁剪、缩放到合适的尺寸。

3. 获取图像素材

一幅成品图像通常由多个图像素材合成，应事先准备好图片素材备用。

4. 对素材进行处理

将素材中需要的部分调入图像中，进行效果调整。首先在各基本素材图像中定义所需部分的选择区，将其"抠出"，并置于基准图的不同图层中，确定各个素材的大小、显示位置、显示顺序，这一步可能需要反复操作，多次调整才能达到比较理想的效果，然后融合各素材的边缘，使其看起来比较自然。如果需要的话，可以使用滤镜加上特殊的艺术效果。

5. 使用文字或绘制图形

如果设计中需要绘制一部分图形，或使用文字，绘制的图形及文字都可以分别生成新的图层，便于对各图层中的对象进行编辑及调整层间的位置关系。

6. 整体效果调整

针对初步的整体效果，对素材进行最后调整。如果发现某个图层需要处理，可先将其他图层隐藏，在编辑窗口中仅显示出当前需要编辑的图层。图层中图像的处理包括图像的色调、边缘效果及其他一些效果的处理等。在图像处理过程中，完成了几个比较满意的操作或处理完一个图层后，应及时保存，以便在进行了不满意的处理时，可恢复到前面的效果，或调出原有图层。最后根据整体效果进行各部分的细调，以完成最终的图像作品。

7. 输出图像

图像处理完成后，如果需要保存各图层信息，应保存一个图像处理软件默认的文件格式，如Photoshop 应保存为 PSD 文件，以便将来做进一步处理。然后把处理完毕的图像进行变换，按一定的通用格式来保存图像，如 JPG、TIFF 等。

5.3　Photoshop 图像处理

Photoshop 是 Adobe 公司推出的图像处理软件，集图像创作、扫描、编辑、修改、合成、高品质分色输出功能于一体，具有十分完善而强大的功能，其独到之处是分层图像编辑和使用标准化滤镜生成特殊效果。Photoshop 是目前主流的图像处理软件和平面设计软件，它主要用于哪些领域？具有哪些独特的技术？如何使用它进行数字图像设计和处理？本节将以 Adobe Photoshop CS6 为例，对这些问题进行详细介绍。

5.3.1 Photoshop 概述

1. Photoshop 的应用领域

目前，平面图像处理和平面设计已经渗透到各行各业，为 Photoshop 提供了广阔的应用空间，在绘画、照片后期处理、广告设计、网页设计、包装设计、装潢设计、游戏、动漫形象及影视制作等方面都得到了广泛应用。

（1）绘画

Photoshop 拥有数量众多的画笔及画笔选项，强大的调色功能，完美的图层支持，为创作者展示创意提供了巨大的空间，能绘制出逼真的绘画效果。

（2）平面广告设计

这是 Photoshop 最广泛的应用领域，包括图案设计、艺术文字设计、招贴海报设计、户外广告设计等。

（3）网页设计

网站的页面设计是否精美是吸引浏览者的重要因素。Photoshop 在网页设计中的作用是网页的布局、素材组合、色彩调配。很多商品化的网页模板都用 Photoshop 设计制作，经过切片分割后转换为网页，再利用其他网页制作工具（如 Dreamweaver）完成。此外，网页中的图片素材、动画素材、图标等也经常用 Photoshop 设计和制作。

（4）装潢设计

用于室内外装修效果图的后期处理，可将看上去平平淡淡、单调乏味的场景处理得真实、细腻。

（5）照片后期处理

Photoshop 具有强大的图像处理功能，不仅可以修复照片中的缺陷，如红眼、曝光过度、亮度不足等，还能调整色调和质感，使其成为了专业婚纱照和艺术照的必备工具。

（6）游戏、动漫及影视

利用 Photoshop 可以进行游戏界面的设计、场景绘制、游戏角色绘制、卡通造型效果的表现、影视片头、片尾效果制作等。

2. Photoshop 的关键技术

Photoshop 是图像处理的强大工具，图像处理的过程是用户展示创意的创造性过程，用户除了要有好的构思之外，还需要掌握 Photoshop 的关键技术，才能在创作过程中挥洒自如。

（1）选区

选区是图像上一个封闭的区域，由用户创建，可以是规则的，也可以是不规则的。选区是 Photoshop 的重要概念，图像的编辑、合成都会用到选区。通过选区可以抠图、调整局部色彩、去除杂乱背景等。

（2）图层

用多幅图像素材合成图像时，可把每幅图像素材放到一个透明的层中单独处理，经过多层叠加而得到一幅完整的图像，每个层承载图像的不同部分，通过调整图层中图像的位置、大小、图层之间的混合模式以及图层的样式等，可调整图像的整体效果。图层概念的引入为图像的后期编辑和修改提供了最大的便利，Photoshop 提供了多种不同类型的图层，能更好地满足用户的需要。

（3）路径

路径是矢量的线条，可以是曲线或直线、可闭合或不闭合。路径是 Photoshop 中的矢量部分，路径和选区之间可相互转换，其优点是容易编辑，特别适合用于创建不规则选区。在制作一些文字特效时，也经常使用路径。

（4）通道

通道用于存储图像的颜色信息，Alpha 通道可用于存储选区。不同颜色模式的图像其通道数量不同，通过调整通道的颜色信息可制作一些特殊的艺术效果，或改变选区的形状。在制作一些有特殊效果的印刷品时，如烫金效果，常常用到通道。

（5）蒙版

蒙版用于遮挡图像中不需要的部分，起到隔离作用。蒙版对图像的遮挡不是破坏性的，有利于后期的调整和修改。

（6）滤镜

滤镜是一套按特定算法对图像中的像素进行处理的外挂工具，Photoshop 中滤镜类型较多，可调节色彩、变换图像等。如有需要用户还可以购买商业化的滤镜，安装后在 Photoshop 中调用。滤镜的使用极大地方便了用户，增强了 Photoshop 的功能，缩短了图像处理时间。

5.3.2　Photoshop 的工作界面

在系统中安装好 Photoshop 后，从"开始"菜单中找到快捷方式"Adobe Photoshop CS6"即可启动 Photoshop。之后，通过菜单"文件→打开"命令打开一幅图像，其默认的主界面如图 5-5 所示。

图 5-5　Photoshop 主界面

主界面包含菜单栏、属性栏（选项栏）、工具箱、图像窗口和面板组（选项卡组）几大部分。

1. 菜单栏

Photoshop CS6 的菜单栏包含文件、编辑、图像、图层、文字、选择、滤镜、3D、视图、窗口和帮助共 11 个菜单。单击选择某个菜单，将会打开相应的下拉菜单，其中包含了若干命令，选择需要的命令即可执行相应的操作。

2. 属性栏

用于显示当前选择的工具的具体参数。在工具箱中选择的工具不同，属性栏显示参数和选项不同。

3. 工具箱

工具箱中包含各种图像处理工具和图形绘制工具，如创建选区的工具、修复图像的工具、绘制图像、调整显示比例等。部分工具按钮的右下角有个黑色小三角形图标，表示该工具中还包含多个子工具。用鼠标右击按钮或按住工具按钮短暂停留，就会显示完整的子工具菜单。

4. 图像窗口

图像窗口是用户创作作品的主要区域，新建或打开一幅图像后，每幅图像都在独立的图像窗口中显示。每个图像窗口可悬浮在主窗口中，也可以组合成选项卡。图像窗口标题栏显示图像名称、当前缩放比例、图像的颜色模式信息，状态栏默认显示文档大小信息。

5. 面板组

在主界面右侧有多个小窗口，每个小窗口就是一个面板，小窗口可以悬浮也可多个组合成选项卡样式，这里汇集了图像处理常用的选项和功能。Photoshop 提供的面板较多，为节省工作空间，默认只显示了几个常用的面板，在主界面的"窗口"菜单下可选择"打开"或"关闭"某个面板。

Photoshop 的工作区定制功能非常强大，用户除了可以在预先定制的多个工作区之间选择之外，还可按自己的使用习惯定制工作区。

思维训练与能力拓展： 在图像处理过程中按"Tab"键可"显示"或"隐藏"属性栏、工具箱和面板组；如果工作区被弄乱，可选择菜单"窗口→工作区→复位基本功能"恢复默认的工作区布局。请实际操作试一试。

5.3.3 Photoshop 的基本功能

1. 文件管理

文件管理操作包括图像文件的新建、打开、保存和关闭等，相关命令位于"文件"菜单下。熟练地使用这些基本操作，可以提高图像处理的效率，同时也能为后面的学习打下良好的基础。

（1）新建文件

新建文件时，在"新建"对话框中设置文件的名称、宽度、高度、分辨率、颜色模式和背景颜色等参数，如图 5-6 所示。之后单击"确定"按钮，即可在工作界面中新建一个空白文件。

图像的颜色模式和分辨率应根据实际需要进行设置。图像用于印刷，颜色模式选择 CMYK、分辨率300PPI 以上；如果图像用于屏幕显示，颜色模式选择 RGB、分辨率 72PPI 或 96PPI。

（2）打开文件

如果要处理已经存在的文件，执行"打开"命令，可弹出"打开"对话框，设置打开的图像文件类型，找到存储的文件，单击"打开"按钮即可。

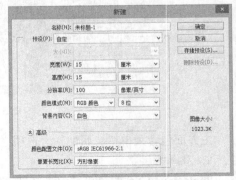

图 5-6　新建文件

（3）存储文件

存储文件是指在处理图像的过程中或处理完毕后，将图像所做的修改保存到外存的过程。在实际中，应养成经常保存文件的习惯，尽量避免因计算机死机或其他因素所造成的损失。保存图像文件的方法分为直接存储文件和另存为文件两种。

① 直接存储：对打开的图像文件编辑处理后，如果不需要改变文件名、文件类型或存储位置，选择"存储"命令完成保存，不会出现"存储为"对话框，并覆盖以前的图像文件。

② 存储为：新建的图像文件或打开的图像文件需要改变文件名、文件类型或存储位置，选择"存储为"命令，弹出"存储为"对话框，设置文件名、文件类型、保存位置后，单击"保存"按钮完成保存。

（4）关闭文件

如果打开的图像文件未经任何编辑处理或已经完成保存，可使用"关闭"命令直接关闭；如果图像被编辑处理过，则关闭文件时会询问是否保存文件的修改。如需关闭工作区中的所有文件，可使用"关闭全部"命令。

2. 使用辅助工具

辅助工具有利于对图像进行精确处理，提高图像处理的质量和效率，在图像处理过程中使用频率非常高。

（1）缩放工具

用于将图像按比例放大或缩小显示，不是改变图像大小。选择缩放工具后，在"属性栏"上选择"放大"还是"缩小"，在图像窗口中单击，图像将以鼠标光标单击处为中心放大显示一级；按住鼠标左键并拖曳出一个矩形虚线框，释放鼠标左键后，即可将虚线框中的图像放大显示。按住 Alt 键可在"放大"或"缩小"之间切换。

（2）抓手工具

图像放大显示后，在图像窗口中只能看到图像的局部。选择抓手工具，再按住鼠标左键的同时拖曳图像，可调整图像在窗口中的显示位置，以观察图像窗口中无法显示的图像。"抓手工具"经常和"缩放工具"配合使用。

> **思维训练与能力拓展**：如果当前使用的是其他工具，按住"空格键"可以暂时切换为抓手工具。请实际操作时试一试。

（3）屏幕显示模式

连续按"F"键可在不同显示模式之间切换，以获得最大工作区。

① 标准屏幕模式：Photoshop 默认的显示模式，即安装完软件启动后的显示模式。

② 带有菜单栏的全屏模式：将顶部的标题栏隐藏。

③ 全屏模式：将标题栏、菜单栏、面板组等全部隐藏，以全屏幕的方式显示。

（4）标尺、网格和参考线

在绘制和移动图形的过程中，标尺、网格和参考线可以帮助用户精确地对图形进行定位、对齐和添加附注等操作。参考线一般和标尺同时使用，便于确定尺寸。这些功能位于"视图"菜单下。

3. 调整图像和画布大小

调整图像和画布大小的功能位于"图像"菜单下。

（1）调整图像大小

图像文件的大小是由宽度、高度和分辨率决定的。如果素材图像不符合成品图的设计要求，可以调整图像文件的大小。图像大小对话框如图 5-7 所示。

"像素大小"指图像中的实际像素总量（宽度×高度），"文档大小"指图像输出到纸张上的打印尺寸，两者有对应关系。在分辨率不变的前提下，调整像素大小，文档大小也会改变；反之亦然。实际中不建议把尺寸从小调到大。

"约束比例"选项是指在更改宽度或高度参数时，将同时对宽度或高度进行更改。取消"重定图像像素"选项，"像素大小"变得不可修改，如图 5-7 右图所示，这样可在保持图像像素总量不变的前提下，缩小打印输出尺寸，提高分辨率；也可直接设置所需分辨率（如 300PPI），打印尺寸会随之变小，可获得较好的打印输出效果。

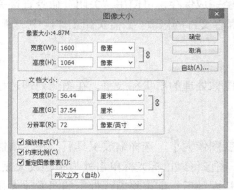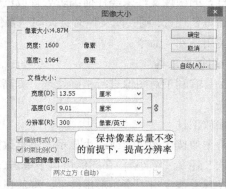

图 5-7　调整图像大小

（2）调整画布大小

画布大小用于改变图像的版面尺寸，与"图像大小"改变图像的尺寸不同。

在"新建大小"下方可直接输入要调整画布的宽度和高度，该大小是绝对值；如果选中"相对"选项，则可输入正数或负数，表示在原画布大小的基础上再增加或减少的数量。下方的 8 个方向按钮表示从哪个方向扩展或缩小画布尺寸，最下方的颜色是填充画布的背景颜色。

高度和宽度相对扩展 2 厘米，方向上、下、左，背景色填充白色的效果如图 5-8 所示。

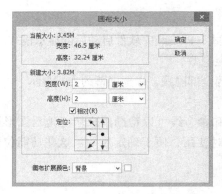

图 5-8　调整画布大小

4. 变换图像

"编辑"菜单下的"自由变换"命令和"变换"下的子命令可实现图像的变换。

（1）自由变换

自由变换将缩放、旋转、透视、变形等操作融合在一起，可以一次全部完成多种变形操作，对像素来说只进行了一次重组计算，这样的图像质量要优于分次计算。其属性栏如图 5-9 所示。

图 5-9　自由变换的属性栏

启动"自由变换"命令，变换对象四周出现变形框和 9 个控制点（四周 8 个，中心 1 个）。中心点是旋转、缩放、翻转的中心，用鼠标拖动中心点可改变中心点位置，中心点位置可以在变形框之外。进入自由变换后，可在变形对象上右击鼠标，在弹出菜单中选择所需的变换操作。要注意的是，背景层图像不能使用变换，如果需要变换，应先把背景层转换为普通层。

（2）变换

和自由变换类似，还可单独执行缩放、旋转等变换操作。菜单命令及效果如图 5-10 所示。

① 缩放：可实现水平、竖直或两个方向同时缩放。按住 Alt 键将同时缩放对边或四边；按住 Shift 键或按下选项栏中的"锁定比例"按钮，可进行等比缩放。

② 旋转：将鼠标指针置于变形框的 8 个控制点边上，光标将变为弯曲的样子，此时拖动鼠标即可实现旋转，旋转的同时按住 Shift 键可锁定每次旋转 15 度。

③ 斜切：斜切的效果分为两种，拖动变形框四个边中间的控制点就像把矩形变为平行四边形；拖动变形框的四个顶点位置的控制点则只会改变一个角，相当于变矩形为梯形。正常方式下一次只能在一个方向上移动，按住 Alt 键可同时改变对边或对角。

④ 扭曲：扭曲是更加自由的斜切，斜切中每次移动边和角都有方向的限制，而扭曲则没有。

⑤ 透视：透视可产生近大远小的效果，拖动变形框四个顶点位置的控制点即可。使用时应注意同在一条边上的两个点会互相影响，如果按住 Ctrl 则可同时进行。

⑥ 旋转 180 度、顺时针 90 度、逆时针 90 度：以中心点为旋转中心旋转相应角度。

⑦ 水平翻转、垂直翻转：以翻转中心为准水平或垂直翻转，注意中心点位置决定翻转中心。

⑧ 变形：可使图像产生类似哈哈镜的变形效果。启动自由变换命令后，单击选项栏上的"在自由变换和变形模式之间切换"按钮，变形框中的图像被网格分为 9 个部分。拖动图像任意部位即可产生弯曲的效果，拖动顶点位置的 4 个角点可以移动，并且还可以更改角点的方向线角度和长度，使角点处呈现锐角或钝角（初始为 90 度角）。

进入自由变换后，在"属性栏"的右侧有个"在自由变换和变形模式之间切换"按钮（如图 5-9），单击该按钮直接进入变形，此时选项栏上的"变形"处可选择几种常用的变形设定（如扇形、鱼眼等）。此外，在"编辑→变换"菜单下还有一个"再次"命令（Shift+Ctrl+T），当利用变形框对图像进行变形后，此命令才可用，执行此命令相当于再次执行刚才的变形操作。

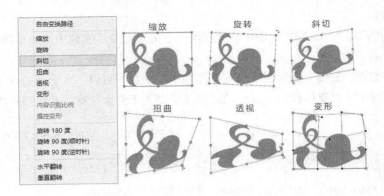

图 5-10　图像变换

5. 设置及填充颜色

用绘图工具绘画、填充工具填充绘制的图案等，都需要先设置颜色。Photoshop 中可使用拾色器、颜色面板、色板面板和吸管工具设置颜色（前景色或背景色），如图 5-11 所示。

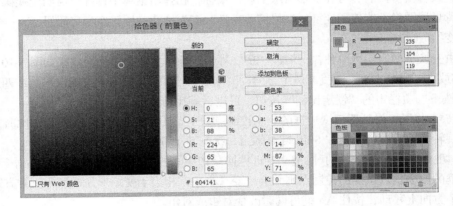

图 5-11　颜色设置对话框及面板

（1）拾色器

工具箱中默认的前景色为黑色、背景色为白色。单击"前景色"或"背景色"色块，弹出"拾色器"对话框，如图 5-11 所示。在对话框右侧的参数设置区，选择颜色模式，并设置相应的参数值，即可改变前景色或背景色。设置颜色后，顶部的颜色块显示新颜色，底部的颜色块显示旧颜色。

（2）颜色面板

在"窗口"菜单下打开"颜色"面板，确认前景色色块处于选中状态（在色块上单击一下），然后调整颜色值，若将鼠标指针移动到下方的色谱条中，鼠标指针将显示为吸管形状，在色谱条中单击，即可将单击处的颜色设置为前景色。如背景色色块处于被选择状态，设置后的颜色将为背景色。

（3）色板面板

在"窗口"菜单下打开"色板"面板，在某一颜色块上单击，即可将该颜色块代表的颜色设置为前景色；按住 Ctrl 键并单击某颜色块，可将该颜色块代表的颜色设置为背景色。

（4）吸管工具

在"工具箱"中选择"吸管工具"后，在图像上的任意位置单击，即可将单击位置的颜色设置为前景色；如果是按住 Alt 键的同时单击，单击处的颜色将被设置为背景色。

（5）填充颜色

填充颜色可利用"油漆桶"工具、菜单命令"编辑→填充"或快捷键完成，这些工具或命令除了能填充颜色之外，还能填充图案。

① 油漆桶工具：用法较简单，先在工具箱中设置好前景色或在属性栏中的图案选项中选择需要的图案，再设置"模式"、"不透明度"和"容差"等选项，移动鼠标指针到需要填充的图像区域内并单击鼠标左键，即可完成填充操作。

② 填充功能快捷键：Alt+Delete 填充前景色；Ctrl+Delete 填充背景色；Alt+Shift+Delete 可填充前景色，而透明区域仍保持透明；Ctrl+Shift+Delete 可以在图像中的不透明区域填充背景色。

5.3.4　选择和移动图像

Photoshop 的大多数命令或工具，作用范围默认是整幅图像，如果只想编辑图像中的某个部分，就必须创建选区。选区就是图像上的特定区域，可以是规则的，也可以是不规则的，但必须是封闭的区域。选区一旦建立，大部分的操作就只针对选区范围内有效，如果要针对全图操作，必须先取消选区。选区的使用贯穿整个图像处理过程。

1. 创建选区

Photoshop 为选区的创建提供了多种工具和方法，以适应不同需求。

（1）创建规则选区

工具箱上的选框工具组用于创建规则选区。选择相应的工具，在图像上拖动创建选区，创建好的选区以流动的虚线框包围。在选取过程中按下 Esc 键将取消本次选取。要取消创建好的选区，使用菜单命令"选择→取消选择"（Ctrl+D），流动的虚线框消失。

矩形选框工具用于绘制矩形或正方形选区，椭圆选框工具用于绘制椭圆形或圆形选区，单行选框工具和单列选框工具用于创建高度为 1 个像素的水平选区和宽度为 1 个像素的垂直选区。

使用矩形选框和椭圆选框工具创建选区时，按住 Shift 并拖动鼠标，可创建以鼠标指针位置为起点的正方形或圆形选区；按住 Alt 键并拖动鼠标，可创建以鼠标指针位置为中心点的矩形或椭圆形选区；按住 Alt+Shift 组合键并拖动鼠标，可创建以鼠标指针位置为中心点的正方形或圆形选区。

（2）创建不规则选区

套索工具组、魔棒工具用于创建任意不规则的选区。这些工具的使用方法区别较大。规则选区和不规则选区的对比如图 5-12 所示。

图 5-12　规则选区和不规则选区

① 套索工具：选择套索工具，在屏幕上按住鼠标拖动，松开鼠标（或按回车键）即可建立一

个与拖动轨迹相符的选区，如果起点与终点不在一起，会自动在两者间连接成直线，所以应尽量将终点与起点靠近。

使用套索工具时也可按住 Alt 键，此时就不再以移动轨迹作为选区，而是在单击的点之间连接为直线，产生"连点成线"的效果，保持按住 Alt 键再按 Delete 或 Backspace 键，可取消前一个点。此外，在选取过程中可松开 Alt 键，切换到轨迹模式。

② 多边形套索工具：选择多边形套索工具，直接在图像上单击，点之间自动连为直线（连点成线）。在选取过程中持续按住 Shift 键可以保持水平、垂直或 45 度角的轨迹方向，如果终点与起点重合，指针处会出现一个小圆圈提示，此时单击就会将起点与终点闭合而完成选取。在终点与起点没有重合的情况下，可以按下回车键或直接双击完成选取。"多边形套索工具"多用于图像中规则区域的绘制或选取。

在"连点成线"的过程中可以按 Delete 键或 Backspace 撤销前一个点，用这种方式可一直撤销到最初。

③ 磁性套索工具：磁性套索工具利用图像中要选取的对象和背景边界处的颜色差异，通过拖动鼠标来创建选区，其选区的创建主要依靠移动鼠标，所以仍然属于轨迹创建选区方法。

选取磁性套索工具，从颜色边界慢慢拖动鼠标，边界处出现一些采样点，在拐点等关键位置可单击添加采样点，按 Backspace 可删除不满意的采样点，按 CapsLock 键可切换鼠标指针到精确光标方式。如果欲选取对象和背景之间的色差很小时，该工具不适用。通过设置"宽度、对比度、频率、钢笔压力"选项可更好地控制磁性套索工具的选取效果。

④ 魔棒工具：魔棒工具以图像中相近的颜色来建立选区，即可选取与鼠标单击处颜色相近的区域，适用于选取图像中大色块的颜色比较接近的区域。其重要选项是"容差"和"连续"。

容差选项数值的大小决定了选区的精度，取值范围为 0～255。数值越大，选择精度越低，色彩包容度越大，选中的部分也会越多；数值越小，选择精度越高。采用不同容差时的效果对比如图 5-13 所示。

图 5-13　不同容差参数选区的影响（左图容差为 20，右图容差为 50）

使用魔棒工具时，勾选"连续"选项后，只能在图像中选择与鼠标落点处颜色相近且相连的部分；不勾选此选项，则可以在图像中选择所有与鼠标落点处颜色相近的部分。

2. 选区运算

除了直接在图像上创建新选区外，还可以设置多次创建的选区之间的运算关系，这样可创建形状更为多样的选区，再结合颜色或图案填充、使用画笔绘制等，可制作出更多效果。选区运算方式有四种，在选区工具的属性栏上可直接选择，其效果如图 5-14 所示。

① 新选区：图像中已有选区，再次创建选区时，新创建的选区将会代替原有的选区。

② 添加到选区：图像中已有选区，再次创建选区，新建的选区将与原选区合并，成为新的选区，或者多个选区同时被保存在文件中。如图 5-14 中第 1 行所示。

③ 从选区减去：图像中已有选区，再次创建选区，如果新创建的选区与原来的选区有相交部分，则将从原选区中减去相交的部分，剩余的选区将作为新的选区。如图 5-14 中第 2 行所示。

④ 与选区交叉：图像中已有选区，再次创建选区，如果新创建的选区与原来的选区有相交部分，则将把相交的部分作为新的选区。如果再次绘制的选区与原选区没有相交的部分，则将会出现警告对话框，警告未选择任何像素。如图 5-14 中第 3 行所示。

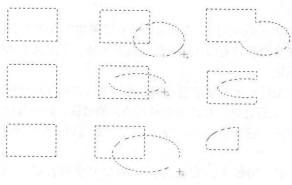

图 5-14　选区运算方式

3．编辑选区

选区创建好后，可进一步进行编辑和修改，使之能更好满足需要。

（1）羽化选区

由于点阵图像的特性，导致创建的选区边缘较为生硬，有明显的阶梯状。Photoshop 解决锯齿的办法，一是打开抗锯齿，二是对选区边缘进行羽化处理，这样可让选区边缘变得柔和、光滑一些，过渡更自然。所以选区创建工具的属性栏均有"消除锯齿"和"羽化"选项。

羽化选区的方法有两种，一是先在选区创建工具的属性栏直接设置羽化参数值（0～255 像素），再利用选区工具绘制选区，这样可直接得到具有羽化效果的选区；二是在属性栏设置羽化参数值为 0，选区创建好后，执行菜单命令"选择→修改→羽化"，打开"羽化"对话框，在其中设置适当的"羽化半径"参数，确定后即可使已有的选区具有羽化性质。建议使用第二种方法，因为羽化效果不满意，可再输入新的羽化数值，直到满意为止。

图 5-15　羽化半径对羽化效果的影响

羽化半径大小对羽化效果的影响如图 5-15 所示。

┌───┐
🤔 **思维训练与能力拓展**：在羽化选区时，"羽化半径"的大小是一个非常重要的参数，其数值越大，羽化效果越明显。建立一个选区后，"羽化半径"的取值最大能取为多少？请上机实际操作测试一下。
└───┘

（2）移动选区

要移动创建好的选区，可在选区内按下鼠标左键拖动或使用键盘上的方向键移动，前提是必须使用选区工具且运算方式为"新选区"时才可以移动。移动过程中按下 Shift 键可保持水平或垂直或 45 度方向，移动后选区的大小不变。

（3）显示或隐藏选区

快捷键 Ctrl+H 可将选区隐藏，再次按下此快捷键组合，显示隐藏的选区。

（4）取消选区或重新选择

选区使用完毕，可执行菜单命令"选择→取消选择"（Ctrl+D）取消选区。执行"选择→重新选择"（Shift+Ctrl+D），可以将刚才取消的选区恢复。

（5）全选或反向

执行菜单命令"选择→全选"（Ctrl+A）可将当前图层的图像全部选取；执行"选择→反向"（Shift+Ctrl+I），可以将选区外的图像选取。

（6）变换选区

执行菜单命令"选择→变换选区"或在选区的右键菜单中选择"变换选区"，选区四周出现变形框和控制点。选区变换操作和前面介绍的图像变换类似，不过变换的是选区，图像不会变化。

（7）保存或载入选区

创建好的选区，如果后面要重复使用或担心选区消失，可保存选区。执行菜单命令"选择→存储选区"，在打开的"保存选区"对话框中输入选区的名称，保存即可。如果不命名，Photoshop会自动以 Alpha1、Alpha2 这样的文字来命名。要使用选区时，使用菜单"选择→载入选区"，再选择对应的选区即可。

如果载入选区之前，图像上已存在选区，则会要求选择载入选区和已存在选区的运算关系。

4. 移动工具

移动工具可以在当前图像文件中或两个图像文件之间移动或复制图像，还可以对选择的图像进行变换、排列、对齐与分布等操作。在要移动的图像内拖曳鼠标指针，即可移动图像的位置，在移动图像时按住 Shift 键可以确保图像在水平、垂直或 45 度的倍数方向上移动；配合属性栏及键盘操作，还可以复制图像或使图像变形。

在当前图像文件内移动，需先创建选区。如果移动的是背景层图像，原图像位置使用背景色填充，因为背景层是不透明的；如果移动的是普通层图像，原图像位置显示透明。

移动复制的对象可以是整幅图像，也可以是选区内的图像。在当前图像文件内移动复制图像，方法是按住 Alt 键拖曳鼠标，释放鼠标左键，即可将图像移动复制到指定位置。在两个图像文件之间移动复制图像，首先将鼠标指针放置到要移动的图像上，按住鼠标左键向另一个文件中拖曳，在目标文件中，释放鼠标左键，所选图像即被移动复制到另一图像文件中。

5.3.5 绘画工具

Photoshop 除了能对照片或图像进行处理之外，还可利用绘画工具按自己的创意和灵感绘画。绘画工具组包括画笔工具、铅笔工具、颜色替换工具和混合器画笔工具，其主要功能是绘制画面和修改画面颜色。

1. 绘画

（1）使用绘画工具

绘画工具的原理和实际中的画笔一样。首先新建绘制画面的图层，以方便后期编辑和修改。在工具箱中选择绘画工具，设置前景色。在绘画工具的属性栏中设置画笔笔尖的大小、硬度和形状，或者单击属性栏中的"切换到画笔面板"按钮，在弹出的画笔面板中编辑、设置画笔。画笔属性设置好后，便可按住鼠标左键在图像文件中拖动开始绘制。

（2）画笔笔尖属性设置

利用画笔笔尖样式面板（如图 5-16 所示），可直接设置笔尖大小、硬度和笔尖形状。大小的数值越大，笔尖在图像中绘制的轨迹也越大；硬度用于设置画笔与图像结合点边缘的清晰度，硬度小边缘柔和，会产生模糊的效果；画笔样式选择框用于设置画笔笔尖落笔形成的形状。

（3）画笔面板

单击属性栏中的"切换到画笔面板"按钮或直接按 F5，弹出"画笔"面板，能对笔尖做更详细的设置，如图 5-17 左图所示。

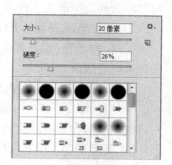

图 5-16　画笔笔尖设置

在画笔笔尖形状列表中单击勾选相应的选项，右边显示选项的参数设置。在画笔样式选择框中单击样式小按钮选中。参数设置区域一般可设置多个选项，通过拖动滑块或输入参数来调整笔刷的样式。下方的预览区可预览画笔在图像中绘制出的效果。

（4）使用画笔预设

画笔预设是 Photoshop 提供的画笔样式。画笔预设面板如图 5-17 中间图所示，单击面板右上角的三角形面板按钮，在打开的菜单中列出了更多类别的画笔样式，每个画笔样式组中又包含若干样式，用户可按需要选择使用，如图 5-17 右图所示。

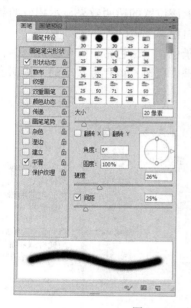 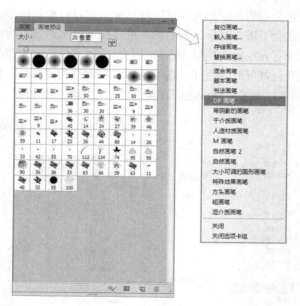

图 5-17　画笔面板、画笔预设面板及面板菜单

2. 渐变颜色

渐变工具用于在图像中实现颜色的过渡渐变。在图像文件中首先创建或选择需要渐变填充的图层或选区，在工具箱中选择"渐变工具"，在其属性栏中设置渐变方式和渐变属性。打开"渐变编辑器"对话框，选择渐变样式或编辑渐变样式，之后按下鼠标左键并拖动，释放鼠标后即可完成渐变颜色的填充。

（1）设置渐变样式

利用图 5-18 所示的"渐变样式"面板，可直接选择所需渐变样式。在面板菜单（图 5-19 左）

中提供了更多类别的渐变样式，选择所需渐变样式后即可载入到"渐变样式"面板中。

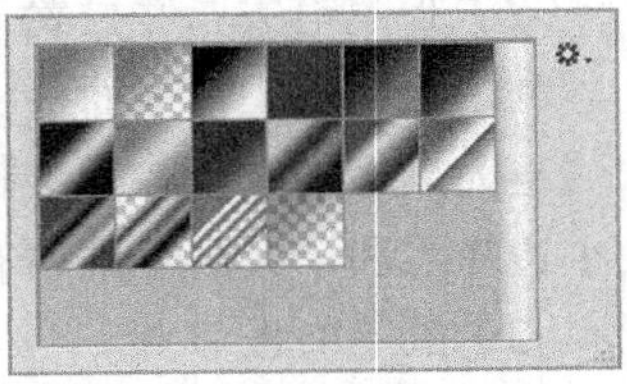

（2）设置渐变方式

渐变工具的属性栏中包括线性渐变、径向渐变、角度渐变、对称渐变和菱形渐变5种渐变方式。

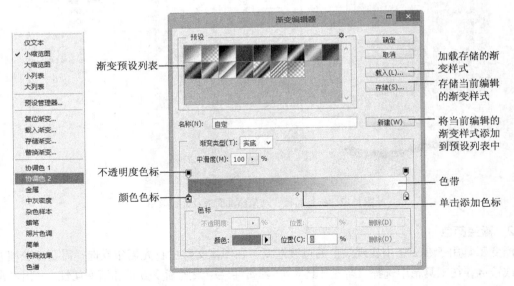

① 线性渐变：从鼠标光标拖动的起点到终点填充线性渐变效果。

② 径向渐变：以鼠标光标的起点为中心、以拖动距离为半径的环形渐变效果。

图 5-18　渐变样式面板

③ 角度渐变：以鼠标光标起点为中心、自拖动方向起旋转一周的锥形渐变效果。

④ 对称渐变：产生由鼠标光标起点到终点的，以经过鼠标光标起点与拖曳方向垂直的直线为对称轴的轴对称直线渐变效果。

⑤ 菱形渐变：填充以鼠标光标的起点为中心，以拖曳的距离为半径的菱形渐变效果。

（3）编辑渐变颜色

单击"渐变样式"选择的颜色条部分，可打开"渐变编辑器"对话框，如图 5-19 右图所示。

渐变预设列表中提供了多种渐变样式，单击缩略图即可选择渐变样式。渐变类型下拉列表中提供了"实底"和"杂色"两种类型。平滑度用于设置渐变颜色过渡的平滑程度。

色带上方的色标称为不透明度色标，它可以根据色带上该位置的透明效果显示相应的灰色。当色带完全不透明时显示为黑色；色带完全透明时显示为白色。

色带下方左侧的色标表示前景色，右侧的色标表示背景色，单击色带下方可添加色标，拖动色标离开色带可删除色标。选中色标，在下方的"色标"框中可设置该色标对应的不透明度及颜色，"位置"用于控制该色标在整个色带上的百分比位置。

图 5-19　渐变样式面板菜单、渐变编辑器

5.3.6　图像修复

图像修复是指对图像的一些小瑕疵进行修复和修补，或者去除照片中多余或不完整的区域，

还可利用修饰工具为照片制作各种特效。

1. 裁剪工具

拍摄的照片，如果主要景物太小，而周围的多余景物较大，可利用"裁剪工具"进行处理，使照片的主体更为突出；另外，裁剪框可以调整大小、旋转，所以裁剪工具也常用来在照片冲印前调整尺寸，或校正倾斜的照片。与之类似的是"透视剪裁工具"，用来处理由于拍摄位置或角度不合适而拍摄出具有严重透视的照片。

2. 图像擦除工具

图像擦除工具用来擦除图像中不需要的区域，包括橡皮擦工具、背景橡皮擦工具和魔术橡皮擦工具。在工具箱中选择相应工具后，在属性栏设置合适的笔尖大小及形状，之后在图像中要擦除的位置拖动鼠标涂抹或单击即可。如果图像上有选区，则只能擦除选区内的图像。

橡皮擦工具在背景层或锁定透明像素的普通层中擦除时，被擦除的部分以背景色填充；在普通层擦除，被擦除的部分显示为透明。背景橡皮擦工具在擦除普通层图像时和橡皮擦工具效果一样，擦除部分都为透明色，只是擦除背景层时，背景层自动转换为普通层。魔术橡皮擦工具的原理和属性栏选项均类似"魔棒工具"，能擦除图像中大片颜色相同或相近的区域。擦除背景层时，背景层自动转换为普通层。

3. 历史记录工具

包括历史记录画笔工具和历史记录艺术画笔工具。使用这两个工具，需用到"历史记录"面板。

（1）历史记录面板

Photoshop 编辑图像的每一步操作，都会被记录在"历史记录"面板中，如果图像处理操作失误或对操作效果不满意，可以使用历史记录恢复到前面指定的步骤；并且，还可以根据一个状态或快照创建新的文档。"历史记录"面板如图 5-20 所示。

默认情况下，历史记录面板中只记录 20 个操作步骤，当操作步骤超过 20 个之后，在此之前的记录被自动删除，以便为 Photoshop 释放出更多的内存空间。执行菜单命令"编辑→首选项→性能"，可在对话框中设置"历史记录状态"的值（1～100）。

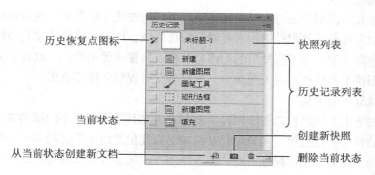

图 5-20　历史记录面板

（2）创建图像快照

开始时，"历史记录"面板在顶部显示文档初始状态的快照。在工作过程中，如果要保留某一个特定的状态，可将该状态创建一个快照。在面板中选择记录，然后单击面板底部的"创建新快照"按钮即可。

（3）历史记录画笔工具

历史记录画笔工具用于恢复图像历史记录，可以将编辑后的图像恢复到面板中的历史记录恢复点。图像文件被编辑后，选择该工具，在属性栏中设置好笔尖大小、形状和"历史记录"面板中的历史恢复点，再将鼠标光标移动到图像文件中，按住鼠标左键并拖曳鼠标，即可将图像恢复至历史恢复点所在位置的状态。

（4）历史记录艺术画笔工具

历史记录艺术画笔工具可以给图像添加绘画风格的艺术效果，能表现出一种画笔的笔触质感。选用此工具后，只需在图像上拖曳鼠标指针即可完成非常漂亮的艺术图像的制作。该工具的属性栏提供了样式、区域、容差等选项。

4．图章工具

图章工具包括仿制图章工具和图案图章工具。使用这两个工具时，先通过在图像中选择采样点或设置图案，然后对图像进行复制。

（1）仿制图章工具

仿制图章工具用于复制或修复图像。选择仿制图章工具，按住 Alt 键，单击图像中要取样的位置完成采样；释放 Alt 键，将鼠标指针移动到图像中需要复制或修复的位置并拖动鼠标涂抹，即可把采样点附近的像素复制到涂抹位置，实现图像复制或修复，采样点是复制的起始点。如要在两个文件之间复制图像，两个图像文件的颜色模式必须相同，否则复制操作无法执行。仿制图章工具尽管可以用来修复图像，但其主要功能是复制。

（2）图案图章工具

图案图章工具能快速地复制图案，所使用的图案可以从该工具的属性栏中的"图案"选项面板中选择，也可以将自己喜欢的图像定义为图案后再使用。其使用方法为：选择图案图章工具后，根据需要在属性栏中设置"图案"及其他选项，然后再在图像中拖动鼠标即可。

5．修复图像工具

修复图像工具包括修复画笔工具、污点修复画笔工具、修补工具和红眼工具，这 4 种工具可用来修复有缺陷的图像。

（1）修复画笔工具

修复画笔工具的使用方法与仿制图章工具相似，先按住 Alt 采样，然后在图像上有缺陷的位置涂抹，即可把采样点及其附件的像素复制到涂抹区域，同时把采样像素与被修复位置的像素进行融合，实现修复功能。由于修复后的图像与取样点位置图像的颜色、纹理、光照等相匹配，从而使修复后的图像不留痕迹地融入图像中，所以可获得理想的修复效果。

（2）污点修复画笔工具

污点修复画笔工具可以快速去除照片中的污点，尤其适合修复小面积的缺陷，如照片上的污渍、人物面部的雀斑、痘痘等，其原理是在图像的修复位置的周围自动取样，然后将其与所修复位置的像素融合，得到理想的颜色匹配放果。使用时，先选择该工具并在属性栏中设置合适的画笔大小和选项，然后在图像的污点位置单击即可去除污点。

（3）修补工具

修补工具比较适合修复图像中面积较大的缺陷。使用时先创建选区，在属性栏上设置好选项，拖动选区到修复位置即可。修补工具同样会将复制的像素与目标位置图像的样本纹理、光照和阴影进行混合，从而获得理想的效果。修补工具的属性栏如图 5-21 所示。

图 5-21　修补工具的属性栏

　　属性栏前面的四个按钮可设置选区的运算方式。"修补"处有"源"和"目标"两个选项，如果选择"源"，首先在图像中要修复的位置绘制选区，然后用鼠标拖曳选区到要复制的图像上释放，即可将释放处的区域复制过来，对选区中的图像进行修复。选择"目标"则恰好相反，其效果是利用选区中的图像去修复目标位置处的区域。

　　Photoshop 中的图像修复工具较多，在使用时应结合实际情况选择合适的工具，有时甚至需要多次尝试，才能达到理想的效果。图 5-22 为图像修复前后对比图。

图 5-22　图像修复效果对比

　　（4）红眼工具

　　红眼工具可以快速修复在光线较暗的环境里拍摄人物照片时产生的红眼效果。其使用方法非常简单：首先选择工具，在属性栏中设置合适的"瞳孔大小"和"变暗量"参数，在人物的红眼位置单击即可校正红眼。

　　6. 修饰工具

　　修饰工具可对图像进行模糊、锐化、涂抹、减淡、加深，以及增加或减少饱和度。

　　（1）模糊工具、锐化工具和涂抹工具

　　模糊工具能通过降低图像色彩反差来对图像进行模糊处理，从而使图像边缘变得模糊；锐化工具恰好相反，它通过增大图像色彩反差来锐化图像，从而使图像色彩对比更强烈；涂抹工具能使图像产生类似于在未干的画面上用手指涂抹的效果。

　　（2）减淡和加深工具

　　减淡工具可以用于图像的暗调、中间调和高光部分的提亮和加光处理，从而使图像变亮；加深工具则可以对图像的暗调、中间调和高光部分进行遮光、变暗处理。

　　（3）海绵工具

　　海绵工具可以对图像进行变灰或提纯处理，从而改变图像的饱和度。

5.3.7　路径与形状工具

　　路径是利用 Photoshop 的矢量绘图工具或形状绘制工具绘制的矢量线条或形状，可以是直线或曲线，也可以封闭或不封闭。路径的最大优点是容易编辑，且封闭的路径和选区之间可以相互转换，对于图像上一些不太规则的区域，可先绘制路径，经过编辑获得满意的效果后再将其转换为选区。

Photoshop 的路径绘制、编辑的工具包括钢笔工具、自由钢笔工具、添加/删除锚点工具、转换点工具、路径选择工具、直接选择工具。能适应各种不同情况的需要。

1. 路径的构成

路径的理论来自于"贝塞尔曲线"，曲线上的每个点（锚点）有两条控制柄（方向线），控制柄的方向和长度决定了与它所连接的曲线的形状，移动锚点的位置也可以修改曲线的形状。锚点分为角点和平滑点，相互之间可以转换，路径上选中的锚点为实心点，未选中的为空心点。路径的组成如图 5-23 所示。

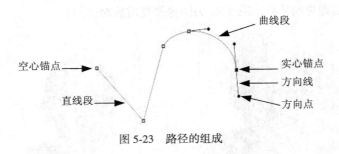

图 5-23　路径的组成

2. 创建路径

（1）钢笔工具

选择"钢笔工具"，在其属性栏（图 5-24）上钢笔图标右侧列表中选择"路径"。然后在图像上依次单击，单击位置出现锚点，且点和点之间为直线连接。按下鼠标左键不放拖动添加的是曲线锚点，可创建出平滑的曲线。将鼠标指针移动到起始锚点上，在笔尖旁出现小圆圈时单击可创建闭合路径。在路径未闭合之前，按住 Ctrl 键并在路径外单击，可创建开放路径。

图 5-24　钢笔工具的属性栏

（2）自由钢笔工具

选择"自由钢笔工具"后，在图像上按住鼠标左键并拖动，会沿着移动轨迹自动添加锚点并生成路径。创建闭合或不闭合路径的方法与钢笔工具一样。

（3）形状绘制工具

使用形状绘制工具可快速绘制出多种形状的图形，如矩形、多边形以及自定义形状等规则或不规则的形状。在形状绘制工具的属性栏上选择路径按钮，则绘制出的就是不同形状的路径。

3. 选择路径

在编辑修改路径前需要先选择路径，包括"路径选择工具"和"直接选择工具"。

（1）路径选择工具

该工具可点选或框选一个或多个路径，并可对路径进行移动、复制等操作。直接单击路径，所有锚点变为实心点，路径被选取。按住 Shift 依次单击路径，可选择多个路径。拖动鼠标画出虚线框，框内的路径被选中。路径选择成功后，直接用鼠标拖动可移动路径；按住 Alt 键不放同时拖动可复制路径。

（2）直接选择工具

该工具用于选择路径上的锚点、移动锚点位置和调整路径形状。选择该工具，单击路径，所有锚点显示为空心点，继续单击锚点，锚点变为实心点，如果是曲线锚点，会显示方向线。按住 Shift 键依次单击锚点，可同时选择多个锚点。也可以用框选的方法选择多个锚点。

拖动选中的锚点的位置或拖动两个锚点之间的路径，可改变路径的形状。通过调整曲线锚点的方向线长短或方向可对路径做细微调整。

4. 编辑路径

路径创建好后，直接选择工具是编辑路径的主要工具，对于图像中边缘前后变化比较大的区域，要获得好的选取效果，可使用"添加锚点工具"添加锚点，而"转换点工具"可使锚点在角点和平滑点之间转换，以更好地确定路径的形状。位置不好或多余的锚点可使用"删除锚点工具"删除。

5. 路径面板

路径面板中显示工作路径、已存储的路径和当前矢量蒙版的名称及缩略图，利用"路径面板"可快速实现在路径和选区之间进行转换，还可以为路径描边或在路径中填充前景色、图案等。路径面板如图 5-25 左图所示。

（1）存储工作路径

默认情况下，创建的路径为"工作路径"。工作路径是临时的，如果取消其选择状态，再次创建路径时，新路径将自动取代原来的工作路径。如果后面还要用到工作路径，应保存路径以免丢失。

用鼠标将"工作路径"拖动到面板底部的"创建新路径"按钮上，释放鼠标后以"路径 1"或"路径 2"这样的名称自动为其命名并保存；也可选择要存储的工作路径，再单击面板右上角的菜单按钮（图 5-25 右图），在弹出的菜单中选择"存储路程"命令，在"存储路径"对话框中指定工作路径的名称完成保存。

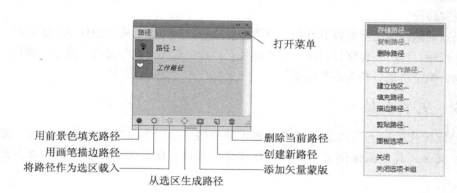

图 5-25　路径面板及其菜单

（2）将路径转换为选区

① 在路径面板中选择要转换的路径，单击面板底部的"将路径作为选区载入"按钮。

② 选择要转换的路径，然后按 Ctrl+Enter 快捷键。

③ 按住 Ctrl 键，单击要转换的路径名称或缩略图。

④ 选择要转换的路径，单击"路径"面板右上角的菜单按钮，在菜单中选择"建立选区"。

（3）把选区转换为路径

将选区转换为路径主要有以下两种方法。

① 绘制选区，单击面板底部的"从选区生成工作路径"按钮，即可将选区转换为临时工作路径。

② 单击"路径"面板右上角的菜单按钮，在菜单中选择"建立工作路径"。

（4）路径的隐藏和显示

单击"路径"面板中的灰色区域或在路径未被选择的情况下按 Esc 键，可将路径隐藏；单击"路径"面板中相应的路径名称，可将该路径显示出来。

（5）复制路径

将"路径"面板中的路径向下拖动至"创建新路径"按钮处，释放鼠标左键即可。

如果要在复制的同时为路径重命名，则可按住 Alt 键并用鼠标将路径拖曳到面板底部的"创建新路径"按钮上，或者选择要复制的路径，在"路径"面板中选择"复制路径"命令，在弹出的"复制路径"对话框中为路径输入新名称，单击"确定"按钮即可复制路径。

（6）填充路径

在"图层"面板中设置图层，然后设置好前景色，再在"路径"面板中选择要填充的路径，单击面板底部"用前景色填充路径"按钮即可。

按住 Alt 键并单击"用前景色填充路径"按钮或在"路径"面板中选择"填充路径"命令，弹出"填充路径"对话框，设置填充内容、混合模式及不透明度等选项，单击"确定"接钮。

（7）描边路径

在"图层"面板中设置图层，然后设置前景色，选择要用于描边路径的绘画工具并设置工具选项，如选择合适的笔尖、设置混合模式和不透明度等，再在"路径"面板中选择要描绘的路径，单击面板底部的"用画笔描边路径"按钮即可。

按住 Alt 键并单击"用画笔描边路径"按钮或在"路径"面板菜单中选择"描边路径"命令，弹出"描边路径"对话框，选择要用于描边路径的绘画工具后单击"确定"按钮即可。

（8）删除路径

将要删除的路径拖动至面板下方的"删除当前路径"按钮上，或者按住 Alt 键并单击"删除当前路径"按钮，可将当前路径删除。在"路径"面板中选择"删除路径"命令，弹出"删除路径"对话框，确定后也可将当前路径删除。

5.3.8　文字工具

文字是图像作品中不可或缺的元素，将作品中的文字以丰富的形式加以表现，能更好地突出主题。文字工具包括横排文字工具、竖排文字工具、横排文字蒙版工具、竖排文字蒙版工具。

1. 输入文字

Photoshop 的文字工具可以输入点文字或段落文字。点文字适合在文字较少的作品中使用，例如作品的标题或需要文字特效的作品；如果作品中有较多的说明文字，使用段落文字比较合适。

利用文字工具输入的文字，默认是点文字，每行文字是独立的，无论多少文字都只显示在一行内，只有用户按 Enter 键后才能切换到新的一行。选择文字工具，在图像上单击，在属性栏设置文字选项后，输入的即为点文字；如果选择文字工具后，在图像上拖动鼠标绘制出一个矩形定界框，则输入的是段落文字，界定框限制了文字的范围，根据框的宽度文字会自动换行。完成后单击属性栏上的"√"按钮完成输入，之后可移动文字在图像上的位置。点文字和段落文字如图 5-26 所示。

点文字

段落文字

文字层
双击图标可编
辑文字

图 5-26　点文字和段落文字

输入的文字放到单独的图层中，在"图层"面板中双击文字即可进入文字编辑修改状态，可利用"字符"和"段落"面板进一步设置文字的选项。修改完成单击"√"按钮确认。

利用"横排文字蒙版工具、竖排文字蒙版工具"可创建文字选区，文字选区具有和其他选区同样的性质。首先选择图层，选择文字蒙版工具，在属性栏设置文字选项，单击图像，将会出现一个半透明红色的蒙版，此时输入文字，最后单击"√"按钮确认，即可完成文字选区的创建。文字选区创建完成，不会出现新的文字图层，而是在选择的图层上创建文字选区。

2．文字工具的属性栏

文字工具的属性栏如图 5-27 所示。可设置文字的方向、字体系列、字体风格、文字大小、消除锯齿的方法、对其方式、文字颜色、创建变形文字、取消或确认当前编辑。其中："创建变形文字"可制作风格迥异的文字效果。

创建变形文字

图 5-27　文字工具的属性栏

3．字符面板和段落面板

字符面板除了属性栏的设置选项之外，还提供了更多的选项，如设置字间距、行间距和基线偏移等；段落面板则主要用于设置文字对齐方式及缩进量，如图 5-28 所示。

图 5-28　字符面板和段落面板

4．转换文字

为作品中的文字设计多姿多彩的特效，能使设作品不仅生动有趣，而且能更好突出主题。纯文本的效果设计毕竟有限，所以应善于利用下面介绍的转换文字方法，在实际中加以灵活应用。

① 文字转换为路径：执行菜单命令"文字→创建工作路径"，可将选择的文字图层中的文字转换为路径，转换后的路径出现在"路径"面板中，名称为"工作路径"，并可以像其他路径一样进行编辑修改。文字转换为路径后，原文字图层保持不变，并可继续以文本方式进行编辑。

② 文字转换为形状：执行菜单命令"文字→转换为形状"，可将文字图层转换为形状图层，此时只能使用钢笔工具、添加锚点工具等路径编辑工具对其进行调整，或者为其应用图层样式，但是无法再以文本方式编辑文字、设置文字的属性。

③ 文字层转换为普通层：文字层转换为普通层，其实就是把文字转换成图像，转换后就能使用众多图像编辑命令和编辑工具了。方法之一是选择文字层，执行菜单命令"文字→栅格化文字图层"命令；其次，在"图层"面板中要转换的文字层上单击鼠标右键，在弹出的菜单中选择"栅格化文字"命令；最后，在文字层中使用编辑工具或命令（如画笔工具、橡皮擦工具和各种滤镜等）时，会弹出确认对话框，单击"确定"后可以将文字栅格化。

④ 转换点文字与段落文字：点文本和段落文本之间可以相互转换，在"图层"面板中选择文字层，确保文字没有处于被编辑状态，然后执行菜单命令"文字→转换为点文本"或"转换为段落文本"命令，即可完成点文字与段落文字之间的相互转换。

5. 变形文字

利用文字的变形命令，可以扭曲文字以生成扇形、弧形、拱形和波浪形等各种不同形态的特殊文字效果。单击属性栏中的"创建变形文字"按钮，弹出"变形文字"对话框，在其中设置变形效果。注意，此对话框中的选项默认状态都显示为灰色，只有在"样式"下拉到表中选择除"无"以外的其他选项后才可调整，如图 5-29 所示。

6. 路径文字

在 Photoshop 中，可以沿着路径边沿或闭合路径内部输入文字，且移动或更改路径的形状，文字也会顺应新的路径位置或形状而改变。路径文字效果如图 5-30 所示。

图 5-29 变形文字

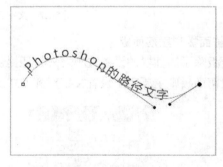

图 5-30 路径文字

首先创建好路径，再选择文字工具，把鼠标指针移动到路径上（如果是闭合路径，则移动到路径内），指针形状改变时即可单击，输入文字，此时文字会沿着路径的边缘显示。

5.3.9 色彩调整

获取的图像素材，可能由于各种原因存在色彩方面的问题，如偏色、太亮或太暗、曝光不足或曝光过度等。如果作品用于打印或印刷输出，色彩问题就尤为突出。Photoshop 提供了多种类型的颜色校正命令，利用这些命令可以对图像的色彩进行校正、补偿，使图像焕然一新。

1. 像素的亮度

位图图像中的每个像素都有相应的亮度，这个亮度和色相无关，所以不能说绿色比红色亮。同理，单凭一个灰度并不能确定是红色还是绿色，在黑白电视机上是看不出主角穿什么颜色的衣服的，但是灰度可以看出像素的明暗。在"色相无关性"上，亮度和灰度是一致的。因此，常常用灰度来表示亮度。所以，将图像去色后，就可以看出图像中像素的亮度分布。Photoshop 将图像的亮度大致地分为三级：暗调，中间调，高光。像素的亮度值在 0～255 之间，所以亮度值为 255 附近的像素是高光，0 附近的像素是暗调，中间调在 128 左右。

直方图是图像中的像素按亮度变化的分布图，主要用于分析图像信息。横坐标代表绝对亮度值，范围为 0～255，纵坐标代表像素数量，执行"窗口→直方图"命令可打开"直方图"面板。

打开一幅图像后再打开"直方图"面板，在面板菜单中选择"扩展视图"和"显示统计数据"命令，将"通道"选项设置为 RGB，此时的面板如图 5-31 所示。直方图的左侧代表暗调的像素，右侧代表高光的像素，中间代表中间调像素。

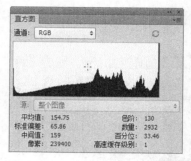

图 5-31　图像及其直方图

在直方图中移动鼠标或按下鼠标左键，可在下方的的参数区看到鼠标指针处的亮度值（色阶）、当前亮度下的像素数量，以及低于该色阶值的像素数量所占的百分比。

直方图中大量像素集中在暗调区，图像偏暗；集中在中间调区域，图像偏灰色；集中在高光区，图像偏亮。如果在"通道"列表处选择单色通道，还可以观察图像是否偏色。利用直方图分析色调的分布，将有助于对图像色调校正的操作。

2. 色彩调整命令

Photoshop 的色彩调整命令位于"图像→调整"菜单下，多达 20 多个，不少命令有相似的地方，使用时应注意融会贯通。此外，调节颜色时应尽量避免颜色模式的多次转换，因为每次转换都会有颜色数据的丢失。图像用于屏幕显示用 RGB 模式，用于打印输出就用 CMYK 模式。

（1）亮度/对比度

用于简单、快速调节图像的整体亮度和对比度，在对话框中直接拖动滑块调节即可。

（2）色阶命令

色阶命令通过调整图像中的暗调、中间调和高光区域的色阶分布，来增强图像的对比。"色阶"对话框如图 5-32 所示。对话框中间为直方图，其横坐标为绝对亮度值（0～255），纵坐标为像素数量。

首先在"通道"下拉列表中选择需要调整的颜色通道。"输入色阶"下的 3 个数值框分别对应直方图下面的 3 个滑块，左边数值表示暗调，表示图像中低于该亮度值的所有像素将变为黑色（暗调合并）；右边数值表示高光，表示高于该亮度值的所有像素将变为白色（高光合并）；中间数值取值范围为 0.01～9.99，控制暗调区域和高光区域的比例平衡。

"输出色阶"下面的两个数值框分别对应亮度条下的两个滑块，左边的数值框表示图像中最暗像素的亮度；右边的数值框表示图像中最亮像素的亮度。设置两个数值框中的数值，都会降低图像的对比度。

对于高亮度的图像，可用鼠标将左侧的黑色滑块向右拖动，以增大图像中暗调区域的范围，使图像变暗。对于较暗的图像，可用鼠标将右侧的白色滑块向左拖动，以增大图像中高光区域的范围，使图像变亮。用鼠标将中间的灰色滑块向右拖动，可以减少图像中的中间色调的范围，从而增大图像的对比度；同理，若用鼠标向左拖动滑块，则可增加中间色调的范围，从而减小图像的对比度。

（3）曲线命令

曲线命令是功能最强大的颜色校正命令，可以将图像中的任一亮度值精确地调整为另一亮度值，"曲线"对话框如图 5-33 所示。

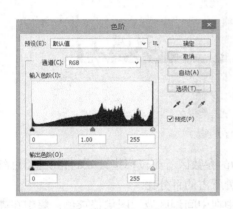

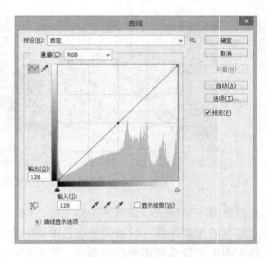

图 5-32　色阶对话框　　　　　　　　　图 5-33　曲线对话框

对话框中的水平轴代表原图像的亮度值（输入色阶），垂直轴代表调整后的图像的亮度值（输出色阶）。RGB 图像，曲线将显示 0～255 的亮度值，暗调（0）位于左边；CMYK 图像，曲线将显示 0～100 的百分数，高光（0）位于左边。

调节时，先观察图像的颜色情况，利用直方图分析图像像素亮度的分布情况，在"曲线"对话框的通道处选择调节单个通道或复合通道，在曲线上单击添加一个或多个调节点，向上拖动图像变亮，向下拖动图像变暗。

如果需要精确调节，可利用"颜色取样器工具"获得要调节位置的色阶值，在对话框的"输入"下的文本框中输入色阶值，在"输出"下的文本框中输入要调节到的色阶值。

如果拖动水平轴的暗调点水平右移，则暗调点所对应的输入值及其以下的像素亮度全部调整为 0（暗调合并）；如果拖动水平轴的高光点水平左移，则高光点所对应的输入值及其以上的像素亮度全部调整为 255（高光合并），此时图像的对比强烈。

如果拖动垂直轴的暗调点水平上移，则 0 到暗调点所对应的输出值范围内的亮度全部调节为输出值；如果拖动垂直轴的高光点水平下移，则高光点所对应的输出值到 255 范围内的亮度全部调节为输出值，此时图像的像素亮度范围变窄，图像呈现灰蒙蒙的效果。

❓ 思维训练与能力拓展：垂直轴的暗调点水平上移、高光点水平下移，如果暗调点和高光点的输出值均为 128，此时图像呈现什么效果？

（4）色相/饱和度命令

用于调整图像的色相、饱和度和亮度，它既可以作用于整个图像，也可以单独调整指定的通道颜色，如图 5-34 所示。调节时注意观察对话框下方两条色谱的对比，上方为图像原色谱，下方为调整之后的色谱。色相调整后，图像的颜色将发生改变。

对话框中的"着色"选项可为灰度图像着色，在给旧照片上色时很有用。

（5）自然饱和度命令

自然饱和度命令用于增加图像中未达到饱和的颜色的饱和度，而饱和度命令则增加整个图像的饱和度，可能会导致图像颜色过于饱和，而自然饱和度不会出现这种问题。所以调整人物皮肤可使颜色显得更自然。

（6）色彩平衡命令

色彩平衡命令通过调整各种颜色的混合量来调整图像的整体色彩，"色彩平衡"对话框如图 5-35 所示。上方调节互补色之间的混合量，下方可选择暗调、中间调或高光区域进行调节。

图 5-34　色相/饱和度对话框

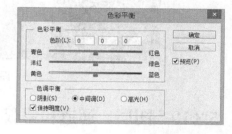

图 5-35　色彩平衡对话框

（7）去色和黑白命令

去色命令在不改变颜色模式的前提下将图像变为灰度图像，即将照片中的颜色去掉。RGB 模式图像，去色后图像中每个像素的亮度不变，只是给图像中的每个像素指定相等的亮度值（R、G、B）；CMYK 模式的图像则是指定相等的油墨浓度（C、M、Y），靠 K 色的浓度调节图像明暗。

（8）匹配颜色命令

利用曲线、色相之类的工具，可以任意改变图像的色调，但如果想在多幅图像之间进行色调匹配，则可以使用匹配颜色命令。当前图像为目标，色调来源的图像为源，使用该命令时需同时打开目标图像和源图像，匹配时可选择完全匹配还是中和匹配。匹配颜色效果如图 5-36 所示。

此外，在同一文件的多个图层图像之间也可以进行匹配。

（9）替换颜色命令

替换颜色命令的原理是先利用"色彩范围"命令选择要替换的颜色范围，呈白色的是有效区域，呈黑色的是无效区域。改变颜色容差可以扩大或缩小有效区域的范围。也可以使用"添加到取样"工具和"从取样中减去"工具来扩大和缩小有效范围，之后再利用替换位置的"色相/饱和度"替换选中的颜色范围，如图 5-37 所示。

目标图像　　　　　　　源图像　　　　　　　匹配结果

图 5-36　颜色匹配色调对比

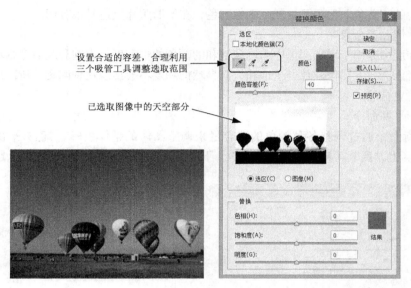

设置合适的容差，合理利用
三个吸管工具调整选取范围

已选取图像中的天空部分

图 5-37　替换颜色

5.3.10　图层、通道和蒙版

图层、通道和蒙版是 Photoshop 处理图像及合成图像的 3 大利器，每一幅图像的处理都离不开图层，而灵活运用蒙版可以制作出很多梦幻般的图像合成效果，高难度图像的合成几乎离不开通道，在创建和保存特殊选区及制作特殊效果时更能体现出通道独特的灵活性。

1. 图层

（1）图层的概念

图层就像一张透明的纸，透过其透明区域可以看到下面图层中的图像。比如要绘制一幅人脸，可以把脸的轮廓、眼睛、鼻子、嘴巴分别绘制在 4 张透明纸上，然后把透明纸按一定的顺序放到一张不透明的纸上，从上往下看，看到的就是一幅完整的脸。这里的每张透明纸及最底下的不透明纸就代表一个图层。

那绘图或图像合成时为什么要使用图层呢？因为分层图像容易修改，能大大节省作品创作的时间，提高工作效率。比如上面绘制的人脸，鼻子不满意就单独修改鼻子所在的层即可。而如果整张脸绘制在一层上，任何一部分不满意只能选择重新绘制，修改起来非常麻烦。其次，在层之间复制、移动图像也很方便，还能通过给图层中的图像设置混合模式、添加图层样式制作出各种特效。

（2）图层面板

图层面板用于管理图像文件中的图层、图层组和图层效果，显示或隐藏图层中的图像，还可以对图像的不透明度、混合模式进行设置，以及创建、锁定、复制和删除图层等操作。典型的图层面板如图 5-38 所示。

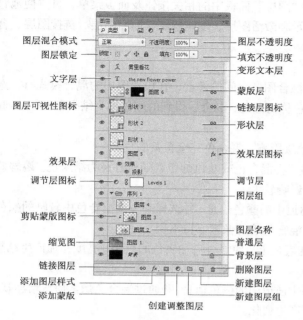

图 5-38 典型的图层面板及其菜单

（3）图层的类型

Photoshop 中的图层类型较多，不同类型的图层有不同的功能和用途，在图层面板中的显示状态也不同，可以利用不同类型的图层创建不同的效果。图层类型主要有以下几种。

① 背景图层：相当于绘画中最下方不透明的纸。在 Photoshop 中，一个图像文件只有一个背景图层，它可以与普通图层进行相互转换。执行菜单命令"图层→新建→背景图层"命令，或者在"图层"面板的背景图层上双击，即可将背景图层转换为普通图层。

② 普通图层：相当于一张完全透明的纸，是 Photoshop 中最基本的图层类型。单击"图层"面板底部的"创建新图层"按钮或执行"图层→新建→图层"命令，即可在图像中新建一个普通图层。

③ 填充图层和调整图层：用于控制图层图像的颜色、色调、亮度和饱和度等的辅助图层。单击"图层"面板底部的"常见新的填充或调整图层"按钮，在弹出的下拉列表中选择任一选项，即可创建填充图层或调整图层。

④ 效果图层：在给图层添加图层效果（如阴影、发光、浮雕以及描边等）后，图层右侧会出现一个效果层图标，这一图层就是效果图层。注意背景图层不能添加图层样式。单击"图层"面板底部的"添加图层样式"按钮，在弹出的下拉列表中选择任一选项，即可创建效果图层。

⑤ 形状图层：使用矢量图形工具在文件中创建图形后，会自动生成形状图层。当执行"图层栅格化形状"命令后，形状图层将被转换为普通图层。

⑥ 蒙版图层：利用图层蒙版中灰度颜色的变化，可使其所在图层相应位置的图像产生透明效果，与图层蒙版的白色部分相对应的图像为透明，与黑色部分相对应的图像完全透明，与灰色部分相时应的图像可根据其灰度产生相应程度的透明放果。

⑦ 文本图层：利用文字工具输入文字时，自动创建文字层，文字进行变形后，文本图层将显

示为变形文本图层。

（4）图层管理

利用"图层"菜单下的命令和"图层"面板中的相关按钮及面板菜单，可方便地管理图层，包括新建图层或图层组、隐藏、显示和激活图层、复制图层、删除图层、链接图层、合并图层、栅格化图层、使用图层样式等。

（5）图层混合模式

图层混合模式是按照特定算法混合图层之间的像素，在设置图层的混合模式时，选定图层的颜色称为混合色，其下方的图层颜色称为基色，混合后得到的颜色称为结果色。Photoshop 的图层混合模式如下。

① 正常：该层的显示不受其他层影响，混合色完全覆盖底色。

② 溶解：根据像素的不透明度，将混合色或基色的像素随机替换为结果色。溶解效果对于设置羽化图层图像的或半透明的图层影响较大。

③ 变暗：分析图层图像每个通道中的颜色信息，并选择基色或混合色中较暗的颜色作为结果色。比混合色亮的像素被替换，比混合色暗的像素保持不变。

④ 正片叠底：将混合色叠加在底色上，使混合色和底色的色相、亮度相加产生结果色，结果色通常会变深。

⑤ 颜色加深：分析图层图像每个通道中的颜色信息，并通过混合色像素信息增加基色对比度，使基色变暗。基色与白色混合后不产生变化。

⑥ 线性加深：分析图层图像每个通道中的颜色信息，并通过混合色像素信息减小基色亮度，使基色变暗。基色与白色混合后不产生变化。

⑦ 变亮：分析图层图像每个通道中的颜色信息，并选择基色或混合色中较亮的颜色作为结果色。比混合色暗的像素被替换，比混合色亮的像素保持不变。

⑧ 滤色：分析图层图像每个通道中的颜色信息，并将混合色的互补色与基色复合。结果色总是较亮的颜色。用黑色过滤时颜色保持不变。用白色过滤将产生白色。

⑨ 颜色减淡：分析图层图像每个通道中的颜色信息，并通过混合色像素信息减小基色对比度，使基色变亮以反映混合色。与黑色混合则不发生变化。

⑩ 线性减淡：分析图层图像每个通道中的颜色信息，并通过混合色像素信息增加基色亮度，使变亮以反映混合色。与黑色混合则不发生变化。

⑪ 叠加：复合或过滤额色，具体叠加方式取决于基色。图案或颜色在现有像素上叠加，同时保留基色的明暗对比，不替换基色，但基色与混合色相混以反映原色的明暗。

⑫ 柔光：使颜色变暗或变亮，具体方式取决于混合色。此效果与发散的聚光灯照在图像上的柔焦镜的效果相似。如果混合色比 50%灰色亮，则图像变亮，就像被减淡了一样。如果混合色比 50%灰色暗，则图像变暗，就像被加深了一样。用纯黑色或纯白色绘画会产生明显较暗或较亮的区域，但不会产生纯黑色或纯白色。

⑬ 强光：复合或过滤颜色，具体方式取决于混合色。此效果与耀眼的聚光灯照在图像上相似。如果混合色比 50%灰色亮，则图像变亮，就像过滤的效果。这对于向图像中添加高光非常有用。如果混合色比 50%灰色暗，则图像变暗，就像复合后的效果。这对于向图像添加暗调非常有用。

⑭ 亮光：通过增加或减小对比度来加深或减淡颜色，具体方式取决于混合色。如果混合色比 50%灰色亮，则通过减小对比度使图像变亮。如果混合色比 50%灰色暗，则通过增加对比度使图像变暗。

⑮ 线性光：通过增加或减小亮度来加深或减淡颜色，具体方式取决于混合色。如果混合色比 50%

灰色亮，则通过增加亮度使图像变亮，如果混合色比 50%灰色暗，则通过减小亮度使图像变暗。

⑯ 点光：根据混合色和灰色的亮度对比来替换颜色。如果混合色比 50%灰色亮，则替换比混合色暗的像素，比混合色亮的像素不变。如果混合色比 50%灰色暗，则替换比混合色亮的像素，比混合色暗的像素不变。在给图像添加特殊效果时非常有用。

⑰ 差值：分析图层图像每个通道中的颜色信息，并从基色中减去混合色，或从混合色中减去基色，具体取决于哪一个颜色的亮度值更大。与白色混合将反转基色值，与黑色混合则不产生变化。

⑱ 实色混合：将混合色和基色进行计算，产生结果色。计算方法为：当混合色+基色>255 时，结果色为 255；当混合色+基色<255 时，结果色为 0；当混合色+基色=255 时，基色>=128 时，结果色为 255；如果基色<128，结果色为 0。实色混合把结果色的色阶向 0 和 255 两个极值扩展。因为混合分别作用于三个通道，所以图像被分离成红绿蓝青黄品黑白八种极端颜色。

⑲ 排除：生成一种与"差值"模式相似但对比度更低的效果。与白色混合将反转基色值，与黑色混合则不发生变化。

⑳ 色相：用基色的亮度和饱和度以及混合色的色相生成结果色。

㉑ 饱和度：用基色的亮度和色相以及混合色的饱和度生成结果色。饱和度为 0（灰色>0）的区域上用此模式不会产生变化。

㉒ 颜色：用基色的亮度以及混合色的色相和饱和度生成结果色。这样可以保留图像中的灰阶，对于给单色图像上色和给彩色图像着色都会非常有用。

㉓ 亮度：用基色的色相和饱和度以及混合色的亮度生成结果色。效果与"颜色"模式相反。

（6）图层样式

图层样式用于对图层中的图像快速添加各种效果，如阴影、发光、浮雕、颜色叠加、图案和描边等。通过"图层"面板可快速地查看和修改各种预设的样式效果。

Photoshop 的"样式"面板中预先设置了一些样式，用户可随时选用，如图 5-39 所示。此外，执行菜单命令"图层→图层样式"下的子命令或单击"图层"面板下方的"添加图层样式"按钮，在弹出的菜单中选择任一命令或在"样式"面板中单击预设的样式，即可为当前层添加图层样式，该图层名称右侧会出现效果图标"fx"。

图 5-39　样式面板和图层样式对话框

① 斜面和浮雕：此选项是在制作图像特殊效果时经常用到的命令，它可以使当前图层中的图像产生不同样式的浮雕效果。在其右侧的窗口中可以设置斜面和浮雕的样式、方法、深度、方向、

大小、角度、高度及不透明度等参数。另外，使用此命令还可以为当前图像添加纹理效果。

在使用"描边浮雕"命令时，首先要为图像执行"描边"命令，然后再执行"描边浮雕"命令，这样才能看出效果。

② 描边：沿着当前图像的周围描绘边缘，描绘的边缘可以是一种颜色、一种渐变色，也可以是一种图案。在其右侧的窗口中可以设置描边的大小、位置、混合模式和不透明度等参数。

③ 内阴影：使当前图层中的图像产生看起来像陷入背景中的效果，在其右侧的窗口中可以设置内阴影的不透明度、角度、阴影距离和大小等参数。

④ 内发光：此选项与"外发光"选项相似，可以在图像边缘的内部产生发光效果。

⑤ 光泽：可以使当前图层中的图像产生类似绸缎的平滑效果。在其右侧的窗口中可以设置光泽的颜色、不透明度、角度、距离和大小等参数。

⑥ 颜色叠加：可以产生类似于纯色填充层所产生的效果。它是在当前图层的上方覆盖一种颜色，然后对颜色设置不同的混合模式和不透明度，以产生特殊的效果。

⑦ 渐变叠加：可以产生类似于渐变填充层所产生的效果，它是在当前图层的上方覆盖一种渐变颜色，以产生特殊的效果。在其右侧的窗口中可以设置渐变的颜色、样式、角度以及不透明度等参数。

⑧ 图案叠加：可以产生类似于图案填充层所产生的效果，即在当前图层的上方覆盖不同的图案，然后对此图案设置不同的混合模式和不透明度，以产生特殊的效果。

⑨ 外发光：可以使当前图层中图像边缘的外部产生发光效果，在其右侧的窗口中可以设置外发光的不透明度和颜色等参数。

⑩ 投影：给当前图层中的图像添加投影，在其右侧的窗口中可以设投影的不透明度、角度、与图像的距离以及大小等参数。

2．通道

通道用于存储图像中的颜色数据、蒙版或选区，每一幅图像都有一个或多个通道。在细小物体（如头发丝）的抠图方面，通道具有独到的优势。

通道在图像处理中用途非常广泛。初步创建好的选区可存储为通道，对通道进行编辑修改，修改好的通道可作为选区载入，从而得到精确选区，进而可利用选区创建蒙版；其次，利用色彩调整命令对单色通道进行调整可改变图像颜色，得到特殊的颜色放果，或针对单色通道使用滤镜，制作出多种特效；另外，在印刷业中，可通过添加专色通道，得到专色印版以及印刷品中的特殊颜色。

（1）通道的类型

根据存储内容的不同，通道可分为复合通道、单色通道、Alpha 通道和专色通道。

① 复合通道：通道面板中最上层一个通道为复合通道，是下层单色通道叠加后的图像颜色。位图、灰度和索引模式的图像只有 1 个通道，RGB 和 Lab 模式的图像有 3 个通道，CMYK 模式的图像有 4 个通道。

② 单色通道：通道面板中的单色通道显示为灰度图像，用 0～255 级灰度表示颜色信息。例如图像中的红色区域在红色通道中最亮，白色区域在红、绿、蓝三个通道中都最亮。

③ 专色通道：除了图像本身的颜色通道外，可创建专色通道制作特殊效果，如套版印制烫金效果，这种特殊颜色的油墨被称为"专色"，这些专色需要用专色通道与专色印刷。

④ Alpha 通道：用于保存选区和蒙版，在最终输出图像时，Alpha 通道一般会被删除。如果图像需要做后期渲染，也可保留 Alpha 通道。

（2）通道面板

通道面板如图 5-40 所示。利用通道面板可以很方便地管理通道，如查看通道名称、查看通道缩览图、隐藏/显示通道、将通道作为选区载入、将选区存储为通道、创建新通道（Alpha 通道和专色通道）、复制通道、分离/合并通道和删除通道等。

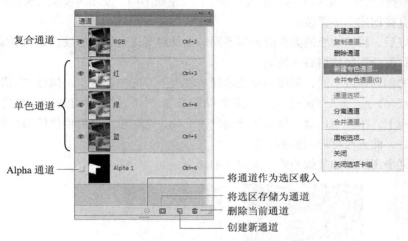

图 5-40　通道面板及其菜单

3. 蒙版

（1）蒙版的概念

把图像中需要的部分创建选区，从原图中抠出，这种方法对图像具有破坏性。而蒙版的思想是在图像上覆盖一个蒙版层，通过修改蒙版层的形状实现修改图像的目的，这样就可以隔离并保护图像中的某些区域，不会破坏原图像。蒙版层中的形状可以是位图或矢量图。

（2）蒙版类型

根据创建方式的不同，可将蒙版分为图层蒙版、矢量蒙版、剪贴蒙版和快速蒙版 4 种类型。

① 图层蒙版：图层蒙版是指蒙版层中的形状是与分辨率有关的位图图像（灰度图像），主要由画笔等工具创建，是使用频率最高的蒙版。合理利用图层蒙版可制作梦幻般的效果，图层蒙版中颜色从黑色到白色过渡，作用在图层图像依次显示为完全透明到完全不透明。

② 矢量蒙版：矢量蒙版是指蒙版层中的形状是钢笔工具等绘制的闭合路径或形状工具绘制的路径形状，路径内的区域可显示出图层图像的内容，路径之外的区域，图像被屏蔽。当路径的形状被编辑修改后，矢量蒙版的作用区域也会随之发生变化。

③ 剪贴蒙版：剪贴蒙版需要两个以上的图层，由基底图层和内容图层创建，原理是用下方的图层（基底图层）形状来覆盖上面的图层（内容图层）内容。例如，一个图像的剪贴蒙版中的下方图层为某个形状，上面的图层为图像或文字，如果给上面的图层都创建剪贴蒙版，则上面图层的图像只能通过下面图层的形状来显示其内容。

④ 快速蒙版：快速蒙版用来创建、编辑和修改选区。单击工具箱中的"以快速蒙版模式编辑"按钮，此时"通道"面板中会增加一个临时的快速蒙版通道。在快速蒙版状态下，被选择的区域显示原图像，未选择的区域（被蒙版区域）默认显示半透明红色。操作结束后，再次单击按钮，即可恢复到默认的编辑模式，"通道"面板不会保存该蒙版，而是直接生成选区。

（3）使用蒙版

创建蒙版前，首先在使用蒙版的图层上创建选区或绘制路径，再利用"图层"菜单下的相关命令完成操作，包括创建蒙版、停用蒙版、应用蒙版、删除蒙版、取消蒙版和图层之间的链接或重新链接等；此外，蒙版显示在"图层"面板的图层右侧，在蒙版图标上单击鼠标右键，弹出的菜单中包含了蒙版操作的多个命令，利用这些命令也可以很方便地对蒙版进行操作。

"编辑→选择性粘贴"菜单下的"贴入"命令，和粘贴不同，使用时要求目标图像有选区，执行后利用选区直接创建图层蒙版。

蒙版创建好后，根据蒙版的类型应使用不同的工具对其进行编辑修改，如图层蒙版主要使用位图修改工具；矢量蒙版使用路径编辑工具。

剪贴蒙版的创建稍微不同，创建前应先选择基底层上方的内容层，再执行"图层"菜单下的"创建剪贴蒙版"命令，此后命令变为"取消剪贴蒙版"。另外，把鼠标指针移动到基底层和内容层之间的分隔线上，按住 Alt 键，鼠标指针会发生变化，此时单击即可创建剪贴蒙版；如果剪贴蒙版已经创建好，此方法可取消剪贴蒙版。

为图像的某个图层添加蒙版的效果如图 5-41 所示。

图 5-41　图层蒙版效果

5.3.11　滤镜

使用滤镜可以快速制作出丰富多彩的图像艺术效果及艺术效果字。滤镜是一种特殊的图像效果处理技术，其原理是按照一定的算法，以像素为单位对图像中的数据进行分析，并对其颜色、亮度、饱和度、对比度、色调、分布、排列等属性进行计算和变换处理，从而实现原图像中部分或全部像素的属性参数的调节或控制。

在 Photoshop 的"滤镜"菜单（图 5-42）中提供了 100 多种滤镜，这些滤镜称为内置滤镜，每个滤镜命令都可以单独使图像产生不同的效果，也可以利用滤镜库为图像应用多种滤镜效果。由于每一种滤镜都有自己独特的窗口和功能强大的选项及参数设置，所以使用和操作方法相对简单。

图 5-42　滤镜菜单

1. 转换为智能滤镜

该命令可将普通图层转换为智能对象层，同时将滤镜转换为智能滤镜。

滤镜转换为智能滤镜后仍保留原图像数据的完整性，如果觉得某滤镜不合适，可以暂时关闭，或者退回到应用滤镜前图像的原始状态。如果想对某滤镜的参数进行修改，可以直接双击"图层"面板中的滤镜名称，即可弹出该滤镜的参数设置对话框；单击"图层"面板板滤镜左侧的眼睛图标，则可以关闭该滤镜的预览效果。在滤镜上单击鼠标右键，可在弹出的右键菜单中编辑滤镜的混合模式、更改滤镜的参数设置、关闭滤镜或删除滤镜等。

2. 使用滤镜

在特殊效果制作中，根据需要可以给图像应用一种或同时应用多种不同的滤镜效果。

（1）应用单个滤镜

在图像中先创建选区或选择需要应用滤镜效果的图层，在"滤镜"菜单下选择相应的命令，如果滤镜命令后面带有省略号（…），则会弹出对话框。单击对话框中图像预览区左下角的"＋"和"－"按钮，可以放大或缩小显示预览中的图像。设置好相应的参数及选项后单击确定按钮，即可将选择的滤镜效果应用到图像中。在图 5-43 中，文字"Adobe"经过栅格化后，使用了"风"滤镜。

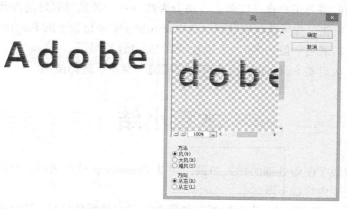

图 5-43 风滤镜效果

（2）应用多个滤镜

在图像中创建好选区或设置好需要应用滤镜效果的图层，然后执行"滤镜→滤镜库"命令打开"滤镜库"对话框，如图 5-44 所示。当设置相应的滤镜命令后，对话框中的标题栏名称会变为相应的滤镜名称。

图 5-44 滤镜库对话框

3. 安装外挂滤镜

Photoshop 的外挂滤镜以插件的形式提供，由第三方厂商开发，不但数量庞大，种类繁多、功能齐全而且版本和种类不断升级和更新。用户通过安装滤镜插件，能够使 Photoshop 获得更有针对性的功能。

外挂滤镜使用前需要用户自己安装，方法分为两种：一种是封装好的外部滤镜，可以运行安装程序进行安装，安装过程中选择安装目录为 Photoshop 安装目录下的 PlugIns 目录即可；另外一种是把滤镜文件（扩展名一般为.8bf）手工复制到 PlugIns 目录下。

安装完毕，下次启动 Photoshop 后即可在"滤镜"菜单下选择使用。

本章小结

本章主要介绍数字图像处理的相关知识，并以 Photoshop 软件为例，介绍图像处理的相关技术和一般方法。主要内容如下所述。

1. 位图图像由像素点组成，存储时要存储每个像素点的颜色信息，适合表达丰富多彩的自然景观，单位尺寸上像素点的多少称为图像分辨率，是影响图像质量的重要指标之一。颜色模式是描述颜色的方法，图像采用什么样的颜色模式取决于图像的用途。实际中应结合图像的用途选择合适的分辨率和颜色模式。

2. 常用的数字图像格式有 BMP、JPG、TIFF、PNG、GIF 和 PSD 等。数字图像素材可通过拍摄、绘制、扫描、互联网等获得，也可从屏幕抓取。大量的图像素材可用专门的管理软件进行管理。

3. 图像处理是对已有的数字图像进行再编辑，本质上是对构成图像的数据按一定的算法进行运算、处理和重新编码，以此形成新的数字组合和描述，从而改变图像的视觉效果。

4. Photoshop 是强大的图像处理软件，获取的数字图像素材一般需按照最终作品的要求编辑处理后，才能用于平面设计、广告设计等多媒体作品。

5. Photoshop 的关键技术包括选区、图层、路径、通道、蒙版和滤镜。图像处理过程是展示创意的创造性过程。掌握了这些关键技术，再结合好的构思，才能创作出优秀的多媒体作品。

快速检测

1. 位图图像的分辨率是指_____。

    A. 单位长度上的锚点数量　　　　　　　　B. 单位长度上的网点数量

    C. 单位长度上的路径数量　　　　　　　　D. 单位长度上的像素数量

2. 下面文件格式中，_____不是图像格式。

  A．PNG   B．JPG

  C．GIF   D．MPG

3. 用于印刷的图像文件应设置为_____颜色模式。

  A．RGB   B．灰度

  C．CMYK   D．黑白位图

4. 在 Photoshop 中，下列_____工具可以选择连续的相似颜色的区域。

  A．矩形选框工具   B．魔棒工具

  C．椭圆选框工具   D．磁性套索工具

5. 在 Photoshop 中，对选区的羽化描述正确的是_____。

  A．使选取范围扩大   B．使选取范围缩小

  C．使选取边缘柔软   D．使选取范围锐化

6. 下列用于绘制路径的工具不包括_____。

  A．钢笔工具   B．自由钢笔工具

  C．直接选择工具   D．矩形工具

7. 如果要将图像中的局部复制到一个新图层中，可通过"图层"菜单中的_____命令实现。

  A．新建→通过拷贝的图层   B．新建→通过剪切的图层

  C．新建→图层   D．新建→图层组

8. 下列选项中的_____命令可以参照另一幅图像的色调来调整当前图像。

  A．替换颜色   B．匹配颜色

  C．通道混合器   D．可选颜色

9. 在 Photoshop 中，可以通过建立_____来屏蔽图像中不需要的部分，还可制作融合效果。

  A．调整图层   B．填充图层

  C．图层蒙板   D．图层样式

10. 在实际工作中，常采用_____的方式来制作琐碎图像的选区，如人和动物的毛发等。

  A．钢笔工具   B．套索工具

  C．通道   D．魔棒工具

第6章
计算机动画制作

　　在多媒体技术中，动画具有生动、直观、易于理解、富有表现力等特点，使之成为了多媒体技术当中不可或缺的一部分。计算机动画在传统动画的基础上采用计算机技术来制作动画，使动画制作的成本和难度大为降低。本章主要介绍计算机动画的原理和使用 Flash 软件制作动画的方法。

6.1　计算机动画基础

　　动画是通过一定的方式让静止的图像动起来，其具体的原理是什么呢？同时，传统动画与计算机动画有什么区别？本节通过对动画原理的剖析，为大家介绍其中的奥秘。

1. 动画原理

　　人的眼睛具有视觉残留现象（Visual Residual Phenomenon, VRP），即人眼在观察景物时，光信号传入大脑神经，可保留一段短暂的时间，约为 1/24 秒。光的作用结束后，视觉形象并不立即消失，这种残留的视觉称为"后像"，视觉的这一现象则被称为"视觉残留"。根据人眼的这个原理，如果每秒播放 24 幅或者更多的画面，那么当前一个画面在大脑神经中消失前下一个画面就进入了人脑神经，这时大脑神经感觉到的画面就为连续的影像。因此，通常情况下，如果动画的播放速度高于每秒 24 幅画面，则动画为流畅的；低于 24 幅画面，就会感觉到画面的停顿。

　　动画从技术上来说，就是把一系列绘制好的图片以不低于每秒 24 帧的速度连续播放，利用视觉残留原理，形成视觉上连续的影像。

2. 计算机动画分类

　　传统动画使用手工绘制的方法绘制连续动画，而使用计算机来完成动画制作则称之为计算机动画。随着计算机动画制作技术的不断进步，人们可以方便地绘制出带有各种变换效果的动画。

　　按照动画的性质不同，计算机动画可以分为帧动画和矢量动画。帧动画由一序列图像组成，序列中的每幅静态图像为一帧，以传统动画绘制方式，在计算机上绘制每一个帧图像并连续播放来达到动画效果，适用于视觉效果要求较高的情境。矢量动画则是绘制矢量图，通过一定的算法，由计算机自动计算并生成动画效果，一般用于表现变换的图形、线条、文字和图案等。

　　按照计算机动画的表现形式分类，可以分为二维动画、三维动画和变形动画。二维动画也称平面动画，它采用传统动画原理，在平面上构成动画的基本动作，具有制作简单等优点。但由于二维动画设计局限于一个平面上，因此立体感相对较差。三维动画也称空间动画，主要表现三维的动画主体和背景，设计时强调空间概念，能制作出逼真的动画效果。变形动画将物体从一种形态变换到另一种形态，其中要进行复杂的计算，主要用于特效处理、场景变换等。

3. 文件格式及应用领域

目前常用的动画格式有 GIF、SWF、AVI、FLIC（FLI/FLC）、MOV/QT、VR 等，下面分别介绍这几种格式。

（1）GIF 格式

GIF（Graphics Interchange Format）的原义是"图像互换格式"，是 CompuServe 公司在 1987 年开发的图像文件格式。GIF 文件的数据，是一种基于 LZW 算法的连续色调的无损压缩格式，文件压缩率一般在 50%左右。目前，几乎所有相关软件都支持该格式。GIF 格式的另一个特点是在一个 GIF 文件中可以存储多幅彩色图像，如果把存于一个文件中的多幅图像数据逐幅读出并显示到屏幕上，就可构成一种最简单的 GIF 动画。

（2）SWF 格式

SWF(Shock wave Flash)是 Macromedia 公司(现已被 Adobe 公司收购)的动画设计软件 Flash 的专用格式，它是一种支持矢量和点阵图形的动画文件格式，被广泛应用于网页设计、动画制作等领域。SWF 的普及程度较高，现在超过 99%的网络使用者都可以读取 SWF 文档。Flash 的基本理念是可以在任何操作系统和浏览器中访问，并让网络接入较慢的用户也能顺利浏览。SWF 可以用 Adobe Flash Player 播放，要在浏览器中打开则需要安装 Adobe Flash Player 插件。

（3）AVI 格式

AVI 是对视频、音频文件采用的一种有损压缩方式，其压缩率较高，并可将音频和视频混合到一起。尽管 AVI 格式的画面质量不算太好，但其应用范围仍然非常广泛。AVI 文件目前主要应用在多媒体光盘上，用来保存电影、电视等各种影像信息，有时也出现在 Internet 上，供用户下载、欣赏新影片的精彩片段。

（4）FLIC（FLI/FLC）格式

FLIC（FLI/FLC）格式是 Autodesk 公司在其出品的 2D、3D 动画制作软件中采用的动画文件格式，FLIC 是 FLI 和 FLC 的统称。FLI 最初是基于 320×200 分辨率的动画文件格式，在 Autodesk 公司出品的 Autodesk Animator 和 3D Studio 等动画制作软件中均采用这种彩色动画文件格式。FLC 是一种古老的编码方案，常见的文件后缀为 FLC 和 FLI。由于 FLC 仅仅支持 256 色的调色板，因此它会在编码过程中尽量使用抖动算法（也可以设置为不抖动），以模拟真彩色的效果。FLIC 格式现在已经很少采用了，但当年很多这种格式的动画文件被保留下来，这种格式在保存标准 256 色调色板或者自定义 256 色调色板时是无损的，非常适合保存线框动画，例如 CAD 模型演示。

（5）MOV/QT 格式

MOV 即 QuickTime 影片格式，它是 Apple 公司开发的一种音频、视频文件格式，用于存储常用数字媒体类型。

QT 是诺基亚公司开发的一个跨平台的 C++图形用户界面应用程序框架，它提供给应用程序开发者建立艺术级的图形用户界面所需的功能。QT 是完全面向对象的，容易扩展，并且允许基于组件的编程。

（6）VR

VR（虚拟现实）是一项综合集成技术，它用计算机生成逼真的三维视、听、嗅觉等感觉，使作为参与者的人通过适当的装置便可自然地对虚拟世界进行体验和交互。使用者进行位置移动时，电脑可以立即进行复杂的运算，将精确的 3D 世界影像传回以产生临场感。可见，VR 技术集成了计算机图形技术、计算机仿真技术、人工智能、传感技术、显示技术、网络并行处理等技术的最新发展成果，是一种由计算机技术辅助生成的高技术模拟系统。

6.2　计算机动画的设计方法

　　了解了计算机动画的基本原理后，接下来就该创建一个属于自己的动画了，但动画应该如何创建呢？本节将告诉大家一个完整的动画应该通过哪些步骤来创建。

　　对于不同类型的动画，其创作过程和方法可能有所不同，但基本规律是一致的。动画的制作过程可以分为总体规划、设计制作、具体创作和后期制作四个阶段，每一阶段又有若干个步骤。当然，对于简单的动画，部分步骤可以省略。

1.　总体规划阶段

（1）剧本

根据设计的需要创作剧本，可自行创作亦可参考其他作品。动画剧本中避免使用复杂的对话，尽可能用画面表现视觉动作，由视觉创作激发人们的想象。

（2）故事板

根据剧本，绘制出类似连环画的故事草图（分镜头绘图剧本），将剧本描述的动作表现出来。故事板由若干片段组成，每一片段由系列场景组成，一个场景一般被限定在某一地点和一组人物内，而场景又可以分为一系列被视为图片单位的镜头，由此构造出一部动画片的整体结构。

（3）摄制表

摄制表是整个影片制作的进度规划表，用以指导动画创作集体各方人员统一协调地工作。

2.　设计制作阶段

（1）设计

设计工作是在故事板的基础上，确定背景、前景及道具的形式和形状，完成场景环境和背景图的设计和制作。对人物或其他角色进行造型设计，并绘制出每个造型的几个不同角度的标准页，以供其他动画人员参考。

（2）音响

在制作动画时，有些动作必须配以音乐，所以音响录音不得不在动画制作前进行。录音完成后，还要把记录的声音精确地分解到每一幅画面位置上，即第几秒（或第几幅画面）动画人物开始说话、说话持续多久等。

3.　具体创作阶段

（1）原画创作

原画创作是由动画设计师绘制出动画的一些关键画面。

（2）中间插画制作

中间插画是指两个重要位置或框架图之间的图画，一般就是两张原画之间的连续动作的画。使用计算机动画软件一般可以快速生成。

4.　后期制作阶段

（1）检查

动画设计师需要对每一场景中的各个动作进行详细地检查。

（2）特效

利用软件功能或脚本代码，生成多种动画特技效果。

（3）编辑

主要完成动画各片段的连接、排序和剪辑等。

（4）录音

选择音响效果配合动画的动作，再把声音、对话、音乐、音响都混合到一个声道上，合成到动画文件中。

6.3　Flash 动画制作

了解了动画创作的一般过程之后，就可以着手创建动画了。鉴于 Adobe Flash 软件在动画制作领域的流行和便捷，这里使用该软件来实现动画的制作过程。那么，如何使用 Flash 完成一个动画的设计与制作呢？本节将对此进行详细介绍。

Flash 是 Adobe 公司出品的一款多媒体矢量动画制作软件，具有交互性强、文件体积小、简单易学等特点，是用于创建动画和多媒体内容的强大的创作平台。Flash 开发出的动画使用其独有的流式媒体方式传输，使之在网络应用中具有很大的优势。同时 Flash 动画在台式计算机和平板电脑、智能手机和电视等多种设备中都能呈现效果一致的互动体验。

本节以 Flash Professional CS6 为例，主要介绍 Flash 动画设计中的相关知识以及制作各种 Flash 动画的方法与技术。

6.3.1　Flash 的工作界面

打开 Flash 软件时，会出现如图 6-1 所示的启动界面。

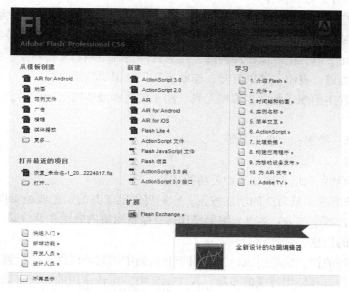

图 6-1　Flash 开始界面

在这个界面中，可以选择新建或打开已有的文件，这里新建或打开的文件为 Flash 的源文件，扩展名为.fla。要创建一个新的 Flash 文档，单击"新建"区域中的"ActionScript 3.0"，即可进入 Flash 的工作界面，如图 6-2 所示。

图 6-2　Flash 工作界面

在图 6-2 的工作界面中，主要包括标题栏、菜单栏、舞台、工具面板、时间轴面板、面板集等几个部分。

标题栏显示打开文件的文件名，多个文件同时打开时以选项卡的形式显示。可以直接单击选项卡上的☒按钮关闭文件。

菜单栏包含文件、编辑、视图、插入、修改、文本、命令、控制、调试、窗口和帮助等菜单，包含了 Flash 中的各种命令和操作。

舞台为动画制作的主要区域，是绘制、编辑和测试动画的地方。白色区域为动画的有效区域，灰色部分为辅助区域。如果需要调整显示比例可以使用舞台右上角的下拉列表或直接在文本框中输入要显示的百分比。舞台中可以添加辅助工具来帮助精确绘制和安排对象，主要有标尺、辅助线、网格等，可以通过"视图"菜单打开，辅助工具仅在编辑状态下显示。

工具面板包含常用的图形和文本编辑工具，用于创建和修改舞台上的对象。工具面板由上到下分为 4 个部分。

① 工具：选择、绘图和上色工具等。

② 查看：手型工具和缩放工具。

③ 颜色：笔触颜色和填充颜色及相关功能按钮。

④ 选项：当前所选工具对应的功能按钮，它们将影响工具的上色或编辑操作。

时间轴面板包含两个部分：左边为图层操作区，控制图层的属性和叠放顺序；右边为时间轴，显示各个图层中帧的信息。

面板集由一系列的控制面板组成，主要用于对动画中的对象属性进行设置等。可根据需要自行布局，并保存符合自身使用习惯的布局。在 Flash 中，比较常用的面板有颜色、库、属性、变形、对齐、样本、动作等，均可以通过"窗口"菜单打开及关闭，下面简要介绍几种常用面板的功能（括号里为打开该面板对应的快捷键）。

① 颜色面板（Alt+Shift+F9）：用于设置对象的笔触颜色和填充颜色。

② 库面板（Ctrl+L）：用于存储用户所创建的元件等内容，导入的外部素材也存储在库里。

③ 属性面板（Ctrl+F3）：显示用户当前已选择对象的属性和信息，并提供对这些信息的查看和修改。

④ 变形面板（Ctrl+T）：对用户选择对象进行指定大小角度的缩放、旋转、倾斜和中心点操作，在变形的同时也可以复制对象。

⑤ 对齐面板（Ctrl+K）：对选定的对象（单个或多个）进行对齐和分布操作。

⑥ 样本面板（Ctrl+F9）：该面板可以选择或自定义颜色（包括渐变色）。

⑦ 动作面板（F9）：该面板左侧提供 ActionScript 脚本的选择，右侧提供脚本的编写窗口。

6.3.2　图形绘制

Flash 提供了很多简单而强大的绘图工具来绘制矢量图形，本小节将介绍各种绘图工具的使用方法，熟练使用这些工具可以绘制出多样的动画图形。

1. 颜色的调整

Flash Professional CS6 允许使用 RGB 或 HSB 颜色模型应用、创建和修改颜色，对于颜色的调整一般使用颜色面板，如图 6-3 所示。另外，也可以选定工具或对象后在属性面板或工具面板的选项区域进行颜色的设定。

在 Flash 中，需要针对线条和填充的颜色分别进行设置，即图 6-3 左上角的笔触颜色和填充颜色。同时，笔触颜色和填充颜色均可以设定为纯色、渐变色或位图（图 6-3 右上角）。颜色可以在色板上直接选择或者通过输入颜色数值来进行设定。如果是渐变色，可以通过在下方色条上单击鼠标左键添加颜色控制点的方式调整渐变（如图 6-4 所示），单击控制点可以选择该控点的颜色，拖动控制点则移动渐变色变化幅度。如需去除控制点，用鼠标将控制点拖出面板即可。

图 6-3　颜色面板　　　　　图 6-4　颜色面板（渐变色）

对于颜色的使用，如果需要新建对象，则在选定绘图工具后，先设定好需要的颜色，然后直接在舞台上进行绘制。如果修改已有绘图对象的颜色，则选定对象后重新设定对象的颜色。如果需要对某个部分进行颜色的添加或修改，则可以使用工具面板中的颜料桶工具（填充颜色）、墨水瓶工具（笔触颜色）添加或修改颜色。如果需要选取已有对象的颜色，则可以使用工具面板中的滴管工具。使用滴管工具单击线条，则自动转换到墨水瓶工具；单击填充，则自动转换到颜料桶工具。

渐变色分为线性渐变和径向渐变两种方式。其中，线性渐变只能绘制从左到右的渐变色（如图 6-5（a）所示），径向渐变只能绘制从圆心向外的渐变色（如图 6-6 所示）。所以，如果需要对渐变色进行调整则要使用渐变变形工具。需要注意的是，渐变变形工具不会改变图形的大小和形状，只对渐变色彩进行调整，如果颜色区间超出原有图形，则颜色将被隐藏。

线性渐变变形控制点有 3 个，中心处的圆形控制点控制渐变颜色的中心位置，即图 6-4 下方色条的中心位置。右边方形控制点控制渐变色的缩放，见图 6-5（b），向外拖动将使渐变色变化区间变宽，见图 6-5（c）。右上角的环形箭头控制点可以用鼠标拖动来渐变色的变化方向，见图 6-5（d）。

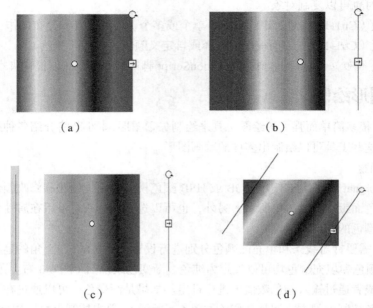

（a）　　　　　　　　　　　　　（b）

（c）　　　　　　　　　　　　　（d）

图 6-5　线性渐变的变形控制点

径向渐变的控制点有 4 个，与线性渐变不同的是，中心处的控制点对应的是颜色面板中渐变色条最左边的颜色，右边环形箭头控制点与线性渐变相同，其他两个控制点的效果如图 6-6（b）和图 6-6（c）所示。

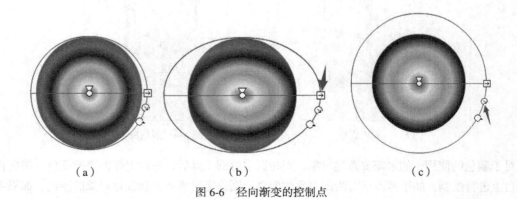

（a）　　　　　　　　　　（b）　　　　　　　　　　（c）

图 6-6　径向渐变的控制点

除了纯色和渐变色的选择外，也可以选择使用位图作为笔触颜色和填充颜色，同时也可使用渐变变形工具对其进行处理，具体操作读者可自行尝试。

动画制作过程中，还可以在元件实例的属性面板中调整对象的亮度、色调、Alpha（透明度）等显示效果。在图 6-3 所示的颜色面板中也可以调整 "A" 值来改变透明度的百分比。

2．图形的绘制

Flash 中用于绘制图形的工具主要有线条、铅笔、钢笔、矩形、椭圆、多角星形、颜料桶、墨水瓶、滴管、刷子、喷涂刷、橡皮擦、Deco 等工具。

（1）线条工具

线条工具用于绘制不同角度的矢量直线，如果按住 Shift 键同时拖动鼠标，则可以绘制垂直、水平或 45 度的直线。在属性面板中可以设置线条颜色、宽度、样式和端点等参数。

（2）铅笔工具

铅笔工具可以绘制任意线条，按住 Shift 键可以绘制水平或垂直方向的线条。在工具面板的最下方的选项区中，可以设置"铅笔模式"为"伸直"、"平滑"、"墨水"，以便适当修复绘制线条时的不规整边缘。

（3）钢笔工具

钢笔工具可以创建和编辑路径。钢笔工具分为钢笔、添加锚点、删除锚点和转换锚点工具。

使用钢笔工具时，在舞台上单击确定起始锚点，再次单击确定第二个锚点，这时两个锚点间以直接相连；如果需要绘制曲线，在创建第二个锚点时按下鼠标左键并拖动，两点间为曲线。重复单击其他位置可创建更多锚点。如果需要结束非闭合曲线的绘制，可双击最后一个锚点或按住 Ctrl 键单击舞台任意位置；或者单击起始锚点，结束闭合曲线的绘制。

添加锚点、删除锚点工具可以添加、删除已有的锚点。转换锚点工具通过单击或拖动锚点转换直线和曲线。

（4）矩形、椭圆、多角星形工具

矩形工具和基本矩形工具用于绘制矩形图形，椭圆工具和基本椭圆工具用于绘制椭圆形图形，多角星形可以通过属性面板的设置绘制多边形和星形图形。绘制形状时按住 Shift 键可以绘制正方形、正圆形和标准的多边形、星形。这几个工具均可以通过属性面板对其进行颜色的设定。

矩形工具可以通过设置直角半径绘制圆角矩形，椭圆工具可以通过属性面板的角度设置绘制出不闭合的椭圆（仅有线条，无填充），如图 6-7 和图 6-8 所示。

基本矩形和基本椭圆工具绘制出的图形将作为单独的对象，即不可以单独选择图形的部分区域，仅可以通过属性面板改变其参数。

多角星形工具可通过属性面板"工具设置"中的"选项"按钮，打开"工具设置"对话框选择样式为多边形或星形，并设置边数和星形顶点大小，如图 6-9 所示。

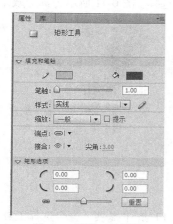

图 6-7　矩形工具属性

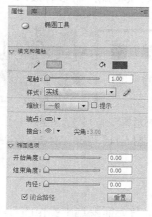

图 6-8　椭圆工具属性

图 6-9　多角星形工具属性

（5）颜料桶工具

颜料桶工具用于填充图形内部的颜色，可以使用纯色、渐变色或位图进行填充，在工具面板选项区可以选择不封闭区域进行颜色填充。

（6）墨水瓶工具

墨水瓶工具用于更改线条颜色或给填充添加边框。

（7）滴管工具

滴管工具可以吸取现有的线条或填充颜色并应用到其他图形上。如果吸取线条颜色，光标自动变为墨水瓶工具；如果吸取填充颜色，光标自动变为颜料桶工具。

（8）刷子工具

刷子工具用于绘制各种矢量色块，工具面板选项区可以设置刷子模式和刷头大小形状，如图 6-10 所示。

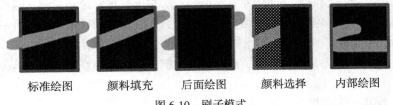

标准绘图　　　颜料填充　　　后面绘图　　　颜料选择　　　内部绘图

图 6-10　刷子模式

（9）喷涂刷工具

喷涂刷工具类似于喷枪效果，绘制出来的图形具有随机分布的特性。

（10）橡皮擦工具

橡皮擦工具可以快速擦除舞台上的任何矢量对象。工具面板选项区中显示"橡皮擦模式"、"水龙头"、"橡皮擦形状"。"橡皮擦模式"包括"标准擦除"、"擦除填色"、"擦除线条"、"擦除所选填充"、"内部擦除" 5 种模式。"水龙头"按钮可以快速擦除连接线条或同色填充块。"橡皮擦形状"可选择橡皮擦的擦头形状和大小。

（11）Deco 工具

Deco 工具是装饰性绘画工具，可以将创建的图形形状设定为绘制用的几何图案。在属性面板"绘制效果"中，有"蔓藤式填充"、"网格填充"、"3D 刷子"、"对称刷子"、"建筑物刷子"、"装饰性刷子"、"花刷子"、"火焰动画"、"烟动画"等多种效果可供选择。图 6-11 所示为部分效果图。

蔓藤式填充　　　网格填充　　　花刷子　　　树刷子

图 6-11　Deco 工具绘制效果

3. 图形的变形

（1）选择图形

要对已有的图形进行变形处理，首先需要选中操作的对象。Flash 中提供了三个选择工具：选择工具、部分选取工具、套索工具。

选择工具用于选择或修改舞台上的对象，可以用鼠标框选或单击的方式选择所需要的形状，按住 Shift 键可以选择多个对象。

部分选取工具用于选择线条、移动线条和编辑节点以及节点方向等。用部分选取工具选中对象后，其轮廓线上将出现多个控制点，可以通过调整控制点的方式改变对象的形状。

套索工具用于选择图形中不规则区域或相同颜色的区域。选中套索工具后，工具面板的选项区显示"魔术棒"、"魔术棒设置"、"多边形模式"三个按钮，"魔术棒"可以选中与鼠标单击位置相似颜色的区域，"魔术棒设置"调整魔术棒选中的颜色的阈值，"多边形模式"可以用鼠标绘制并选中一个闭合的区域。

如果需要选择舞台上所有对象，则可以通过单击时间轴上对应帧或快捷键 Ctrl+A 来实现。

（2）图形变形

图形的简单变形可以使用选择工具完成。具体方法是：将光标移动到要调整的图形轮廓线附近，当光标显示半弧形状时，拖动调整图形形状。如果要调整端点，则将光标移动到端点位置，当光标显示直角形状时，拖动调整端点，如图 6-12 所示。

如果需要对图形进行更复杂的变形，则可以使用任意变形工具或"修改→变形"子菜单。根据选择对象的类型，可以使对象变形、旋转、倾斜、缩放或扭曲，如图 6-13 所示。

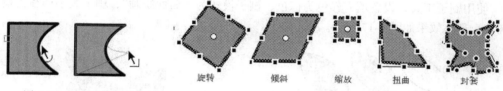

图 6-12　调整图形　　　　　　图 6-13　任意变形工具

4. 添加滤镜效果

滤镜是一种应用到对象上的图形效果。Flash 允许对文本、影片剪辑实例或按钮实例添加滤镜效果，使动画表现更加丰富。

滤镜在属性面板中添加和编辑。选中要添加滤镜的对象后，打开属性面板，单击展开"滤镜"选项卡，在选项卡下方单击"添加滤镜"选择需要添加的滤镜，如图 6-14 所示。添加滤镜后，在"滤镜"选项卡中修改滤镜属性。"添加滤镜"按钮可为对象添加多个滤镜。

滤镜效果包括投影、模糊、发光、斜角、渐变发光、渐变斜角、调整颜色 7 种，重复添加多种滤镜可以得到不同的效果。

5. 添加 3D 效果

使用工具面板中的 3D 变形工具可以给影片剪辑实例添加 3D 透视效果。Flash 通过在实例的属性中包含 z 轴来表示 3D 空间。3D 变形工具包括 3D 平移和 3D 旋转工具。

选中 3D 平移工具后，实例显示 x、y、z 轴（实例中心黑点），拖动 x、y 轴在水平和垂直方向移动实例，拖动 z 轴则可在 z 轴上移动对象，如图 6-15 左图所示。

使用 3D 旋转工具，可以在 3D 空间移动实例，使实例能显示某一立体方向角度。旋转方向绕 z 轴旋转，如图 6-15 右图所示。

图 6-14　滤镜

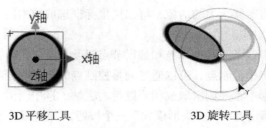

　　3D 平移工具　　　　　　　　　　3D 旋转工具

图 6-15　3D 变形工具

【例 6-1】绘制树枝。

➤ 新建一个文件。

➤ 选择铅笔工具，设置笔触颜色为黑色，铅笔模式为"伸直"，绘制一片树叶。

➤ 选择颜料桶工具，设置填充颜色为绿色，空隙大小为"封闭大空隙"，填充树叶。

➤ 选择直线工具，确认选项区"贴紧到对象"按钮为按下状态，绘制叶脉，并用选择工具调整叶脉为曲线。

➤ 选中整片树叶，单击右键将树叶转换为图形元件，如图 6-16 所示。

➤ 打开库面板，从库面板中多次拖出树叶元件，并选择任意变形工具对每片树叶进行变形。

➤ 使用刷子工具，设置填充颜色为棕色，刷子模式为"后面绘画"，刷子大小调整为最大，绘制树枝。最终效果如图 6-17 所示。

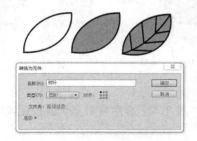

图 6-16　绘制树叶

图 6-17　绘制树枝

　　🧑 思维训练与能力拓展：将绘制好的树叶转换为元件后，可以多次重复使用。再配合使用任意变形工具和属性面板，可以快速方便地绘制出多片相似的树叶。如果需要采用类似的方法绘制一棵树，如何绘制呢？请实际操作试一试。

6.3.3　文本的创建与编辑

　　文本是 Flash 中主要的组成元素之一，可以帮助表述内容及美化动画。在 Flash CS6 中，除了传统文本外，新增了 TLF 文本模式，可以加强对 Flash 中文本的控制。

　　1. 传统文本

　　传统文本是 Flash 中的基础文本格式，在图文制作方面发挥着重要的作用。传统文本可分为静态文本、动态文本和输入文本三类。

　　（1）静态文本

　　默认状态下创建的文本对象均为静态文本，静态文本在影片播放过程中不会发生改变，因此常用来作为说明文字。

（2）动态文本

可以在影片播放过程中动态改变的文本对象为动态文本，可以使用脚本对其进行控制，比如计时器就需要使用动态文本实现。

（3）输入文本

在影片播放过程可以输入文字的文本对象为输入文本，可以用于用户与 Flash 动画的交互，如表单中的输入框。

2．TLF 文本

TLF（Text Layout Framework）文本相比于传统文本，加强了文字排版方面的功能。可以设置更多的字符样式、更多的段落样式、控制更多的亚洲字体属性，并可以对 TLF 文本应用 3D 旋转、色彩效果及混合模式等属性，同时支持文本容器的串接和双向文本（阿拉伯语或希伯来语）的使用。

TLF 文本同样提供三种选择："只读"、"可选"、"可编辑"。当作为 SWF 文件发布时，"只读"无法选中或编辑文字，"可选"可以选中文字并对文字进行复制，"可编辑"可以选中文字并编辑文字。

3．创建文本对象

要创建文本对象，可选择工具面板中的文本工具，并在属性面板中选择需要创建的文本类型，然后单击或拖动鼠标绘制出一个文本框，输入文字即可。改变文字方向可以在属性面板中直接修改。

在文本框创建后，文本框边框上会有一个（传统文本）或两个（TLF 文本）圆形或方形手柄，可以通过这个手柄切换可扩展的文本框（圆形）和固定高宽的文本框（方形）。

如果需要创建滚动的动态文本框或输入文本框，可以按住 Shift 键同时双击控制手柄或者在手柄上右击鼠标，执行"可滚动"命令。

4．设置文字属性

可以通过属性面板对文字的字体和段落属性进行设置，也可以设置消除文本锯齿及创建文字链接，对文本对象添加滤镜或更多效果设定。如图 6-18 和图 6-19 所示。

图 6-18　传统文本属性　　　　　图 6-19　TLF 文本属性

文字链接可以将文字链接到 URL，当影片播放时单击文字可以打开该 URL 所指向的文件、网页或电子邮件等。添加文字链接只需在图 6-18 所示的"选项"部分的"链接"框中填入相应的 URL 即可。文字链接仅可用于传统文本中的静态文字和动态文字。

5. TLF 文本框串接

TLF 文本可以使用多个文本框显示一段文字，即前一个文本框显示不下的内容可流动到下一个文本框中进行显示；可以串接多个文本框。

【例 6-2】制作一张可以输入文字的信纸。

➢ 新建一个文件，在"文档"属性面板中设置大小为 460×595 像素。

➢ 执行"文件→导入→导入到舞台"命令，将素材文件夹中的"信纸背景.jpg"图片文件导入到舞台上。

➢ 切换到选择工具，单击导入的图片，执行"窗口→对齐"命令，打开如图 6-20 所示的对齐面板，选中下方的"与舞台对齐"，再单击"对齐"中的"水平中齐"、"垂直中齐"（2、5 项），让图片在舞台上居中放置。

➢ 在时间轴面板中双击图层名，更改图层名为"背景"，并锁定图层。新建一个图层，更改图层名为"文字"。如图 6-21 所示。

图 6-20　对齐面板

图 6-21　图层锁定

下面的操作均在"文字"图层中进行。

➢ 选择文本工具，设置文本工具属性为"传统文本"-"静态文本"，设置"系列"为"华文琥珀"，"大小"为 40 点，"颜色"为"黑色"，在信纸的最上方输入文字"友情如歌"；切换到选择工具，选中文字，执行"修改→分离"命令（Ctrl+B）两次，将文字分离成形状（注：Flash 中文字不能直接设置为渐变色，所以需要将文字分离为形状）；选择颜料桶工具，设置填充颜色为任意线性渐变色，单击分离后的文字，将文字变为彩虹色，如果觉得颜色渐变效果不佳，可使用渐变变形工具调整。

➢ 再次选择文本工具，设置文本工具属性为"传统文本"-"静态文本"，设置"系列"为"华文行楷"，"大小"为 25 点，"颜色"为"黑色"，在信纸的开始处输入文字"老友:"。

➢ 再次选择文本工具，设置文本工具属性为"传统文本"-"输入文本"，设置"系列"为"宋体"，"大小"为 20 点，"颜色"为"黑色"，"段落"中"行为"为"多行"，在信纸空白处绘制一个文本区域。

➢ 再次选择文本工具，设置文本工具属性为"传统文本"-"静态文本"，设置"系列"为"幼圆"，"大小"为 15 点，"颜色"为"蓝色"，"选项"中"链接"填入"mailto:jszx@kmust.edu.cn"，在信纸的右下角输入文字"给我回信!"，文字出现下划线表示存在文字链接。如图 6-22 所示。

➢ 再次选择文本工具，设置文本工具属性为"TLF 文本"-"可选"，文字方向为"垂直"（单击图 6-19 中"TLF 文本"右下方的"改变文本方向"按钮可以设置文字方向），设置"系列"为"华文彩云"，"大小"为 20 点，"颜色"为"灰色"，在信纸右边输入"淡淡友情满衣袖 红尘红颜两相就"；调整文本框大小使之显示前一句诗词，单击文本框下方控制手柄，将鼠标移动到信纸左边，单击鼠标，此时出现新的文本框，前一个文本框未显示的内容自动流动到左边文本框中。

➢ 保存文件。最终效果如图 6-23 所示。

图 6-22 传统文字

图 6-23 TLF 文字

❓ **思维训练与能力拓展**：在文本属性中也可以添加滤镜效果，试试添加滤镜到文字上，看看效果如何。同时思考：TLF 文本属性中相比传统文本多出的部分有什么作用？传统文本和 TLF 文本各适用于哪些情况？

6.3.4 元件、实例与库

在动画制作过程中，经常需要重复使用一些特定的动画元素，如果将这些动画元素转换为元件，就可以从库面板中多次直接调用。

1. 元件

元件是存放在库中可以重复使用的图形、按钮或影片剪辑。元件可以在当前 Flash 文件中多次使用，也可以在其他 Flash 文件中多次使用，是 Flash 中最基本的元素。元件可以通过舞台上选定的对象转换而成，也可以新建一个空元件，在元件编辑模式下编辑制作。所有的元件存储在库面板中，可以通过库面板管理和调用。

每个元件都有一个唯一的时间轴、舞台及图层，创建方法与主动画类似。需要注意的是，元件编辑界面没有舞台范围，仅有一个"+"表示坐标原点。创建元件时，将弹出"创建新元件"对话框，以对元件类型等进行设置，如图 6-24 所示。

元件包括图形、按钮、影片剪辑三种类型，元件类型决定了元件的使用方法。

（1）图形元件

图形元件一般用于静态图像，也可以创建动画片段。图形元件的时间轴与主时间轴同步，交互式控件和声音在图形元件的动画序列中不起作用。图形元件存储尺寸小于按钮或影片剪辑。

（2）按钮元件

按钮元件可以创建响应鼠标单击、滑过或其他动作的交互式按钮。按钮的时间轴与普通时间轴不同，只有"弹起"、"指针经过"、"按下"和"点击"4 帧，分别对应按钮的 4 种状态。其中，"弹起"帧表示指针没有经过按钮时的按钮外观，"指针经过"帧表示指针经过按钮时的按钮外观，"按下"帧表示单击按钮时的按钮外观，"点击"帧表示按钮响应的鼠标单击的范围。"点击"帧在影片播放时不可见，如果"点击"帧没有内容，则默认以"弹起"帧作为按钮的响应范围。按钮元件必须配合 ActionScript 代码方可对动画进行控制，否则只能显示外观的变化。按钮元件的时间轴如图 6-25 所示。

图 6-24　创建元件

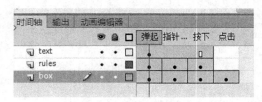

图 6-25　按钮元件

（3）影片剪辑元件

影片剪辑元件可以创建可重用的动画片段，拥有不受主时间轴控制的独立时间轴，可以包含交互式控件、声音或其他元件，是 Flash 动画中相当重要的元件类型。

除了上述三种元件外，Flash CS6 还有一种特殊的字体元件。Flash 中可使用的字体取决于操作系统所安装的字体，如果在不同的计算机上打开同一个文件，系统会将文件中本机未安装的字体替换为其他字体，这时动画的显示效果可能会受到一定影响。如果将文件中用到的不常用字体存储为字体元件，就可以保证在所有计算机上均可正确显示文本内容。字体元件使用"文本→字体嵌入"命令或库面板右上角的弹出菜单中"新建字型"命令创建。

2. 实例

实例是元件在舞台上的具体表现，创建实例的过程就是将元件从库面板中拖入到舞台中。一个元件可以在舞台上创建多个实例，但每个实例只能对应一个元件。

创建实例后，可以对实例进行大小、位置的修改，也可以修改实例的色彩效果，如亮度、色调、透明度等，还可以为实例添加滤镜。如果是影片剪辑实例，还可以修改 3D 坐标。实例的属性窗口如图 6-26 所示。

对某个实例的修改不会影响元件及其他由同一元件创建的实例，但是如果直接修改元件，将影响所有由该元件创建的实例。

在实例的属性面板中，也可以根据需要更改实例类型或交换对应元件。

使用元件可以显著减小文件的大小，保存一个元件的几个实例比保存该元件的多个副本占用的存储空间小，同时使用元件可以加快动画的播放速度，所以在编辑动画的时候应尽量多使用元件。

3. 库

库面板可以管理 Flash 文件中的所有资源，可以使用面板左下角的按钮创建项目或文件夹、删除项目，或者直接右击任一项目使用快捷菜单进行操作，如图 6-27 所示。

图 6-26　实例属性　　　　　　　　　　　图 6-27　库面板

4. 共享库资源

（1）外部库

如果需要使用另外一个 Flash 源文件（.fla 文件）中已有的项目，可以执行"文件→导入→打开外部库"命令，在打开的外部库面板中拖出需要的项目到舞台上，Flash 会自动将该项目复制到当前文件的库面板中。

（2）公用库

公用库是 Flash 中自带的外部库，执行"窗口→公用库"命令，选择需要的库类型，便可打开外部库面板，具体操作同外部库。

（3）共享库

使用共享库，可以将一个 Flash 文件的库中项目与其他文件共享。单击打开库面板右上角菜单，执行"运行时共享库 URL"命令，在打开的对话框中输入共享库所在影片的 URL 地址，即可设置为共享库。

【例 6-3】 闪烁的星星。

➢ 新建一个文件，单击舞台，设置舞台属性中的颜色为黑色。

➢ 执行"插入→新建元件"命令，在"创建新元件"对话框中设置名称"星形"，类型为"图形"。

➢ 在元件编辑环境中使用多角星形工具绘制一个黄色四角星形，星形顶点大小设为 0.1，打开对齐面板让四角星形相对于坐标原点"+"居中对齐，如图 6-28 所示。

➢ 新建一个影片剪辑元件，命名为"闪烁星形"，进入元件编辑环境，从库中将图形元件"星形"拖入图层 1 上，在时间轴面板中图层 1 的第 6 帧插入一个关键帧（F6），第 10 帧插入帧（F5）。单击第 6 帧舞台上实例，在属性面板中将实例的透明度（Alpha）调到 0，如图 6-29 所示。

图 6-28　星形元件　　　　　　　　　　　图 6-29　闪烁星形元件

➤ 在库中右击影片剪辑元件"闪烁星形"，执行快捷菜单中"直接复制"命令，在弹出对话框中将元件类型改为"图形"，得到图形元件"闪烁星形 副本"。

➤ 单击标题栏"场景 1"，返回主场景。从库里拖出"闪烁星形"、"闪烁星形 副本"元件放置到舞台上，使用文本工具"传统文本"-"静态文本"在两个实例下分别输入文字"影片剪辑元件"、"图形元件"，如图 6-30 所示。

➤ 执行"控制→测试影片→测试"命令（Ctrl+Enter）播放影片，可以看到左边影片剪辑

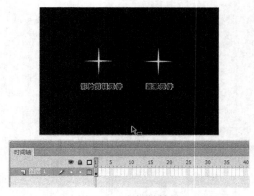

图 6-30　主场景效果

元件实例可以出现闪烁效果，右边图形元件实例显示静态效果。

思维训练与能力拓展：例 6-3 展现了影片剪辑元件与图形元件在主时间轴上不同的播放效果，请分析两者效果不同的原因。同时，元件编辑时可以使用其他元件，请试验如果图形元件中包含影片剪辑元件实例，或者影片剪辑元件中包含图形元件实例，会有什么不同的效果？尝试自行创建按钮元件。

6.3.5　图像、声音、视频的导入

Flash 支持导入外部图像、声音、视频文件作为素材使用，可以使动画更加丰富生动。

1. 导入图像

Flash 可以导入目前大部分主流的图像格式，如 JPG、BMP、GIF、PNG 等。

要导入图像，执行"文件→导入"子菜单中的"导入到舞台"或"导入到库"命令，前者可以将图像导入到库中并同时把图像放置到舞台上；后者只能导入到库中，使用时再从库中拖至舞台。

Flash 支持序列图像的导入，如果导入图像的名称以数字结尾，并且同一文件夹中还有其他同样文件名但结尾数字不同的图像文件时，如"某图 1"、"某图 2"、"某图 3"……，则系统会自动打开提示框，提示是否导入序列图像文件。

图像导入后，只能整体编辑；若需要部分编辑，则需将图像分离或将位图转换为矢量图。

如果导入 PSD 或 AI 等文件，则可选择将原文件中的图层转换为 Flash 中的图层。

2. 导入声音

Flash 中有两种声音类型：事件声音和音频流。事件声音必须完全下载后才能开始播放，如果没有明确的停止命令，声音将一直连续播放，一般用于按钮或动画中的声效。音频流在前几帧下载了足够的数据后就开始播放，需要与时间轴同步，以便在网站上播放，一般用于动画的背景音乐。

Flash 可以导入 MP3、WAV 等格式的声音文件，执行"文件→导入→导入到库"命令可将声音导入到库中。

将声音文件导入到文件后，在普通时间轴或按钮时间轴上选择需要开始播放声音的关键帧，在帧的属性面板中"声音"部分"名称"下拉列表中选择已导入的声音文件（如图 6-31 所示），则在时间轴上会出现声音的波形图，表示声音已经添加，如图 6-32 所示。

图 6-31　添加声音

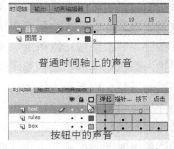

图 6-32　添加声音后的时间轴

添加声音后，可在帧属性中设置声音"效果"，包括左声道/右声道、向右淡出/向左淡出、淡入/淡出、自定义等，"同步"方式可设置为"事件"、"开始"、"停止"、"数据流"等。"同步"中"事件"、"开始"为事件声音，"数据流"为音频流。

3. 导入视频

Windows 平台上，如果系统安装了 QuickTime 6 或 DirectX 8(或更高版本)，则可以导入 MOV、AVI、MPG/MPEG 等多种格式的视频文件到 Flash 中。

导入视频可以执行"文件→导入→导入视频"命令，打开导入视频向导。根据向导提示可以快速导入视频文件。

> **思维训练与能力拓展**：请自行搜集或下载各种格式的图像、声音和视频，试验可以导入的文件格式。遇到无法导入的文件格式 Flash 将提示出错。上网搜索无法导入这些格式文件的原因，看看应该如何解决。

6.3.6　基本动画制作

Flash 最主要的功能是制作动画，动画是对象的尺寸、位置、颜色及形状随时间发生变化的过程。本小节主要介绍三种基本动画：逐帧动画、形状补间动画、动作补间动画。

1. 图层和帧

时间轴是 Flash 动画的控制台，所有关于动画的播放顺序、动作行为及控制命令等操作都在时间轴上编排。时间轴面板包含图层、帧和播放头。在动画播放时，播放头沿时间轴向后移动，而图层和帧中的内容随之发生变化。Flash 的时间轴窗口如图 6-33 所示。

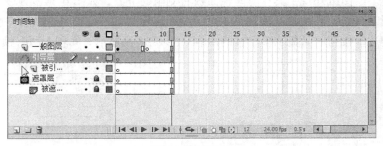

图 6-33　时间轴

（1）图层

图层位于时间轴面板的左侧。在 Flash 中，可以将一幅图拆分成若干图层，图层就像叠放到一起的若干透明纸，可以透过上层图层的无内容部分看到下层图层的内容。每个图层包含不同的对象和动画效果，最终动画效果为所有图层中动画同时播放的叠加效果。

图层共有 5 种：一般图层、遮罩层、被遮罩层、引导层、被引导层。

普通图层指一般状态下的图层；遮罩层指放置遮罩物来遮蔽被遮罩层内容的图层；被遮罩层遮蔽的图层叫被遮罩层；引导层中设置运动路径引导被引导层中对象按路径移动；被引导对象所在图层叫被引导层。可以设置遮罩层或引导层下的一到多个图层为被遮罩层或被引导层。

可以单击时间轴面板左下角"新建图层"按钮创建图层，也可以使用"插入→时间轴→图层"命令，删除图层单击时间轴面板左下角"删除"按钮；复制、重命名、更改图层类型等操作可以使用右键快捷菜单完成；直接拖动图层即可调整图层顺序。

如果图层数量过多时，建议创建图层文件夹进行分类管理。要创建图层文件夹，可单击时间轴面板最下方"新建文件夹"按钮，然后将图层直接拖入文件夹中即可。

图层列表上方的 👁 🔒 ▢ 按钮可以对单个图层进行隐藏、锁定、轮廓显示的设置。在隐藏和锁定状态下，该图层将不能进行操作。

（2）帧

帧是 Flash 中时间轴的基本单位，帧在时间轴上的顺序决定了动画的播放顺序。

帧分为 3 类：普通帧、关键帧和空白关键帧，不同的帧在时间轴上的作用也不同。

普通帧：在时间轴上显示为灰色或白色，一般用于对普通帧前面的关键帧的延续或补间动画中动画变化的过程。连续普通帧的最后一帧中有一个矩形框，表示延续的结束。普通帧不能进行编辑。在图 6-33 中，"一般图层"上第 2-6 帧和第 8-12 帧均为普通帧。

关键帧：在时间轴上显示为黑色实心圆点的帧，用于定义动画变化的关键状态。关键帧是用户需要自行编辑的帧。在图 6-33 中，"一般图层"上第 1 帧即为关键帧。

空白关键帧：在时间轴上显示为空心圆点的帧，空白关键帧上没有任何内容。一般情况下，如果在时间轴上添加一个关键帧，则会自动复制前一个关键帧上的内容；如果不想复制，则可以选择插入一个空白关键帧。在图 6-33 中，"引导层"上第 1 帧即为空白关键帧。

要插入、选择、删除、清除、复制、移动和翻转帧等，可以在时间轴上选中帧后右击打开快捷菜单进行操作。需要注意清除帧与删除帧的区别：清除帧指的是清除帧上的内容，并将帧转换为空白关键帧，被清除的帧仍然存在；而删除帧指的是删除选中帧，被删除的帧不再存在，后面的帧自动前移。

（3）绘图纸外观工具

一般情况下，舞台上只能显示时间轴上某一帧的内容，如果要显示多帧的内容，就需要使用绘图纸外观工具。绘图纸外观工具在时间轴面板右侧帧的下方，如图 6-34 所示。

绘图纸外观工具包括"绘图纸外观"、"绘图纸外观轮廓"、"编辑多个帧"、"修改标记"四个按钮，可以使用这些按钮同时显示多个帧的内容。图 6-35 为显示时间轴上所有帧的效果。

图 6-34　绘图纸外观工具

图 6-35　选择多个帧

2. 逐帧动画

逐帧动画，也称帧动画，是最常见的动画形式，与传统动画相同，需要在每一帧上绘制动画的分解动作，连续播放形成动画。逐帧动画对于初学者来说相对简单，但相对来说制作的工作量比较大，适合制作较为细腻的动画。

逐帧动画在时间轴上表现为连续出现的关键帧，一般创建逐帧动画的方法主要有下面几种：

① 把静态图像序列文件导入到舞台，将自动创建一段逐帧动画。

② 用鼠标或绘图笔等逐帧绘制。

③ 用文字作为帧中对象，实现文字特效。

④ 逐帧写入 ActionScript 脚本语句，完成元件变化。

需要说明的是，逐帧动画并不要求时间轴上只有关键帧，也可以根据实际需要在相邻关键帧中加入普通帧来延长关键帧的播放时间。

【例 6-4】创建一个文字的逐帧动画。

➢ 新建一个文件。

➢ 导入"素材"文件夹中的"文字背景.jpg"到舞台上。

➢ 单击导入的图片，在属性面板中将位图改为 550 像素×400 像素，使用对齐面板使图片相对于舞台居中。

➢ 将"图层 1"更名为"背景"，在第 25 帧插入普通帧延长动画，并锁定图层。

➢ 新建一个图层，更名为"文字"，在第 5 帧插入一个空白关键帧。

➢ 使用文字工具（静态文本），字体大小为 60，颜色为黄色，序列为"华文彩云"，单击选择"文字"图层第 5 帧，在舞台中央输入文字"欢迎光临"。

➢ 使用选择工具选中文字，对文字进行一次分离，适当调整文字间距离。

➢ 分别在"文字"图层第 10、15、20 帧插入关键帧，删除第 5 帧的后 3 字、第 10 帧的后 2 字、第 15 帧的最后 1 字。

➢ 按下 Ctrl+Enter 测试影片，保存文件。最终效果如图 6-36 所示。

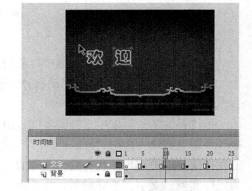

图 6-36　逐帧动画

3. 形状补间动画

形状补间动画通过在一个关键帧上绘制一个形状，并在另一个关键帧上修改该形状或重新绘制其他形状，由 Flash 计算出中间的变化并插入过渡帧，从而创建出动画的效果。

形状补间动画应至少包含有起始和结束两个关键帧，关键帧上的对象只可以是形状，如果是元件实例、文字或位图等对象，必须先将其分离为形状后才能创建形状补间动画。

在两个关键帧之间任一帧上右击鼠标，执行"创建补间形状"命令即可创建形状补间动画。之后，可以在属性面板中设置补间属性，如"缓动"或"混合"。"缓动"设置动画的变化速度，数值范围为-100～100，正数由快到慢，负数由慢到快，0 为匀速；"混合"选择"角形"表示形状变化中保留明显的角和直线，"分布式"则表示中间形状较为平滑和不规则。

此外，为了适当控制形状的变化，可以使用形状提示。形状提示标识起始形状和结束形状中对应的点，以达到控制形状变化的目的。形状提示放置在形状的边缘上，最多可以设置 26 个点（从

a 到 z），以逆时针顺序从形状的左上角开始放置可以得到最好的工作效果。选择动画起始帧，执行"修改→形状→添加形状提示"命令添加形状提示，分别在起始和结束帧上调整形状提示位置，使起始帧上形状提示为黄色，结束帧上为绿色即可。

【例 6-5】创建一个动画使五角星旋转变形为五边形。

➢ 新建一个文件。

➢ 在图层 1 上使用多角星形工具绘制一个五角星，在第 20 帧处插入一个空白关键帧（F7），并绘制一个五边形。

➢ 选择第 1 帧，右击鼠标选择"补间形状"，创建形状补间动画。

➢ 选择第 1 帧，多次执行"修改→形状→添加形状提示"命令，添加 5 个形状提示，分别拖动到五角星的顶点上。

➢ 选择第 20 帧，将形状提示分别拖动到五边形的顶点上，位置与第 1 帧的形状提示位置错开，达到变形过程中同时旋转的效果，如图 6-37 所示。

➢ 按下 Ctrl+Enter 测试影片，保存文件。

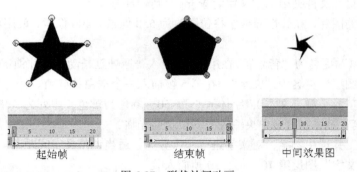

起始帧　　　　　　　结束帧　　　　　　中间效果图

图 6-37　形状补间动画

4. 动作补间动画

动作补间动画用于展示动画中对象的位置、大小、形状、色彩等属性的变化效果。

在 Flash CS6 中，动作补间动画分为传统补间动画和补间动画两种。

（1）传统补间动画

传统补间动画可以用于补间实例、组和类型的位置、大小、旋转和倾斜，以及表现颜色、渐变颜色切换或淡入淡出效果。

传统补间动画与形状补间动画相似，需要有起始帧和结束关键帧，不同之处在于其中的对象为元件实例、文字、组等对象，如果为形状，创建动画时将自动转换为图形元件。传统补间动画中若要改变组或文字的颜色，须将其转换为元件。

要创建传统补间动画，在起始帧和结束帧中间任一帧上右击鼠标，执行"创建传统补间"命令即可。

（2）补间动画

补间动画为 Flash CS4 版本后增加的新动画类型。可以通过鼠标拖动对象来创建补间动画，使动画创建变得更加简单快捷。

补间动画主要基于元件创建补间。时间轴上只设起始关键帧，将元件放置到起始关键帧上，在起始帧上右击鼠标，执行"创建补间动画"命令，便可创建补间动画。此时，时间轴上蓝色背景区间为补间范围。单击补间范围中的帧，可以直接对元件实例进行变形、位移、颜色变化等操作，或者右击帧执行"插入关键帧"命令中的补间动作类型,在属性面板中设置不同的属性值实现动画效果。

在补间范围中,对属性值进行修改后的帧称之为属性关键帧。与前面所说的关键帧不同的是,属性关键帧在时间轴上显示为菱形,是指在补间动画的特定时间或帧中定义的属性值。

此外,可以使用选择工具、部分选取工具、任意变形工具等对创建的运动路径进行调整。

与传统补间动画相比,补间动画可以对影片剪辑元件实例使用 3D 变换效果。

【例 6-6】旋转的五角星。

➤ 新建一个文件。

➤ 单击图层 1 的第 1 帧,在舞台左上位置使用五角星形工具绘制一个五角星,并将其转换为影片剪辑元件(右击鼠标执行"转换为元件"命令),元件命名为 star。

➤ 在图层 1 上第 20 帧插入关键帧,将第 20 帧上的五角星移动到舞台右上,并适当调整其颜色、大小,如图 6-38 所示。

➤ 在图层 1 的第 1 帧上右击选择"创建传统补间",并设置第 1 帧的属性面板中"补间"-"旋转"为顺时针×1,如图 6-38 所示。

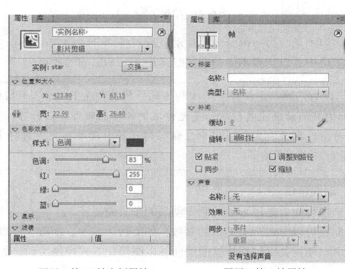

图层 1 第 20 帧实例属性   图层 1 第 1 帧属性

图 6-38 传统补间动画属性面板

➤ 新建图层 2,从库面板中拖动 star 元件放到图层 2 第 1 帧舞台左下部。

➤ 在图层 2 第 1 帧上右击执行"创建补间动画"命令,设置第 1 帧的属性面板中"补间"-"旋转"为顺时针×1。

➤ 分别选择图层 2 第 10 帧、第 20 帧,对元件实例进行移动变形,如图 6-39 所示。

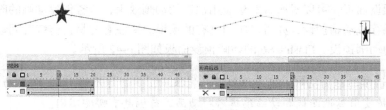

图 6-39 补间动画设置

➤ 按下 Ctrl+Enter 测试影片，图 6-40 为以绘图纸外观形式查看的动画效果，保存文件。

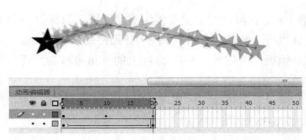

图 6-40　动画效果

动画中如果部分内容不动，另一部分内容运动，或者各部分运动方式不同，则应将不同的动画内容放置到不同的图层中，以达到不同动画同时运动并互不影响的效果。

❓ **思维训练与能力拓展**：形状补间动画和传统补间动画是 Flash 从早期版本一直使用的补间形式，而新增加的补间动画主要针对的是元件实例的动画制作，同时可以应用 3D 变换效果制作简单的 3D 动画。那么在实际应用中应该如何选择补间类型呢？选择的依据又是什么呢？请对这些问题进行思考和讨论。

5. 动画编辑器、动画预设

动画编辑器和动画预设面板是用来辅助制作动画的工具面板。

使用动画编辑器面板可以对每个关键帧的参数，如旋转、大小、缩放、位置、滤镜等进行完全、单独地控制，并可以使用关键帧编辑器借助曲线以图形化方式控制缓动，如图 6-41 所示。

图 6-41　动画编辑器

使用动画预设面板，可以对所有对象应用预设的动画效果，节省创建动画的时间。可以将做好的补间动画保存成动画预设，亦可以应用已有的预设。要注意的是，传统补间动画或形状补间动画无法保存为动画预设。Flash CS6 的动画预设面板如图 6-42 所示。

❓ **思维训练与能力拓展**：动画编辑器功能很多，重新打开例 6.6，利用动画编辑器来调整动画，并分析使用属性面板和动画编辑器对动画进行调整有哪些不同。

图 6-42　动画预设

6.3.7　高级动画制作

掌握了基本动画制作后，如果同时运用图层中的引导层、遮罩层，则可以制作出更多的动画效果。另外，Flash CS6 中提供了骨骼工具，可以用于快速创建人物运动动画。

1. 引导动画

引导动画在引导层中添加运动路径，被引导层中的对象将沿引导层中的路径运动。引导层可以导入图形和元件，但在发布动画时引导层中的所有对象都不会显示。

根据引导层所起作用的不同，可将引导层分为普通引导层和传统运动引导层两种。

（1）普通引导层

普通引导层在时间轴上显示为 ✎，该图层主要用于辅助静态对象定位，没有与之相对应的被引导层。

要创建普通引导层，只需在普通图层上右击鼠标执行"引导层"命令，再次执行"引导层"命令，即可将引导层转换为普通图层。

（2）传统运动引导层

传统运动引导层在时间轴上显示为 ⌇，该图层主要用于绘制运动路径。与之对应的被引导层位于引导层下方，一个传统运动引导层可以链接多个被引导层。

在普通图层上右击鼠标执行"添加传统运动引导层"命令，即可在该图层上方新建一个传统运动引导层。相应的，该普通图层则转换为被引导层。在引导层上右击执行"引导层"命令，则可以将传统运动引导层转换为普通图层。

被引导层中只能创建传统补间动画，补间动画和补间形状无法实现引导效果。

【例 6-7】弹跳的小球。

➢ 新建一个文件。

➢ 新建一个图形元件 ball，使用椭圆工具绘制一个圆，填充渐变色如图 6-43 所示。

➢ 返回主场景，从库面板中拖动元件 ball 放置到图层 1 中。

➢ 在图层 1 第 30 帧处插入关键帧，延长动画。

➢ 右击图层 1，执行"添加传统运动引导层"命令，新建引导层。

➢ 在引导层中使用铅笔工具绘制如图 6-43 所示的曲线。

➢ 将图层 1 第 1 帧中的小球拖动到曲线左侧，第 30 帧中的小球拖动到曲线右侧。注意，小球中心圆点要保证放置到曲线上，可以按下工具面板下方 🔲（贴紧至对象）按钮快速对齐。

➢ 右击图层 1 第 1 帧，执行"创建传统补间"命令，创建动作补间动画。

➢ 按下 Ctrl+Enter 测试影片，保存文件。

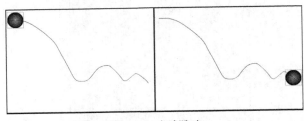

图 6-43　小球跳动

> **❓　思维训练与能力拓展：** 传统运动引导层上的路径一般为直线或曲线，如果换为填充会如何？换成文字又会是什么效果？如果在引导层上添加动画效果，又会出现什么情况？

2. 遮罩动画

遮罩层的作用是可以通过遮罩层中的图形看到被遮罩层中的部分内容。利用这个原理，可以制作出多种复杂的动画效果。

遮罩层与引导层一样，在最终发布的动画中无法显示上面的对象，因此是作为辅助层来使用的。遮罩层中的填充形状、文字对象、元件实例等实心对象被视为一个透明的区域，透过这个区域可以看到下面被遮罩层上的内容。遮罩层上不能使用线条作为实心对象。

遮罩层由普通图层转换而来，右击需要转换的图层，执行"遮罩层"命令，将图层转换为遮罩层，遮罩层在图层面板中显示为 ▨。此时下方的图层将自动转换为被遮罩层，图层名前显示为 ▨。一个遮罩层可以同时遮罩多个图层，如果需要将下方的其他图层转换为被遮罩层，可以右击图层，执行"属性"命令，在属性对话框中设置"类型"为"被遮罩"。注意遮罩层与被遮罩层必须是紧邻的图层。

【例 6-8】 展开的画卷。

➢ 新建一个文件，设置文档像素为 500×250，帧频为 10fps。

➢ 执行"文件→导入→导入到库"命令，导入"国画.jpg"、"背景.png"到库面板中。

➢ 将图层 1 更名为"背景"，新建图层命名为"国画"。将两个图层时间轴均延长到 60 帧。

➢ 从库面板中将"背景.png"拖到"背景"图层中，调整图像大小为 500 像素×250 像素；将"国画.jpg"拖到"国画"图层中，调整图像大小为 480 像素×210 像素。使用对齐面板将两个图像相对于舞台居中对齐，并锁定两个图层。

➢ 新建图层命名为"遮罩"，右击图层执行"遮罩层"命令将图层转换为遮罩层。

➢ 解锁遮罩层，在第 1 帧上绘制一个无边框矩形，在属性面板中设置矩形 x、y 坐标为 10、20，宽×高为 20×210，将矩形对齐"国画.jpq"的左边缘。在第 60 帧插入关键帧，将矩形宽×高改为 480×210。右击第 1 帧，执行"创建补间形状"，创建形状补间动画。如图 6-44 所示。

➢ 新建图形元件"卷轴"，进入元件编辑环境。在颜色面板中选择"线性渐变"，渐变色的设置如图 6-45 所示。使用矩形工具在图层 1 中绘制一个 15 像素×230 像素的渐变矩形；新建图层 2

并绘制一个 20 像素×210 像素的渐变矩形。分别用对齐面板使两个矩形居中对齐。

图 6-44　遮罩层

➤ 返回主场景，新建图层"卷轴"，将"卷轴"元件拖入舞台中，在元件实例属性面板中设置 x、y 坐标为 20、125。在第 60 帧插入关键帧，将坐标改为 480、125。右键单击第 1 帧，执行"创建传统补间"命令创建动作补间动画。

➤ 按下 Ctrl+Enter 测试影片，保存文件。最终效果如图 6-46 所示。

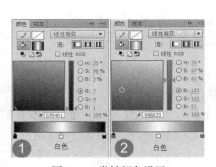

图 6-45　卷轴颜色设置

图 6-46　卷轴动画

思维训练与能力拓展：遮罩层一般选用填充形状来作为遮罩区域。那么如果没有填充，只有非常粗的线条能达到遮罩效果吗？如果是宽度很小的矩形填充呢？如果遮罩层上只有文字呢？使用不同的文字类型会出现不同的效果吗？使用修改菜单中的"形状→将线条转换为填充"可以使线条变换为填充，试试这个命令的效果。

---

3. 骨骼动画

骨骼动画又称反向运动动画，是使用骨骼对对象进行动画处理的方式，这些骨骼按父子关系链接成线性或枝状的骨架。当一个骨骼移动时，与其连接的骨骼也发生相应的移动。

使用骨骼进行动画处理，只需在时间轴上指定骨骼的开始和结束点，Flash 会自动在中间帧上对骨架中的骨骼位置进行处理。

骨骼动画可以通过两种方式来实现。

① 在形状中添加骨架。选中所有形状，添加第 1 个骨骼后，Flash 会将所有形状自动转换为骨骼形状对象，并将形状与骨骼移动到新的骨架图层。形状转换为骨骼形状后，无法再与其他形状合并。

② 将元件实例用骨骼连接起来，每个实例拥有一个骨骼。元件可以选用图形、影片剪辑、按钮元件。选择骨骼工具，单击要成为骨架的元件头部或根部，然后拖动到另一个元件实例，将两

个元件链接在一起。Flash 会将元件实例与骨骼移动到新的骨架图层中。

编辑骨骼可以使用部分选取工具。

【例 6-9】绘制简单形状并添加骨骼动画。

➤ 新建一个文件。

➤ 使用绘图工具，绘制如图 6-47 所示的人物形状。

➤ 按下 Ctrl+A 选中所有形状，使用骨骼工具绘制骨骼。Flash 自动新建骨架图层，如图 6-48 所示。

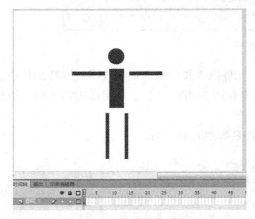

图 6-47　简单人物形状

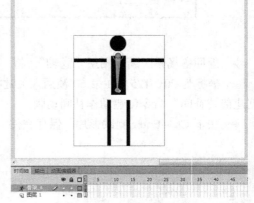

图 6-48　第一根骨骼

➤ 从第一个骨骼尾部拖动到其他形状上，添加更多骨骼。如图 6-49 所示。

➤ 在骨架图层第 60 帧插入帧，在第 30 帧、第 60 帧右击执行"插入姿势"命令，调整骨骼的姿势。如图 6-50 所示。

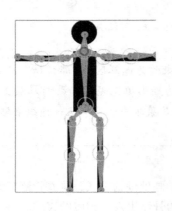

图 6-49　根据关节绘制更多骨骼

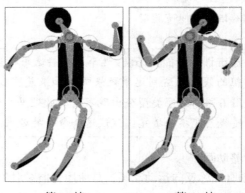

第 30 帧　　　　　　第 60 帧

图 6-50　调整姿势

➤ 按下 Ctrl+Enter 测试影片，保存文件。

> **思维训练与能力拓展：** 如果将骨骼动画中形状换成影片剪辑元件实例，会有什么样的效果呢？要如何制作骨骼动画呢？请实际操作试一试。

4. 多场景动画

Flash 中每个场景具有独立的主时间轴，默认为单场景动画（场景 1）。

一般在动画风格转换时可使用多个场景，或者主时间轴很长的时候可将场景进行拆分，达到对动画更好地控制和管理。

创建场景可使用"插入→场景"菜单命令或者使用场景面板来进行新建和管理。多场景按照场景面板中的顺序进行连续播放。

6.3.8　交互式动画制作

Flash 中使用 ActionScript（简称 AS）脚本语言编写代码，用于实现动画的交互操作、更多的动画效果或者与其他程序进行交流。

在 Flash CS6 中兼容 ActionScript 2.0 和 3.0 版本，本书主要介绍 3.0 版本。

1. 动作面板

AS 3.0 版本只允许在关键帧上编写脚本语言。选中需要添加脚本语言的关键帧，右键单击鼠标执行"动作"命令打开动作面板，如图 6-51 所示。

图 6-51　动作面板

动作面板右部的脚本语言编辑区用于输入脚本语言；左上角的动作工具箱包含了 Flash 中提供的所有 AS 动作命令和相关语法，在列表中选择所需命令、语法等，双击可以将其添加到编辑区中；编辑区上方为工具栏，包含有"将新项目添加到脚本中"、"查找"、"插入目标路径"、"语法检查"、"自动套用格式"、"显示代码提示"、"调试选项"、"脚本助手"、"折叠成对大括号"、"折叠所选"和"展开全部"等按钮；面板左下为对象窗口，显示当前脚本语言所在位置，同时显示所有添加过脚本语言的帧。

在关键帧上添加脚本语言后，时间轴上对应位置显示"a"表示该帧上有脚本语言存在。

也可以选择新建一个 ActionScript 文件，在脚本窗口中编写外部脚本文件。外部脚本文件（扩展名为 as）可以被多个动画使用。

2. 基本语法

AS 语法主要包括语法和标点规则，AS 中除了关键字，不严格区分大小写。

（1）点语法

点（.）通常用于指向一个对象的属性或方法，或者指向对象、变量、函数等的目标路径。点语法以对象或影片剪辑的名称开始，跟着一个点，最后以要指定的元素结束。

例如影片剪辑实例名称为 mc1，则其坐标轴的 Y 坐标可以表示为 mc1._y。

（2）语言标点符号

主要包括大括号、小括号和分号。

大括号用于分割代码块。可以把一对大括号中的代码看作一个语句。

小括号用于放置定义和调用函数时的参数，如果小括号里为空，则表示没有参数传递。

分号表示语句结束。

（3）注释

注释语句不执行任何操作，无须考虑语法，只用于对脚本添加说明。适当添加注释有助于增加脚本的可读性。

某一行中加入"//"表示当前行该符号后面为注释语句；多行注释则用"/*"和"*/"包含注释语句。

（4）关键字

关键字是有特殊含义的保留字，用户可以使用关键字完成特定动作。同时用户不能使用关键字定义变量、函数、标签等。例如，var 为声明本地变量的关键字，则不能自定义变量名为 var。

（5）常量

常量是指在 AS 脚本中不会改变值的量。例如，Key.ENTER 表示键盘上的回车键。很多时候常量用于数值间的比较。

（6）语句

同其他语言类似，AS 也具有条件语句 if、if...else...，循环语句 while、do...while、for，可以使用这些语句进行语句块的控制。其中，Continue、Break、Return 语句为条件终止语句。

3. 数据类型

AS 3.0 中数据类型分为基元数据类型和复杂数据类型。基元数据类型包括 Boolean、int、Null、Number、String、uint 和 void，复杂数据类型有 Object、Array、Date、Error、Function、RegExp、XML 和 XMLList。

4. 变量

变量是用户定义的在动画播放过程中值可以改变的量。变量可以用于存储任何类型的数据，也可以定义为对象或空类型。

例如：

```
var a:int = 3;      //定义一个 int 型变量 a，变量值为 3。
var x:*;            //定义 x 为 void（无类型）变量。
```

5. 对象

Flash 中访问的每一个目标都可以称之为对象，如元件实例。每个对象都具有 3 个特征：属性、方法和事件。

（1）属性

属性是对象的基本特性，如位置、大小、透明度等。可以通过点语法对属性进行设置，如 mc1.scaleX=3，表示将影片剪辑元件实例 mc1 的水平缩放比例改为原始宽度的 3 倍。

（2）方法

方法是指可以由对象指向的操作。如对影片剪辑元件实例 mc1 进行播放控制，则可以使用语句：

```
mc1.play();　//mc1 开始播放
mc1.stop();　//mc1 停止播放
```

如果对代码所在时间轴进行控制，则可以使用 this 指代或直接省略，如：

```
this.stop();
stop();
```

均表示停止播放当前动画。

常见的播放控制方法包括：

play()：从时间轴当前位置开始播放。

stop()：停止播放影片。

gotoAndPlay()：跳转到某个帧，继续播放。

gotoAndStop()：跳转到某个帧，停止播放。

nextFrame()：跳转到下一帧，停止播放。

prevFrame()：跳转到上一帧，停止播放。

（3）事件

事件指某一时刻发生的 AS 可以识别的事情，如鼠标单击事件、键盘按键事件等。

对于事件的响应需要编写事件处理代码来执行事件发生后的操作。

如对按钮元件实例 a 的鼠标单击事件，可以在帧上编写如下的代码实现对动画的暂停：

```
a.addEventListener(MouseEvent.CLICK,af);
// 侦听按钮 a 的 CLICK 事件（即单击事件），当鼠标单击时触发事件，调用 af 函数
function af(event:MouseEvent)//定义 af 函数用于处理鼠标事件
{
    stop();//停止播放
}
```

【例 6-10】编写代码控制动画的播放和停止。

➢ 新建一个文件。

➢ 新建图形元件 ball，使用椭圆工具绘制一个蓝色小球。

➢ 新建按钮元件 button，使用矩形工具绘制一个灰色矩形。

➢ 返回主场景，从库面板中拖出元件 ball 放置到主场景的舞台上。

➢ 在图层 1 的第 30 帧插入关键帧，右击图层 1 执行"添加传统运动引导层"命令添加引导层。

➢ 在引导层上绘制一个圆形路径，并用橡皮擦工具将圆擦除一个缺口。将图层 1 第 1 帧上小球中心对齐图 6-52 所示的起点位置，第 30 帧上小球中心对齐终点位置。

➢ 在引导层上新建图层，命名为"按钮"，将库面板中的"button"按钮元件拖出放到舞台右下角，使用文本工具在按钮上添加静态文本"控制"。

➢ 单击按钮元件实例，在实例属性面板中输入实例名称"bn"。

➢ 新建图层命名"AS"，在第 1 帧上右击执行"动作"命令，打开动作面板。在动作面板中输入如图 6-53 所示的代码，单击按钮可以实现对动画的暂停、播放控制。

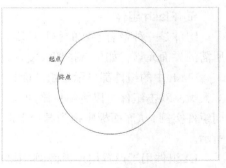

图 6-52　圆形路径

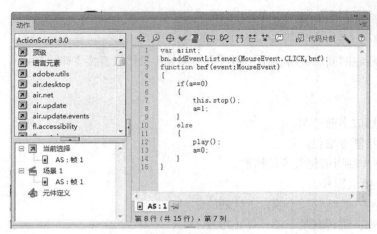

图 6-53　按钮控制代码

➤ 按下 Ctrl+Enter 测试影片，保存文件，效果如图 6-54 所示。

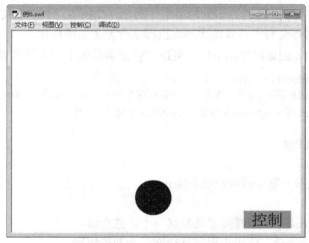

图 6-54　动画效果

> 🤔 **思维训练与能力拓展**：对于 AS 3.0 的进一步了解，可以登录 adobe 公司的官方网站查看帮助与支持（http://helpx.adobe.com/cn/flash.html），或者下载官方 pdf 教程进行学习。

6. Flash 组件

组件是一种带有参数的影片剪辑，可以帮助用户在不编写 AS 的情况下，方便而快速地添加所需的界面元素，如单选按钮、复选框等控件。

Flash 中的组件都显示在组件面板中（见图 6-55），包括 Flex 组件、UI 组件和视频 Video 组件 3 大类。双击组件可以将组件添加到舞台上，同时组件被复制到库面板中。如果需要添加多个相同组件实例，从库面板中拖到舞台上即可。可以在属性面板中对组件实例设置组件参数，如图 6-56 所示。

UI 组件用于设置用户界面，常用的 UI 组件有：Button（按钮）、CheckBox（复选框）、RadioButton（单选按钮）、ComboBox（下拉列表）、TextArea（文本区域）等。

图 6-55 组件面板

图 6-56 组件参数设置

6.3.9 影片的测试与发布

制作完动画影片后，可以根据使用的实际需求，对影片进行处理，发布为不同格式的文件，以保证影片与其他程序的兼容。

1. 测试影片

在影片发布前一般需要对影片进行测试，测试影片可以直接按回车键在时间轴上进行播放，也可以使用"控制→测试影片"或"控制→测试场景"菜单命令进行测试。

2. 发布影片

Flash 中制作的动画为 fla 格式，需要执行"文件→发布"命令将动画发布为 swf 文件或其他格式的文件。具体发布格式可以执行"文件→发布设置"命令，打开"发布设置"对话框进行设置，如图 6-57 所示。可以发布的格式有 swf、html、gif、jpg、png 等多种文件格式。默认发布文件名与 fla 源文件名相同。

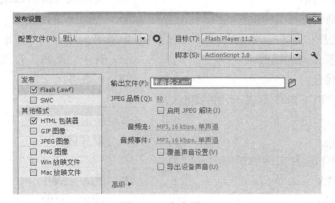

图 6-57 发布设置

本章小结

本章介绍了动画的基本原理和设计方法，重点介绍了 Flash 动画的设计与制作方法。基本内容如下所述。

1. 动画的基本原理是视觉残留原理，通过该原理可以将静态的图像变为动态的影像。所谓视觉残留，是指人眼在观察景物时，光信号传入大脑神经，可保留大约 1/24 秒的时间。这样，当多幅图像以快于 1/24 秒的速度播放时，人眼将认为这些图像是连续的。

2. 设计一个完整的动画，需要经过规划、设计、绘制、后期制作等多个阶段。

3. Flash 中使用工具面板绘制的图形为矢量图，在 Flash 中称之为形状，它是制作各种动画的基础。使用绘图工具时应注意配合使用属性、颜色、对齐等面板。

4. 将动画中的元素转换为元件可以使最终影片文件变得更小，有助于动画在网络上播放。同时元件可以通过共享库由多个文件共享，使得动画的制作更加简单。

5. Flash 中基本动画类型包括逐帧动画、形状补间动画、动作补间动画，这几种动画经常同时使用。它们配合引导层、遮罩层的使用，可以实现丰富的动画效果。ActionScript 脚本语言能实现动画的交互，也可以编写代码实现各种动画效果。

快速检测

1. 要把对象完全居中于整个舞台，应采用的面板是_____。
   A. 库面板
   B. 属性面板
   C. 对齐面板
   D. 动作面板

2. 元件与导入到动画中的图形文件，一般存储在_____上。
   A. 对齐面板
   B. 属性面板
   C. 滤镜面板
   D. 库面板

3. Flash 是一款_____软件。
   A. 文字编辑排版
   B. 交互式矢量动画编辑软件
   C. 三维动画创作
   D. 平面图像处理

4. Flash 作品之所以能在 Internet 上广为流传是因为采用了_____技术。
   A. 矢量图形和流式播放
   B. 音乐、动画、音效、交互
   C. 多图层混合
   D. 多任务

5. 在 Flash 中，以下选项不属于元件类型的是_____。
   A. 图像
   B. 图形
   C. 按钮
   D. 影片剪辑

6. Flash 源文件和影片文件的扩展名分别为_____。
   A. FLA、FLV
   B. FLA、SWF
   C. FLV、SWF
   D. DOC、GIF

7. 以下关于使用元件的优点的叙述中，不正确的是_____。
   A. 使用元件可以使电影的编辑更加简单化
   B. 使用元件可以使发布文件的大小显著地缩减
   C. 使用元件可以使电影的播放速度加快
   D. 使用元件可以使动画更加漂亮

8. Flash 测试影片的快捷键是_____。

    A．Ctrl+Shift   B．Ctrl+Enter

    C．Ctrl+Alt   D．Ctrl+Shift+Del

9. 下面关于创建逐帧动画的说法中，正确的是_____。

    A．不需要将每一帧都定义为关键帧

    B．在初始状态下，每一个关键帧都应该包含和前一关键帧相同的内容

    C．逐帧动画一般不应用于复杂的动画制作

    D．以上说法都错误

10. 时间轴的两个基本元素是_____。

    A．文本、图形   B．图层、帧

    C．场景、面板   D．笔触、填充

第7章
多媒体视频技术

视觉是人类感知外部世界的重要途径。在多媒体技术中，视频技术是把人们带到近于真实世界的最强有力的工具。视频信息的获取及处理技术，是多媒体应用的核心技术。本章首先介绍数字视频基础知识，然后介绍视频的获取与处理，最后通过一系列实例介绍视频编辑处理软件Premiere 的使用。

7.1 数字视频基础

视频是各种媒体中携带信息最丰富、表现力最强的一种媒体。当今的计算机不仅可以播放视频，而且还可以精确地编辑和处理视频信息。计算机是如何表示和处理视频信息的？视频数字化指的是什么？常用的视频文件格式有哪些？本节将进行详细阐述。

7.1.1 视频基础知识

正如 6.1 节所述，人的眼睛有一种视觉暂留的生理现象，即人们观察的物体消失后，物体影像会在眼睛的视网膜上保留一段非常短暂的时间（0.1～0.4s）。利用这一现象，将一系列有相关性的图像以足够快的速度播放，人眼就会感觉画面变成了连续活动的场景。所谓有相关性的图像，是指画面中物体有位置移动或形状改变等变化，如图 7-1 所示。

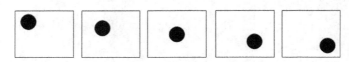

图 7-1　一组有相关性的图像

视频（Video）泛指将一系列的静态图像以电信号方式加以捕捉、记录、处理、存储、传送与重现的各种技术。根据视觉暂留原理，当一组图像以一定速度在人的眼前播放，人眼无法辨别单幅的静态画面，感受到的是平滑、连续的视觉效果，这样连续的画面就叫作视频，有时也称其为活动图像或运动图像。视频中的一幅幅单独的图像称为帧（Frame），每秒钟连续播放的帧数称为帧率，帧率通常设置为 24 帧/秒、25 帧/秒和 30 帧/秒，这样的视频图像看起来才能达到顺畅和连续的效果。

视频按照处理方式的不同，分为模拟视频和数字视频。模拟视频是一种用于传输图像和声音且随时间连续变化的电信号。早期视频的获取、存储和传输都采用模拟方式，人们在电视上所见到的视频图像就是以模拟电信号的形式记录下来的。通用的模拟视频标准（或称制式）有 3 种：NTSC 标准、PAL 标准和 SECAM 标准。下面对其进行简要介绍。

1. NTSC 标准

NTSC 是 1952 年美国国家电视标准委员会（National Television Standard Committee）制定的一项标准。其基本内容为：视频信号的帧由 525 条水平扫描线构成，水平扫描线每隔 1/30 秒在显像管表面刷新一次，即帧率为 30 帧/秒，画面宽高比为 4∶3，采用隔行扫描方式，场扫描频率是 60Hz，颜色模型为 YIQ。美国、加拿大、墨西哥、日本、韩国、菲律宾等国家以及我国台湾地区均采用这种标准。

2. PAL 标准

PAL 标准是 1962 年原联邦德国基于 NTSC 标准研制出来的一种改进方案。PAL 是英文 Phase Alteration Line 的缩写，译为"逐行相位交换"。其基本内容为：视频信号的帧由 625 条水平扫描线构成，水平扫描线每隔 1/25 秒在显像管表面刷新一次，即帧率为 25 帧/秒，画面宽高比是 4∶3，采用隔行扫描方式，场扫描频率是 50Hz，颜色模型为 YUV。德国、英国、澳大利亚、南非和南美洲的一些国家以及我国大陆、我国香港等地区均采用这种标准。

3. SECAM 标准

该标准于 1966 年由法国研制成功。SECAM 是法文 Séquentiel couleuràmémoire 的缩写，译为"按顺序传送彩色与存储"。这种标准与 PAL 标准类似，其差别是 SECAM 中的色度信号频率调制。法国、东欧和中东一带国家及地区采用这种标准。

模拟视频具有以下特点：

① 以连续的模拟电信号形式来记录信息；

② 用隔行扫描方式在输出设备（如电视机）上还原图像；

③ 用模拟设备编辑处理；

④ 用模拟调幅手段在空间传播；

⑤ 使用模拟录像机将视频作为模拟信号存放在磁带上。

由于模拟视频的图像随时间和频道的衰减较大，不便于分类、检索和编辑，且因传输效率方面先天不足，不适合网络传输，所以现在较多采用数字方式记录视频信息。

数字视频就是以数字信号的形式记录的视频。数字视频有不同的产生方式、存储方式和播出方式，例如：将模拟视频信号转换为数字视频信号、通过数码摄像机直接产生数字视频信号，存储在数字带上、P2 卡、蓝光光盘或者磁盘上，使用 PC 或者特定的播放设备播放。

多媒体视频技术主要通过计算机对视频进行采集和处理，而计算机只能识别和处理数字信号的数据，因此其视频源必须是数字视频，例如通过数码摄像机获取的视频。如果视频源是模拟视频，例如通过模拟摄像机获取的视频，则需要先将其转换为数字视频，然后才能交给计算机处理，这个过程称为视频数字化。

7.1.2　视频数字化

视频数字化就是将模拟视频信号转换为计算机能够存储和处理的数字视频信号的过程。视频数字化的概念建立在模拟视频占主体地位的时代，现在通过数码摄像机摄录的信号本身已是数字视频信号，可以直接导入计算机进行处理。

模拟视频数字化包括不少技术问题，如，①电视信号具有不同的制式，而且采用的是复合的 YUV 信号方式，而计算机在 RGB 空间工作；②电视机是隔行扫描，计算机显示器大多逐行扫描；

③电视图像的分辨率与显示器的分辨率也不尽相同等。因此，模拟视频的数字化需要进行包括色彩空间的转换、光栅扫描的转换以及分辨率的统一等工作。

模拟视频数字化的过程主要包括扫描、采样、量化和编码，如图 7-2 所示。

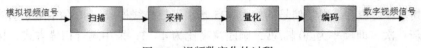

图 7-2　视频数字化的过程

1. 扫描

扫描即将二维平面图像转换为一维电信号表示。这个过程通常是按从左到右、从上到下的顺序进行的，类似人们阅读书籍时一行一行地看文字。进行扫描时，扫描头从图像的左上角开始沿水平方向移动到图像的右端，扫描完一行后，再快速返回到下一行的起始点，开始第二行的扫描，如此循环往复，直到完成整幅图像的扫描，最终产生的集合就是一帧的图像。而一个视频文件则由多个这样的帧图像组成。

2. 采样

采样是对每一条水平扫描线等间隔地抽取特定像素点的属性值。采样时有一个至关重要的因素——采样频率。采样频率也称为采样速度或者采样率，定义了每秒从连续信号中提取并组成离散信号的采样个数，它用赫兹（Hz）来表示。采样频率的倒数是采样周期，它是采样值之间的时间间隔。通俗地讲，采样频率是指计算机每秒钟采集多少个像素点样本。根据奈奎斯特采样定理，为了能够正确地复原出原始信号，采样频率至少要达到信号最高频率的 2 倍。

3. 量化

量化是对采样所得的每一个像素点值（灰度或颜色）进行离散化。为了将视频信息最终转换为计算机能够识别的二进制数据，需要设定有限的二进制位数来表示采样点的颜色信息，这个过程就叫作量化，而所设定的二进制位数就称为量化位数。例如：设定量化位数为 8，则可以表示的像素点的颜色数量（或灰度值）为 2^8=256 个。

4. 编码

编码就是依据量化位数将采样所得的每一个像素点值按某种规则转换为二进制数据。由于模拟视频数字化所产生的数据量非常大，编码时通常需要进行压缩处理。视频压缩的目标是在尽可能保证视觉效果的前提下减少视频数据率。视频压缩比一般指压缩前的数据量与压缩后的数据量之比。由于视频是连续的静态图像，因此其压缩编码算法与静态图像的压缩编码算法有某些共同之处，但是运动的视频还有其自身的特性，在压缩时只有考虑其运动特性才能达到高压缩的目标。

模拟视频数字化后所得到的数字视频如图 7-3 所示。

可见，数字视频是由多帧图像组成的，一个帧图像又是由多个像素点组成的，最后像素点将按照量化位数以及某种规则编码为二进制数据，至此即可实现计算机上的识别、存储及处理。

与模拟视频相比，数字视频具有以下优点。

① 便于创造性的编辑与合成；
② 数字视频信号可长距离传输而不损耗；
③ 可不失真地进行多次复制；
④ 易于在网络环境下实现资源共享。

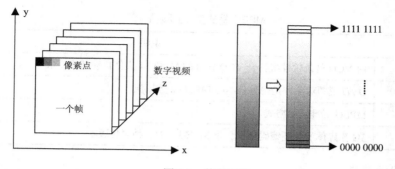

图 7-3　数字视频

> 🤔 **思维训练与能力拓展**：动态视频和静态图像的数字化都包括采样、量化和编码三个重要的过程，试比较这两种媒体元素在这些处理过程中的联系与区别。

7.1.3　视频文件格式

为了适应存储视频的需要，人们设定了不同的视频文件格式来把视频和音频放在一个文件中，以便同时回放。下面介绍几种常见的视频文件格式。

1. AVI 文件

AVI 是 Audio Video Interleaved 的缩写，译为"音频视频交错格式"，是将音频和视频同步组合在一起的文件格式。它于 1992 年由 Microsoft 公司推出，随 Windows 3.1 一起被人们所认识和熟知，是迄今为止应用最广泛、也是应用时间最长的视频格式之一。AVI 文件格式允许音频和视频交错在一起同步播放，支持 256 色和 RLE 压缩。AVI 格式文件装入内存速度快，播放效率高。但由于 AVI 格式不限定压缩标准，通常会出现播放某些 AVI 文件时由于解码问题导致无法播放，或即使能够播放但不能调节播放进度、只有声音没有图像等问题，需要下载相应的解码器才能解决此类问题。AVI 文件目前主要应用在多媒体光盘上，用来保存电影、电视等各种视频信息。AVI 格式文件调用方便、图像质量好，但由于占用空间比较大，不利于网络传输和在线播放。AVI 格式文件的扩展名为 avi。

2. MPEG 文件

MPEG 是 Moving Pictures Experts Group 的缩写，译为"动态图像专家组"。该专家组建于 1988 年，专门负责为 CD 建立视频和音频标准，其成员都是视频、音频及系统领域的技术专家。该专家组人员成功地将声音和影像记录脱离了传统的模拟方式，建立了 ISO/IEC11172 压缩编码标准，制定出 MPEG 格式，令视听传播全面进入了数码化时代。MPEG 标准由视频、音频和系统三部分组成，采用有损压缩方法减少运动图像中的冗余信息，其基本方法是：在单位时间内采集并保存第一帧信息，然后只存储其余帧相对第一帧发生变化的部分，从而达到压缩的目的。它主要采用两个基本压缩技术：运动补偿技术和变换域压缩技术。运动补偿技术（预测编码和差补码）实现时间上的压缩，变换域压缩技术（离散余弦变换 DCT）实现空间上的压缩。MPEG 的平均压缩比为 50 : 1，最高可达 200 : 1，压缩效率非常高，同时图像和音响质量也非常好。由于 MPEG 一开始就是作为一个国际化的标准来研究制定的，所以它具有很好的兼容性。MPEG 标准主要有以下五个：MPEG-1、MPEG-2、MPEG-4、MPEG-7 及 MPEG-21。MPEG 格式文件扩展名如表 7-1 所示。

表 7-1　　　　　　　　　　　　　　　　　MPEG 格式文件扩展名

扩展名	说明
dat	由 VCD 刻录软件将符合 VCD 标准的 MPEG-1 文件自动转换生成
vob	DVD 视频对象，是一种基本的 MPEG-2 数据流
mpg/mpeg	MPEG 标准文件格式
3gp/3g2	3G 流媒体的视频编码格式，是 MPEG-4 的一种简化版本

3. RM/RMVB 文件

RM 是 RealNetworks 公司开发的一种流媒体视频文件格式。所谓流媒体是指以流（Stream）的方式在网络中传输音频、视频和多媒体文件的形式。在采用流式传输方式的系统中，用户不必像非流式播放那样等到整个文件全部下载完毕后才能看到当中的内容，而是只需要经过几秒钟或几十秒的启动延时即可在用户计算机上利用相应的播放器对压缩的视频或音频等流式媒体文件进行播放，剩余的部分将继续进行下载，直至播放完毕。RM 格式一开始就定位在视频流应用方面，可以说是视频流技术的创始者。它可以根据网络数据传输的不同速率制定不同的压缩比率，从而实现低速率的 Internet 上进行视频文件的实时传送和播放。为了实现在线实时播放，RM 格式牺牲了画面质量，其图像质量相对较差。RM 格式的文件扩展名为 rm。

RMVB 是由 RM 格式升级延伸出的一种视频格式。VB 即 VBR，是 Variable Bit Rate 的缩写，译为"动态比特率"。RMVB 格式打破了原先 RM 格式平均压缩采样的方式，在保证平均压缩比的基础上，采用可变的动态比特率编码方式，对静止和动作场面少的画面场景采用较低的编码速率，对复杂的动态画面采用较高的编码速率，从而合理地利用了比特率资源，使 RMVB 最大限度地压缩了影片的大小，最终拥有了近乎完美的接近于 DVD 品质的视听效果。不仅如此，这种视频格式还具有内置字幕和无需外挂插件支持等独特优点。RMVB 格式文件扩展名为 rmvb。

4. ASF 文件

ASF 是 Advanced Streaming Format 的缩写，译为"高级流格式"。ASF 是微软公司推出的一款流媒体视频文件格式，是微软公司 Windows Media 的核心。ASF 格式采用 MPEG4 的压缩算法，压缩率和图像的质量都很好。ASF 文件适合网络传输，音频、视频、图像以及控制命令脚本等多媒体信息都通过这种格式以网络数据包的形式传输，实现流式多媒体内容发布。ASF 流文件的数据速率可以在 28.8Kbps 到 3Mbps 之间变化，用户可以根据应用环境和网络条件选择一个合适的速率，实现 VOD 点播和直播。VOD 点播是 Video On Demand 的缩写，点播内容存放在 VOD 服务器上，多个计算机可在不同的地点、不同的时刻，实时、交互式地点播同一个 ASF 流文件，用户可以通过上网查看和选择内容进行点播，播放过程中可实现播放、停止、暂停、快进、后退等功能。直播服务是指用户只能观看播放的内容，无法进行控制。ASF 格式文件扩展名为 asf。

5. WMV 文件

WMV 是 Windows Media Video 的缩写，是微软公司开发的一组数字视频编码格式的通称，是 Windows Media 架构下的一部分。最初的 WMV 格式是为了在低速率网络环境下传送流媒体视频而开发出来的编码技术。2003 年，微软以 WMV 9 格式为基础起草了一份视频编码规范递交给 SMPTE（电影电视工程师协会）申请作为标准，该标准于 2006 年 3 月获得批准，定为 SMPTE421M，也称为 VC-1，WMV 9 因此成为一种开放标准。WMV 文件使用 Windows Media Player 播放器播放，Windows Media Player 可以在 Windows 系统或 Macintosh 系统上运行，有些操作系统（例如

Linux）则需要在播放器上安装 WMV 编解码器才可播放 WMV 文件。WMV 通常和 WMA（Windows Media Audio 音频流）组合在一起用 ASF 格式进行封装，它也可以使用 AVI 或者 Matroska 格式封装。如果用 AVI 格式封装，结果文件的扩展名是 avi；如果用 ASF 格式封装，结果文件的扩展名是 wmv 或者 asf；如果用 MKV 格式，结果文件的扩展名是 mkv。WMV 格式文件的主要优点有：可扩充的媒体类型、本地或网络回放、可伸缩的媒体类型、流的优先级化、多语言支持、扩展性等。它的主要缺点是视频传输的延迟现象非常严重。

6. MKV 文件

MKV 不是一种压缩编码格式，而是 Matroska 的一种媒体文件。Matroska 定义了三种类型的文件：MKV 是视频文件，它里面可能还包含有音频和字幕；MKA 是单一的音频文件，但可能有多条及多种类型的音轨；MKS 是字幕文件。这三种文件以 MKV 最为常见，因此很多人把 Matroska 当作为 MKV。Matroska 不同于 DivX、XviD 等视频编码格式，也不同于 MP3、Ogg 等音频编码格式。Matroska 是为这些音、视频提供"组合封装"的外壳格式，换句话说就是一种容器格式。类似的容器格式还有 AVI、MPEG、RM、ASF 等，只是它们或者结构陈旧，或者不够开放，因此才促成 Matroska 这类新型多媒体封装格式的诞生。Matroska 可将多种不同编码的视频及 16 条以上不同格式的音频和不同语言的字幕流封装到一个 Matroska Media 文件当中，它也是一种开放源代码的多媒体封装格式。Matroska 所能封装的视频、音频、字幕类型如表 7-2 所示。

表 7-2　　　　　　　　　　　　　　　　Matroska 封装的类型

视频	AVI 文件，包括采用 DivX、XviD、3ivX、VP6 视频编码及 PCM、MP3、AC3 等音频编码
	RealMedia 文件，包括 RealVideo 和 RealAudio
	QuickTime 的 MOV 及 MP4 视频
	Windows Media 文件，包括 ASF、WMV 格式
	MPEG 文件，包括 MPEG-1/2 的 M1V、M2V
	Ogg/OGM 文件，包括 Ogg Vorbis、OGM、FLAC 文件
	Matroska Media 文件，包括 MKV、MKA、MKS 文件
音频	WAV、AC3、DTS、MP2、MP3、AAC/MP4 音频
字幕	SRT、USF 及 SSA/ASS 文本字幕
	SubVob 图形字幕，后缀为 IDX、SUB
	BMP 图形字幕，以一组 BMP 图片及时间码构成的字幕

此外，Matroska 文件中还可包括章节、标签（Tag）等信息，甚至还可加上附件。播放 MKV 文件并不需要专用的播放器，在现有播放器上安装 MKV 解码分离器插件即可。

7. MOV 文件

MOV 是 Apple 公司开发的一种音频、视频文件格式，用于存储常用数字媒体类型。当选择 QuickTime（.mov）作为"保存类型"时，视频将保存为 MOV 文件。QuickTime 是一款拥有强大多媒体技术的内置媒体播放器，能够处理包括数字视频、媒体段落、音效、文字、动画、音乐以及交互式全景图像等多种媒体类型。QuickTime 不仅仅是一个媒体播放器，而是一个完整的多媒体架构，可以用来进行多种媒体的创建、生产和分发，并为这一过程提供端到端的支持，包括媒体的实时捕捉，以编程的方式合成媒体，导入和导出现有的媒体，还有编辑和制作、压缩、分发以及用户回放等多个环节。QuickTime 提供了两种数字视频格式：基于 Indeo 压缩法的 MOV 和基于 MPEG 压缩法的 MPG 视频格式。MOV 格式具有较高的压缩比和较完美视频清晰度，采用了有损压缩方式，画面效果较 AVI 格式稍好。MOV 格式还有一个特点是跨平台性，即不仅能支持 Mac OS，同样也能支持 Windows 系统。MOV 格式以其领先的多媒体技术和跨平台特性、较小的存储空间要求、技术细节的独立性以及系统的高度开放性，得到业界的广泛认可。

8. FLV 文件

FLV 是 FLASH VIDEO 的简称，它是随着 Flash MX 的推出而发展起来的一种新兴流媒体视频格式。FLV 格式利用了网页上广泛使用的 Flash Player 平台，将视频整合到 Flash 动画中。网站的访问者只要能看 Flash 动画，自然也能看 FLV 格式视频，无需再额外安装其他视频插件。FLV 文件体积小巧，清晰的 FLV 视频 1 分钟在 1MB 左右，一部电影在 100MB 左右，是普通视频文件体积的 1/3。再加上加载速度快、CPU 占有率低、视频质量良好等特点，使其在网络上盛行，许多在线视频网站都采用此视频格式，如搜狐视频、新浪播客、56、优酷、酷 6、土豆、youtube 等。FLV 是在 sorenson 公司的压缩算法的基础上开发出来的，sorenson 公司也为 MOV 格式提供算法。FLV 格式不仅可以轻松导入 Flash 中，并且能起到保护版权的作用。

7.2　视频获取与格式转换

数字视频可以通过多种方式获得，常用的方式有：通过视频采集卡采集、使用数码摄像机摄取、用软件捕获屏幕动态画面等。计算机将获取到的数字视频存储下来进行播放或者处理。这些视频获取方法各有什么特点？获取后的视频可采用哪些格式进行存储？本节将对这些问题进行介绍。

7.2.1　视频采集卡

视频采集卡（Video Capture Card）又称为视频捕获卡，它的主要功能是将模拟摄像机、录像机、电视机等输出的模拟视频信号转换成计算机可辨别的数字信号，输入并存储在电脑中，成为计算机可编辑处理的数字视频数据文件。很多视频采集卡能在捕捉视频信息的同时获得伴音，使音频部分和视频部分在数字化时同步保存、同步播放。大多数视频采集卡都提供硬件压缩功能，采集速度快。视频采集卡不但能把视频图像以不同的视频窗口大小显示在计算机的显示器上，而且还可以对视频信号进行编辑处理，包括剪切画面、添加滤镜、字幕和音效、设置转场效果、加入各种视频特效等，最后将编辑完成的视频信号转换成标准的 VCD、DVD 以及网络流媒体等格式。

按照视频信号源和采集卡接口的不同，视频采集卡可以分为模拟采集卡和数字采集卡。模拟采集卡通过 AV 或 S 端子将模拟视频信号采集到 PC 中，使模拟信号转化为数字信号，其视频信号源可来自模拟摄像机、电视信号、模拟录像机等。数字采集卡通过 IEEE1394 数字接口，以数字对数字的形式，将数字视频信号无损地采集到了 PC 中，其视频信号源主要来自数码摄像机（DV）及其他一些数字化设备。模拟采集卡与数字采集卡的一个重要区别是：使用数字采集卡，在采集过程中视频信号没有损失，可以保证得到与原始视频源一模一样的视频数据；而使用模拟采集卡则会使视频信号有一定程度的损失。有人做了一个形象的类比：模拟采集类似于利用录像机翻录影带，翻录的子带总是不如母带清晰，如果再利用子带翻录，效果会更差；而数字采集就像用电脑拷贝数据文件一样，无论复制多少次，复制的文件与原文件都是完全一样的，没有任何区别。

此外还有一种集 DV+AV 于一体的二合一采集卡，称为数字模拟采集卡，这种采集卡既有 DV 使用的 1394 接口、又有模拟采集使用的 AV 接口以及 S 端子视频接口。典型的模拟视频采集卡以及数字视频采集卡如图 7-4 所示。

模拟视频采集卡　　　　　　　　　　数字视频采集卡

图 7-4　视频采集卡

按照安装、连接的方式不同，视频采集卡可以分为外置采集卡和内置采集卡。外置采集卡是指外置式 USB 视频采集盒，如图 7-5 所示。外置式采集卡性能较内置式采集卡稳定，体积小巧、连接方便、无须拆机、即插即用，但一般价格较高；内置采集卡就是内置式 PCI 接口视频采集卡，图 7-4 所示即为 PCI 接口视频采集卡。内置式采集卡不需外接电源，减少了连接线过多而显得桌面十分杂乱的情况。内置式采集卡大多数都可以在 Windows 系统下实现多任务，但易受到电脑内部元器件的电磁干扰，导致播放质量下降；且安装起来较为麻烦，需要拆开机箱才可以安装。当然内置式采集卡的价格要比外置式采集卡便宜得多。

按照使用用途的不同，视频采集卡可以分为广播级视频采集卡、专业级视频采集卡和家用级视频采集卡。广播级视频采集卡的最高采集分辨率一般为 768×576（均方根值）PAL 制，或 720×576（CCIR-601值）PAL 制 25 帧每秒，或 640×480/720×480 NTSC 制 30 帧每秒，最小压缩比一般在 4：1 以内。这一类产品的特点是采集的图像分辨率高，视频信噪比高，缺点是视频文件庞大，每分钟数据量至少为 200MB。

USB 视频采集盒

图 7-5　外置式 USB 视频采集盒

专业级视频采集卡的级别比广播级视频采集卡的性能稍微低一些，两者分辨率是相同的，但前者的压缩比稍微大一些，其最小压缩比一般在 6：1 以内，输入输出接口为 AV 复合端子与 S 端子。家用级视频采集卡的动态分辨率一般最大为 384×288PAL 制 25 帧每秒。

此外，按照视频采集卡视频压缩方式的不同，可以分为软压缩卡和硬压缩卡。按照视频采集卡的视频信号输入输出接口的不同，可以分为 1394 采集卡、USB 采集卡、HDMI 采集卡、VGA 采集卡、PCI 采集卡、PCI-E 采集卡。按照视频采集卡的性能和作用的不同，可以分为电视卡、图像采集卡、DV 采集卡、电脑视频卡、监控采集卡、多屏卡、流媒体采集卡、分量采集卡、高清采集卡、笔记本采集卡、DVR 卡、VCD 卡、非线性编辑卡等。

7.2.2　数码摄像机

数码摄像机（Digital Video，简称 DV）是获取数字视频的重要工具，数码摄像机包括镜头、图像传感器、数字信号处理（DSP）芯片、存储器和显示器件（LCD）等主要部件。数码摄像机的工作原理是由光学透镜组将图像汇聚到图像传感器，由图像传感器在中央控制器的作用下将光图像信号转换成电图像信号，再传送到专用 DSP 芯片，该芯片负责把电图像转换成数字信号，并转换为内部存储格式，保存在存储设备中待进一步处理。简单而言，数码摄像机的工作原理就是光—电—数字信号的转变与传输，如图 7-6 所示。

图 7-6　数码摄像机工作原理

图像传感器是数码摄像机的重要组成部分，包括电荷耦合器件（Charge Coupled Device，CCD）和金属氧化物半导体元件（Complementary Metal-Oxide Semiconductor，CMOS）两大类。CCD 图像传感器使用一种高感光度的半导体材料制成，能把光线转变成电荷，再通过 DSP 芯片转换成数字信号。CMOS 图像传感器和 CCD 一样，同为在数码摄像机中可记录光线变化的半导体。在相同分辨率下，CMOS 价格比 CCD 便宜，但是 CMOS 器件产生的图像质量相比 CCD 来说要差一些。到目前为止，市面上绝大多数的消费级别以及高端数码相机都使用 CCD 作为感应器；CMOS 感应器则作为低端产品应用于一些摄像头上，不过一些高端的产品也采用特制的 CMOS 作为光感器，例如索尼的数款高端 CMOS 机型。多数的数码摄像机采用单个 CCD 作为其感光器件，而一些中高端的数码摄像机则用 3CCD 作为其感光器件。单 CCD 是指摄像机里只有一片 CCD 并用其进行亮度信号以及彩色信号的光电转换。由于一片 CCD 要同时完成亮度信号和色度信号的转换，因此拍摄出来的图像在色彩还原上达不到很高的要求。3CCD 顾名思义就是一台摄像机使用了 3 片 CCD。众所周知，光线如果通过一种特殊的棱镜，会被分解为红、绿、蓝三种颜色，而这三种颜色就是彩色图像显示中所使用的三基色，通过这三基色，就可以产生包括亮度信号在内的所有彩色图像信号。如果分别用一片 CCD 接收每一种颜色并转换为电信号，然后经过电路处理后产生图像信号，这样就构成了一个 3CCD 系统，几乎可以原封不动地显示影像的原色，而不会因经过摄像机转化而出现色彩误差的情况。

数码摄像机按照其使用用途不同，可以分为广播级机型、专业级机型和消费级机型。广播级机型主要应用于广播电视领域，图像清晰度最高，性能最全面，但体积较大，价格也很高，一般要几十万元，代表机型如松下 DVCPRO 50M 以上的机型。专业级机型一般应用在广播电视以外的专业电视领域，如电化教育等。专业级摄像机的图像质量低于广播级摄像机，不过近几年一些高档专业摄像机在性能指标等很多方面已超过旧型号的广播级摄像机，价格一般在数万元至十几万元之间。相对于消费级机型来说，专业 DV 在配置上要高出很多，比如采用较好品质表现的镜头、采用较大尺寸的 CCD 传感器，因此在成像质量和适应环境上表现更为突出，代表机型如索尼公司的 DVCAM 系列机型。消费级机型主要是适合家庭使用的摄像机，应用于对图像质量要求不高的非业务场合，比如家庭娱乐等。这类摄像机体积小、重量轻，便于携带，操作简单，价格便宜。在要求不高的场合可以用它制作个人家庭的 VCD、DVD，价格一般在数千元至万元级。

数码摄像机按照其存储介质不同，可以分为磁带式、光盘式、硬盘式、存储卡式。磁带式是指以 Mini DV 为纪录介质的数码摄像机，它最早在 1994 年由 10 多个厂家联合开发而成。通过 1/4 英寸的金属蒸镀记录高质量的数字视频信号。目前在消费级 DV 和专业级 DV 领域，已经很难再看到磁带机的身影了，其主要使用硬盘和闪存卡方式存储。至于广播级 DV，电视台大量节目的编辑和数据文件存储的安全需要，以及成套昂贵的非线性编辑系统，决定了广播级淘汰磁带机需要更多的成本和时间过程。光盘式是指 DVD 数码摄像机，采用 DVD-R、DVR+R 或是 DVD-RW、DVR+RW 来存储动态视频图像，操作简单、携带方便，拍摄中不用担心重叠拍摄，更不用浪费时间去倒带或回放，尤其是可直接通过 DVD 播放器即刻播放，省去了后期编辑的麻烦。硬盘式是指采用硬盘作为存储介质的数码摄像机，2005 年由 JVC 率先推出，用微硬盘作为存储介质。硬盘摄像机具备很多好处，大容量硬盘摄像机能够确保长时间拍摄，可免去外出旅行拍摄时的后顾之忧。向电脑传输拍摄素材时也不再需要 MiniDV 磁带摄像机时代那样烦琐、专业的视频采集设备，仅需应用 USB 连线与电脑连接，就可轻松完成素材导出，让普通家庭用户可轻松体验拍摄、编辑视频影片的乐趣。存储卡式是指采用存储卡作为存储介质的数码摄像机，其作为过渡性的简易产品，目前在市场上已不多见。

7.2.3　视频播放器

视频播放器是指能播放数字视频的软件，也指具有播放视频功能的电子器件产品。大多数视频播放器内置解码器以还原经过压缩的媒体文件，此外还要内置一整套转换频率以及缓冲的算法，当然大多数的视频播放器还能支持播放音频文件。下面介绍几种常用的视频播放器。

1. Windows Media Player

Windows Media Player 是微软公司出品的一款免费的媒体播放器，通常简称 WMP。WMP 可以播放 MP3、WMA、WAV 等音频文件；视频方面可以播放 AVI、WMV、ASF、MPEG-1，默认不支持播放 RM 文件。不过，V8 以上的版本如果安装了解码器便可以播放 RM 文件，安装 DVD解码器后还可以播放 MPEG-2、DVD 文件。WMP 软件支持外部安装插件以增强功能，还可收听VOA、BBC 等国外电台。Windows Media Player 12 的界面如图 7-7 所示。

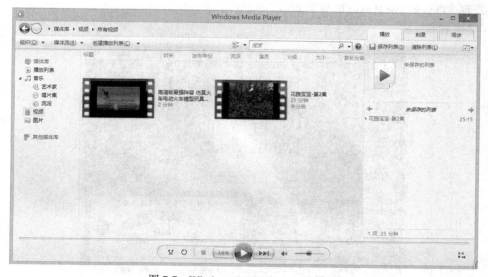

图 7-7　Windows Media Player 12 界面

2. RealPlayer

RealPlayer 是 RealNetworks 公司出品的一款在网上收听收看实时音频、视频和 Flash 的媒体播放器。RealPlayer 不仅支持各种主流的媒体格式，还可以管理视频、音乐和图片，以及将视频转换为多种格式并传输到其他移动设备。RealPlayer 支持的媒体格式包括 FLV、AVI、WMV、WMA、MP3、MP4、RM、JPG、GIF 等。RealPlayer 16.0.3.51 的界面如图 7-8 所示。

图 7-8　RealPlayer 16.0.3.51 界面

3. QuickTime Player

QuickTime Player 是苹果公司出品的一款拥有强大的多媒体技术的内置媒体播放器。它不仅仅是一个媒体播放器，而且是一个完整的多媒体架构，其架构好像一个"容器"，能够容纳不同类型的媒体，如音频、视频、Shockwave Flash、文本、图像和子图。每一种类型的媒体都被保存为一个独立的"轨道"，既易于处理，又能够与以前的版本兼容。除用于播放 MOV 文件外，QuickTime Player 还支持 MiniDV、DVCPro、DVCam、AVI、AVR、MPEG-1、OpenDML 以及 Shockwave Flash 等数字视频。QuickTime Player 的界面如图 7-9 所示。

图 7-9　QuickTime Player 界面

4. 暴风影音

暴风影音是北京暴风科技有限公司推出的一款视频播放器。暴风影音支持超过 500 种视频格式，其独创的 SHD 高清专利技术，实现了 1M 带宽流畅观看 720P 高清在线视频的先例，并在随后的时间实现了 1080P 的更高播放画质。暴风影音 5 的界面如图 7-10 所示。

图 7-10　暴风影音 5 界面

> 🧑‍💻 **思维训练与能力拓展**：除以上几款经典视频播放器外，目前流行的视频播放器还有很多，例如 QQ 影音、快播、迅雷看看播放器等。随着视频技术的发展，视频播放器还会不断革新，请通过网络查询其他视频播放软件的情况。

7.2.4　视频格式转换

视频格式种类繁多，每一种格式的文件需要有对应的播放器，但有时候会出现播放器不支持某种视频格式的现象，这时候就需要将视频格式进行转换。另外，在进行视频编辑制作时，可能也需要将不同格式的视频文件转换成统一的某种视频格式。视频格式转换就是指通过一些软件，将视频格式互相转化，使其满足用户的需求。

本节主要通过格式工厂（Format Factory）这款软件来介绍视频格式转换的一般操作方法。当然，流行的视频格式转换软件还有很多，读者可根据自己的喜好从网络上下载使用。

格式工厂是由上海格式工厂网络有限公司出品的一款面向全球互联网用户的免费格式转换软件。格式工厂功能强大，适用于 Windows 平台，可以实现大多数视频、音频以及图像不同格式之间的相互转换。转换还具有设置文件输出配置、增添数字水印等功能。软件界面如图 7-11 所示。

【例 7-1】视频格式转换。

➢ 双击 "FormatFactory" 图标，启动 "格式工厂 3.3.5" 软件。

➢ 左侧栏目显示了格式工厂所有的转换功能，包括 "视频"、"音频"、"图片"、"光驱设备\DVD\CD\ISO" 以及 "高级"，视频文件格式转换集中在 "视频" 组。下面以一部近 500M 的 RMVB 视频转换为 MP4 为例说明其功能。在 "视频" 栏目中单击 -> MP4 按钮，显示界面如图 7-12 所示。

➢ 单击 "添加文件" 按钮，在弹出的对话框中找到需要转换的视频文件，双击打开。根据需要，设置 "输出配置"、"选项" 或改变 "输出文件夹"。"输出配置" 用于设置输出视频音频的质量和大小等，"选项" 可进行预览、截取片断、画面裁剪、音频流、字母等设置，"输出配置" 窗口和"选项"窗口如图 7-13 所示。

图 7-11　格式工厂 3.3.5 界面

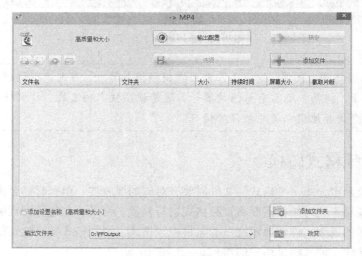

图 7-12　转换为 MP4

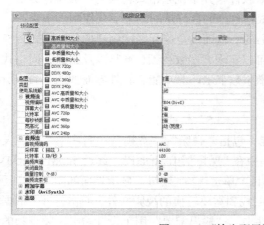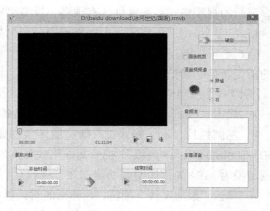

图 7-13　"输出配置"窗口和"选项"窗口

> 单击"确定"按钮，返回主界面，单击"开始"按钮，进行转换，如图 7-14 所示。

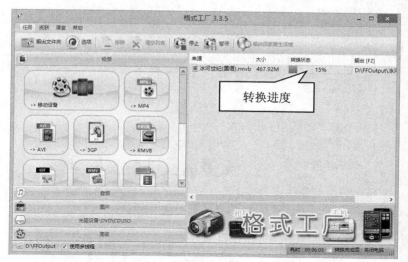

图 7-14　格式转换进行中

> 转换完毕，结果如图 7-15 所示。

图 7-15　转换完毕

【例 7-2】将光驱设备/DVD 转换到视频文件。

> 双击"FormatFactory"图标，启动"格式工厂 3.3.5"软件。

> 放入 DVD 光盘后，在左侧栏目中，单击"光驱设备\DVD\CD\ISO"功能按钮，显示界面如图 7-16 所示。

> 单击"DVD 转到视频文件"功能项，打开"DVD 转到 视频文件"窗口，可看到 DVD 光盘信息，如图 7-17 所示。

> 根据需要设置"输出配置"，包括截取片断、视频格式、字幕语言、音频流和文件标题，其中"截取片断"按钮和"输出配置"按钮所关联的窗口如图 7-18 所示。

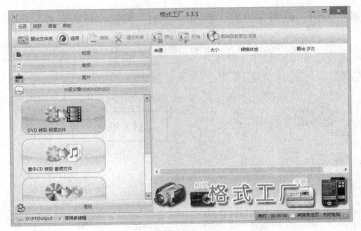

图 7-16　光驱设备\DVD\CD\ISO

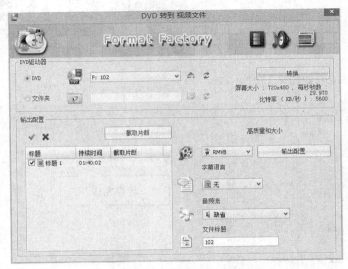

图 7-17　"DVD 转到　视频文件"窗口

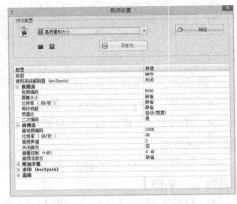

图 7-18　"截取片断"窗口和"视频设置"窗口

➢ 单击"转换"按钮，返回主界面，单击"开始"按钮进行转换，如图 7-19 所示。

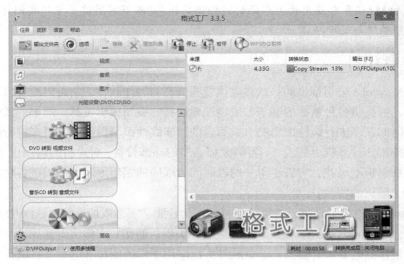

图 7-19　转换进行中

➢ 转换完毕后，结果如图 7-20 所示。

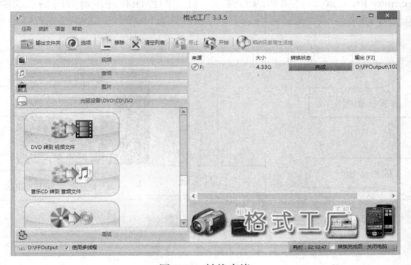

图 7-20　转换完毕

思维训练与能力拓展：如果同时有多个视频文件需要一起转换为某种格式，可以进行批量视频格式转换。如何使用格式工厂进行批量视频格式转换，请读者自己实践完成。

7.3　Premiere 视频处理

❓ 随着个人视频新时代的来临，人们坐在家用计算机前，制作出堪与摄影棚媲美的影片已不是梦想，所需的只是一部数码摄像机、视频编辑软件以及创作的欲望。Premiere 是 Adobe 公司推出的基于非线性编辑设备的视音频编辑软件，目前被广泛应用于电视台、广告制作、电影剪辑等领域，是 PC 和 MAC 平台应用最为广泛的视频编辑软件。本节将通过一系列实例详细介绍 Adobe Premiere 的视频编辑与处理功能。

7.3.1　概述

Premiere 是 Adobe 公司推出的一款多媒体视频编辑与制作软件，它可以配合多种硬件进行视频捕获和输出，并提供各种精确的基于非线性编辑设备的视频编辑工具。所谓非线性编辑，是相对于传统上以时间顺序进行线性编辑的方式而言的。非线性编辑借助计算机来进行数字化制作，几乎所有的工作都在计算机上完成，不再需要那么多的外部设备，对素材的调用也是瞬间实现的，不用反反复复在磁带上寻找，突破了单一的以时间为顺序的编辑限制，可以按各种顺序排列，具有快捷、简便、随机的特性。

Adobe Premiere 提供了采集、剪辑、调色、美化音频、字幕添加、输出、DVD 刻录的一整套流程，并和其他 Adobe 软件高效集成，足以应对在编辑、制作、工作流上遇到的所有挑战，满足用户创建高质量作品的要求。目前，这款软件广泛应用于广告制作和电视节目制作中，其较新的版本是 Premiere Pro CS6 和 Premiere Pro CC。本书将以 Adobe Premiere Pro CS6 版本为例，介绍视频的编辑和制作的一般方法。

Adobe Premiere Pro CS6 软件将卓越的性能、优美的界面和许多奇妙的创意功能结合在一起。其主界面如图 7-21 所示。

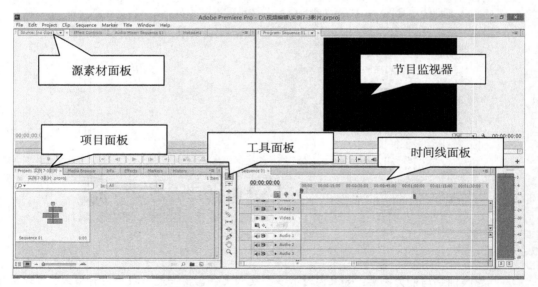

图 7-21　Adobe Premiere Pro CS6 主界面

① 源素材面板：用来观看和裁剪原始素材。在默认界面布局下，该面板之后还有"特效控制面板"、"混音面板"以及"元数据面板"。

② 节目监视器：用于观看时间线上编辑的项目。

③ 项目面板：用于导入、存放和管理素材。在默认界面布局下，该面板之后还有"媒体浏览器面板"、"信息面板"、"特效面板"等。

④ 工具面板：显示用于编辑时间线上素材的各种工具。选中某一个工具后，光标会变成此工

具的外形。

⑤ 时间线面板：用来装配素材和编辑节目的主要场所。素材片段按照播放时间的先后顺序及合成的先后层顺序在时间线上从左至右、由上至下排列在各自的轨道上，可以使用各种编辑工具对这些素材进行编辑操作。

7.3.2　基本操作

首先，我们通过一个实例介绍 Premiere 制作影视节目的基本过程，包括：新建项目、导入素材、素材剪裁、合并素材、影片预览、保存项目、输出影片几个步骤。

【例 7-3】将两个视频片段合并为一个视频文件，输出 AVI 格式影片。

➢ 运行 Adobe Premiere Pro CS6 进入欢迎界面，在其中选择"New Project"（新建项目），如图 7-22 所示。

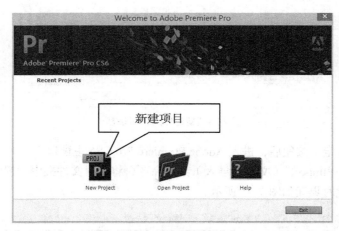

图 7-22　欢迎窗口

➢ 在"New Project"对话框中设置新建项目的属性、项目位置和名称，如图 7-23 所示。

图 7-23　"新建项目"对话框

> 单击 "OK"（确定）按钮后，对项目序列的参数进行设置，如图 7-24 所示。

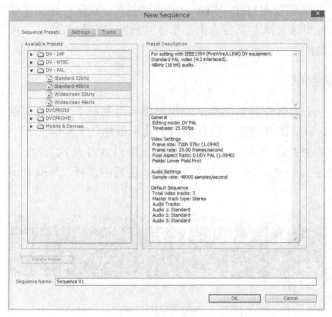

图 7-24 "新建序列"对话框

单击 "OK"（确定）按钮后，进入 Adobe Premiere Pro CS6 主窗口。

> 执行 "File→Import"（文件→导入）菜单命令，将素材文件夹中 "视频 1.avi" 和 "视频 2.avi" 导入项目，此时界面如图 7-25 所示。

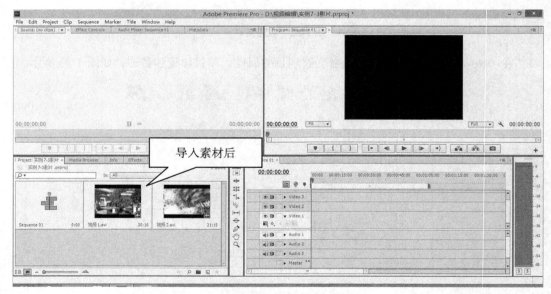

图 7-25 导入素材

> 素材剪裁主要通过 "源素材面板" 实现。将 "视频 1.avi" 拖动到 "源素材面板" 中，如图 7-26 所示。

图 7-26 使用"源素材面板"

➤ 在"源素材面板"中可以进行素材的预览、设定入点、设定出点等操作，设定入点和出点可以实现素材的剪裁。例如，"视频 1.avi"时长 30 秒（00:00:30:16 格式的含义是"小时：分钟：秒：帧数"），将滑块拖动到第 5 秒，单击设定入点按钮"{"；再将滑块拖动到第 28 秒，单击设定出点按钮"}"。设定后"视频 1.avi"时长变为 23 秒，如图 7-27 所示。

图 7-27 素材剪裁

思维训练与能力拓展：找到"源素材面板"上的插入按钮、覆盖按钮，试试看它们可以实现什么效果。

➤ 将"视频 1.avi"拖动到"时间线面板"的 Video1 轨道中，将"视频 2.avi"拖动到"时间线面板"的 Video2 轨道中，两段视频排列效果如图 7-28 所示。

图 7-28　合并素材

➢ 连接两段视频后，通过"节目监视器"进行播放或预览。如图 7-29 所示。

图 7-29　影片预览

➢ 选择菜单"File→Save"（文件→保存）命令，保存项目文件。

➢ 执行菜单"File→Export→Media"（文件→导出→媒体）命令，在"Export Settings"（输出设置）对话框中设置"Format"（视频格式）为 AVI，更改"Output Name"（输出名称）为"实例 7-3 影片"，单击"Export"（导出）按钮，完成影片输出。输出设置窗口如图 7-30 所示。

图 7-30　输出设置

7.3.3　转场特效

转场是指素材片段之间的过渡或转换。在 Adobe Premiere Pro CS6 中，根据功能可分为 10 大类多达 73 种的转场特效。每一种转场特效都有其独到的特殊效果，但其使用方法基本相同。

下面通过一个实例介绍 Premiere 转场特效的应用。

【例 7-4】制作一个电子相册，其间加入转场特效进行过渡，输出为 AVI 格式影片。

➢ 参照"实例 7-3"新建一个名为"实例 7-4 电子相册"的项目。

➢ 执行菜单"File→Import"（文件→导入）命令，将素材文件夹中"照片 1.jpg"、"照片 2.jpg"、"照片 3.jpg"、"照片 4.jpg"、"照片 5.jpg"导入，"项目"面板如图 7-31 所示。

图 7-31　导入照片素材

在图 7-31 中，导入的照片素材默认播放时间是 5 秒。如果需要调整，可使用"源素材面板"来处理，有关"源素材面板"的使用请参见"实例 7-3"，这里不再详述。

➢ 将"照片 1.jpg"、"照片 2.jpg"、"照片 3.jpg"、"照片 4.jpg"、"照片 5.jpg"依次拖到"时间线面板"的 Video1 轨道上，如图 7-32 所示。

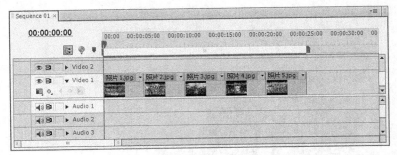

图 7-32　添加照片到"时间线面板"

➤ 打开"特效面板"，点开"Video Transitions"（视频转场）项，如图 7-33 所示。

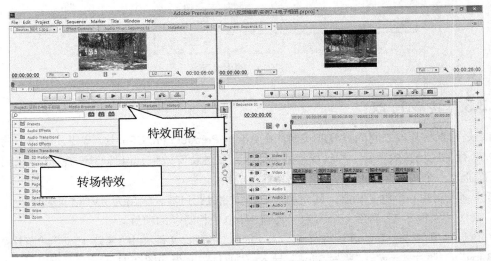

图 7-33　"特效面板"中的"转场特效"

➤ 选择某一个转场特效，如"3D Motion"下的"Curtain"效果，将其拖到"时间线面板"的"照片 1.jpg"和"照片 2.jpg"之间，如图 7-34 所示。

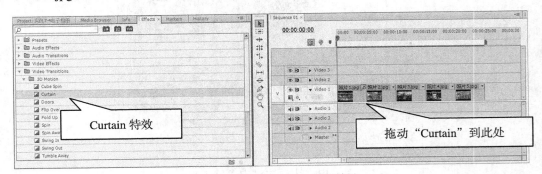

图 7-34　应用"Curtain"转场效果

➤ 在其他几张照片素材之间也添加上转场特效。如图 7-35 所示为所应用的四种特效。

➤ 在"节目监视器"中预览最终效果。

➤ 执行菜单"File→Save"（文件→保存）命令，保存项目文件。

➤ 执行菜单"File→Export→Media"（文件→导出→媒体）命令，导出 AVI 格式影片。

Curtain 效果　　　　　　　　　　Door 效果

Spin 效果　　　　　　　　　　Swing Out 效果

图 7-35　所应用的四种转场特效

7.3.4　视频特效

Adobe Premiere Pro CS6 中的视频特效是指由 Premiere 封装的一组程序，它专门用于处理视频像素，按照指定的要求实现各种特技效果，如实现模糊、扭曲、透视、像素化等效果。

下面通过一个实例介绍 Premiere 视频特效的应用。

【例 7-5】制作马赛克特效。

➢ 新建一个名为"实例 7-5 马赛克特效"的项目。

➢ 执行菜单"File→Import"（文件→导入）命令，将素材文件夹中"视频 3.avi"导入项目中。

➢ 将"视频 3.avi"拖到"时间线面板"的 Video1 轨道上。

➢ 打开"特效面板"，点开"Video Effects"（视频特效）项，如图 7-36 所示。

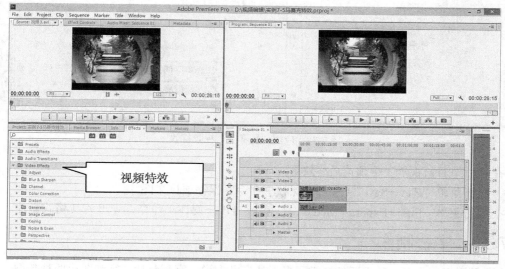

图 7-36　"特效面板"中的"视频特效"

➤ 点开 "Stylize"（风格化），选择其下 "Mosaic"（马赛克），如图 7-37 所示。

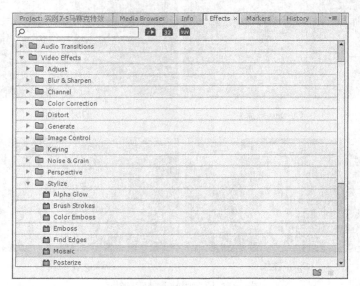

图 7-37　"风格化"→"马赛克"

➤ 将 "马赛克" 视频特效效果拖到 "时间线面板" 中的 "视频 3.avi" 上，如图 7-38 所示。

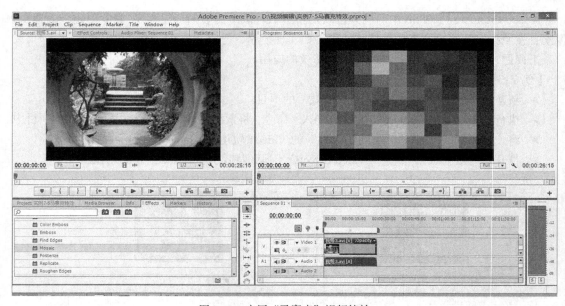

图 7-38　应用 "马赛克" 视频特效

➤ 在 "节目监视器" 中预览最终效果。

➤ 执行菜单 "File→Save"（文件→保存）命令，保存项目文件。

➤ 执行菜单 "File→Export→Media"（文件→导出→媒体）命令，导出 AVI 格式影片。

7.3.5　字幕制作

字幕是影视作品中一种重要的视觉元素。从广义上说，字幕包括文字和图形两种类型。漂亮的字幕设计与制作，将会给影视作品增色不少。Adobe Premiere Pro CS6 专门提供了一个功能强大的字幕设计器，通过它能够完成字幕的创建和修饰、运动字幕的制作以及图形字幕的制作等功能。

下面通过两个实例分别介绍文字动态字幕的制作和图形字幕的制作。

【例 7-6】为视频添加滚动字幕。

➢ 新建一个名为"实例 7-6 滚动字幕"的项目。

➢ 执行菜单"File→Import"（文件→导入）命令，将素材文件夹中"视频 1.avi"导入项目中。

➢ 将"视频 1.avi"拖到"时间线面板"Video1 轨道上。

➢ 执行菜单"File→New→Title"（文件→新建→字幕）命令，打开"新建字幕"对话框。如图 7-39 所示。

➢ 单击"OK"（确定）按钮后，显示字幕设计器，如图 7-40 所示。

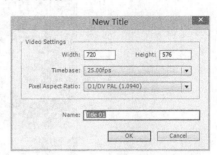

图 7-39　"新建字幕"窗口

图 7-40　字幕设计器

➢ 工具箱中选择文字工具，选择某种字幕样式，如，然后在编辑区输入"盆景园"几个字，如图 7-41 所示。

➢ 单击编辑区上方的 Roll/Crawl Options 按钮，显示"滚动/缓进 选项"窗口，如图 7-42 所示。

其中字幕类型（Title Type）下设四项单选按钮：静止（Still）、滚动（Roll）、向左缓进（Crawl Left）、向右缓进（Crawl Right）。计时（Timing）中可设置滚动/缓进时间，包括以下几项。

① Start Off Screen 复选框：勾选，字幕由屏幕外进入；不勾选，字幕由创建位置开始运动。

② End Off Screen 复选框：勾选，字幕向屏幕外移出；不勾选，字幕在创建位置处结束运动。

③ Preroll 文本框：设置字幕开始运动前保持第一帧状态的帧数。

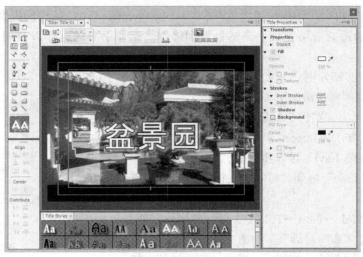

图 7-41　输入文本字幕

④ Ease-In 文本框：设置字幕由静止到正常运动的加速时间。

⑤ Ease-Out 文本框：设置字幕由运动到静止的减速时间。

⑥ Postroll 文本框：设置字幕运动停止至最后一帧状态的帧数。

在本例中，为实现字幕由屏幕外进入，滚动至字幕创建位置后停留 15 帧结束，相应的"滚动/缓进 选项"设置如图 7-43 所示。

图 7-42　"滚动/缓进 选项"窗口

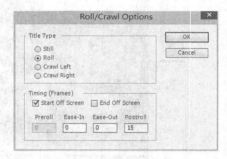

图 7-43　设置滚动选项

➤ 单击"OK"（确定）按钮，关闭"滚动/缓进 选项"窗口，再点击 X 按钮关闭字幕设计器，如图 7-44 所示。

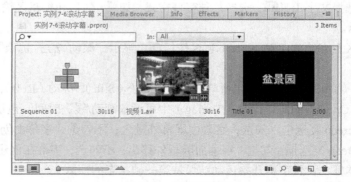

图 7-44　新建字幕后

➤ 将字幕"Title 01"拖到"时间线面板"的 Video2 轨道上，调整播放长度到 10 秒，如图 7-45 所示。

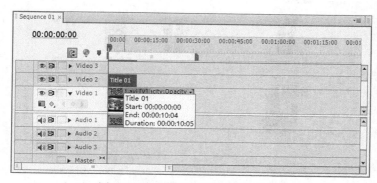

图 7-45　添加字幕到"时间线面板"

➤ 在"节目监视器"中预览最终效果。

➤ 执行菜单"File→Save"（文件→保存）命令，保存项目文件。

➤ 执行菜单"File→Export→Media"（文件→导出→媒体）命令，导出 AVI 格式影片。

> 思维训练与能力拓展：字幕设计器工具箱中的区域文本工具（Area Type Tool）和路径文本工具（Path Type Tool）有什么样的作用呢？试试看。

【例 7-7】为视频添加图形字幕。

➤ 运行 Adobe Premiere Pro CS6 进入欢迎窗口，在欢迎界面中选择"Open Project"（打开项目），如图 7-46 所示。

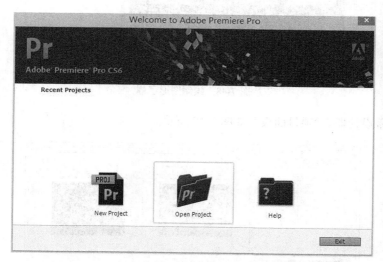

图 7-46　欢迎界面

➤ 在"Open Project"窗口中选择"实例 7-6 滚动字幕.prproj"，单击"打开"按钮，如图 7-47 所示。

➤ 执行菜单"File→New→Title"（文件→新建→字幕）命令，新建字幕"Title 02"。

➤ 在字幕设计器工具箱中选择钢笔工具或图形绘制工具，实现图形字幕创建，如图 7-48 所示。

➤ 单击 Roll/Crawl Options 按钮▤，设置"滚动/缓进选项"。

图 7-47　打开项目

图 7-48　绘制图形字幕

➢ 关闭字幕设计器。"项目面板"如图 7-49 所示。

图 7-49　新建字幕 Title 02

➢ 将字幕"Title 02"拖到"时间线面板"的 Video2 轨道的 Title 01 后面，调整播放长度到视频结束位置，如图 7-50 所示。

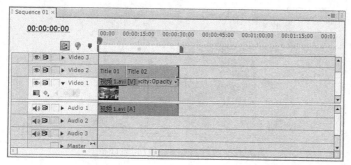

图 7-50　添加 Title 02 到"时间线面板"

➢ 在"节目监视器"中预览最终效果。

➢ 执行菜单"File→Save"（文件→保存）命令，保存项目文件。

➢ 执行菜单"File→Export→Media"（文件→导出→媒体）命令，导出 AVI 格式影片。

7.3.6　视频抠像

视频抠像是通过运用虚拟手段将背景进行特殊透明叠加的一种技术，通过对指定区域的颜色进行吸取，使其透明以实现和其他素材合成的效果。常用的抠像特效有蓝屏抠像、绿屏抠像、非红色抠像、亮度抠像和跟踪抠像等。通常选择蓝色或绿色背景的视频进行视频抠像，之所以选择蓝色或绿色是因为人的身体不含这两种颜色。素材质量的好坏直接关系到抠像效果，因此最好选择标准的纯蓝色或者纯绿色背景。

下面通过一个实例介绍 Premiere 视频抠像的应用。

【例 7-8】用视频抠像技术合成两段视频。

➢ 新建一个名为"实例 7-8 抠像合成"的项目。

➢ 执行菜单"File→Import"（文件→导入）命令，将素材文件夹中"抠像素材.mp4"导入项目中。使用"源素材面板"截取 30 秒钟的视频，如图 7-51 所示。

图 7-51　截取视频

➢ 执行菜单"File→Import"（文件→导入）命令，导入素材"视频 1.avi"，并将其拖至"时间线面板"的 Video1 轨道上。另外，将"抠像素材.mp4"拖至"时间线面板"的 Video2 轨道上。

如图 7-52 所示。

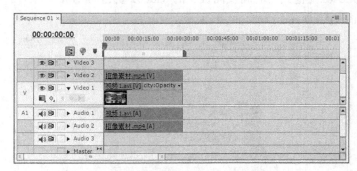

图 7-52　添加素材到"时间线面板"

➤ 打开"特效面板",点开"Video Effects"(视频特效)项,再点开"Keying"(键控),如图 7-53 所示。

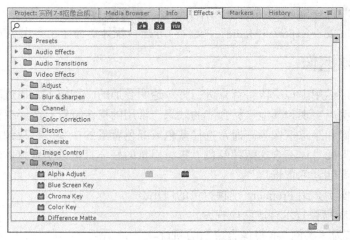

图 7-53　应用"键控"视频特效

➤ 将"Keying"(键控)下的"Color Key"拖到"时间线面板"上"抠像素材.mp4"所在位置,打开"特效控制面板",单击吸管工具，如图 7-54 所示。

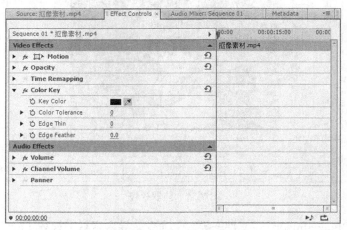

图 7-54　设置吸取颜色

➢ 此时，鼠标指针变成吸管。在"节目监视器"中"抠像素材.mp4"的绿色部分单击一下，绿色背景被吸收，"视频 1.avi"成为新背景，如图 7-55 所示。

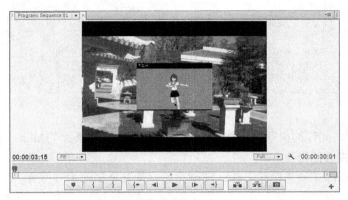

吸取颜色前

吸取颜色后

图 7-55　吸取颜色前后对照

➢ 在"节目监视器"中预览最终效果。

➢ 执行菜单"File→Save"（文件→保存）命令，保存项目文件。

➢ 执行菜单"File→Export→Media"（文件→导出→媒体）命令，导出 AVI 格式影片。

7.3.7　音频处理

对于一部完整的影视作品来说，无论是对同期声还是后期的配音配乐，音频处理都具有非常重要的作用。Adobe Premiere Pro CS6 具有强大的音频处理能力，通过"调音台"工具，可实现专业调音台的处理效果，不但具有实时录音功能，而且还能实现音频素材和音频轨道的分离处理。

下面将通过两个实例来介绍 Premiere 的音频处理功能。

【例 7-9】为视频重新配音。

➢ 新建一个名为"实例 7-9 重新配音"的项目。

➢ 执行菜单"File→Import"（文件→导入）命令，导入素材"视频 1.avi"，并将其拖至"时间线面板"的 Video1 轨道上。如图 7-56 所示。

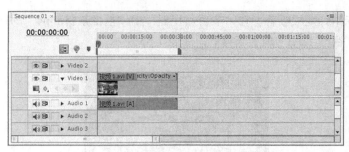

图 7-56　添加素材到"时间线面板"

➤ 右键单击"时间线面板"的 Audio1 轨道，在快捷菜单中执行"Unlink"（解除音视频链接）命令，解除音频和视频的链接。

➤ 再次选定 Audio1 轨道，按 Delete 键删除原有音频。如图 7-57 所示。

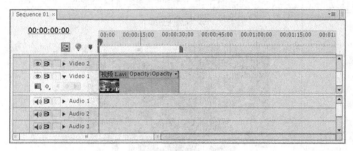

图 7-57　删除音频部分

➤ 执行菜单"File→Import"（文件→导入）命令，导入音频素材"琵琶语.mp3"，并将其拖至"时间线面板"的 Audio1 轨道上。如图 7-58 所示。

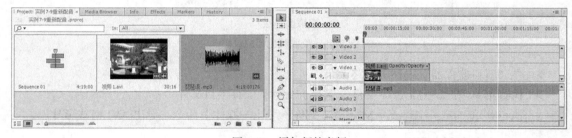

图 7-58　添加新的音频

➤ 选择工具箱中"Razor Tool"（剃刀工具），将 Audio1 轨道音频素材在视频结束的位置上切开，如图 7-59 所示。

图 7-59　使用剃刀工具切开音频

➢ 选择工具箱中 "Selection Tool"（选择工具），单击 Audio1 轨道后面的音频素材，按 Delete 键将其删除，使音频素材长度与视频素材长度相等。如图 7-60 所示。

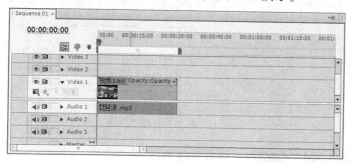

图 7-60　删除后面的音频素材

➢ 在 "节目监视器" 中预览最终效果。

➢ 执行菜单 "File→Save"（文件→保存）命令，保存项目文件。

➢ 执行菜单 "File→Export→Media"（文件→导出→媒体）命令，导出 AVI 格式影片。

【例 7-10】为电子相册添加淡入淡出的背景音乐效果。

➢ 打开 "实例 7-4" 的电子相册项目文件。

➢ 导入音频素材 "踏古.mp3"，并将其拖至 "时间线面板" Audio1 轨道上。

➢ 使用 Razor Tool（剃刀工具），将 Audio1 轨道音频素材在视频结束的位置上切开，删除后面的音频素材，使音频素材长度与视频素材长度相等。

➢ 在 "时间线面板" 中选择 Audio1 轨道，打开 "特效控制面板"，显示音频特效如图 7-61 所示。

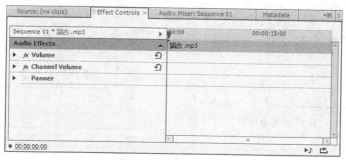

图 7-61　"特效控制面板" 中音频特效

➢ 单击展开 "Volume"（音量）分组，再展开 "Level"（级别）项，如图 7-62 所示。

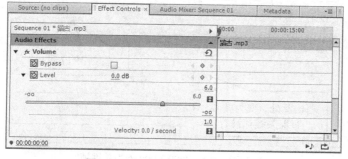

图 7-62　展开 "Level"（级别）项

➢ 将音频播放滑块拖至最左端开始位置，如图 7-63 所示。

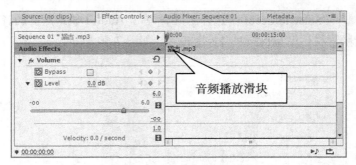

图 7-63　移动音频播放滑块

➤ 移动音量滑块至最左端-∞处，如图 7-64 所示。

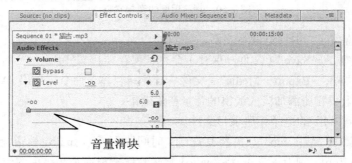

图 7-64　移动音量滑块

➤ 移动音频播放滑块拖至第 8 秒的位置，设置音量为 0.0dB，如图 7-65 所示。

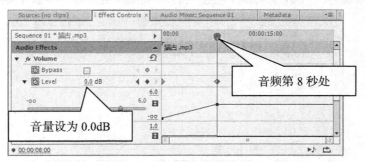

图 7-65　设置淡入效果

➤ 移动音频播放滑块拖至第 17 秒的位置，设置关键帧，如图 7-66 所示。

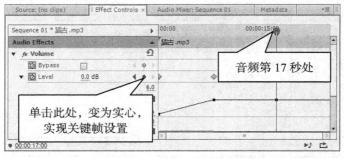

图 7-66　设置 00:00:17:00 处为关键帧

➤ 移动音频播放滑块至结束位置，移动音量滑块至最左端-∞处，如图 7-67 所示。

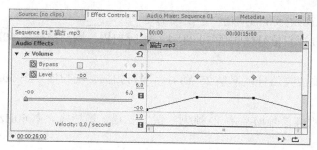

图 7-67　设置淡出效果

> 在"节目监视器"中播放，试听最终效果。
> 执行菜单"File→Save"（文件→保存）命令，保存项目文件。
> 执行菜单"File→Export→Media"（文件→导出→媒体）命令，导出 AVI 格式影片。

思维训练与能力拓展："特效面板"上的音频特效（Audio Effects）和音频切换（Audio Transitions）使用起来与视频特效类似，实践并体会其效果。

本章小结

本章介绍多媒体视频的相关概念以及处理技术，主要内容如下所述。

1. 视频（Video）泛指将一系列的静态图像以电信号方式加以捕捉、记录、处理、存储、传送与重现的各种技术。依据视觉暂留原理，当一组图像以一定速度在人的眼前播放，人眼无法辨别单幅的静态画面。感受到的是平滑连续的视觉效果，这样连续的画面就叫作视频。视频按照处理方式的不同，分为模拟视频和数字视频。通用的模拟视频包括 NTSC、PAL 和 SECAM 三种。

2. 视频数字化是指将模拟视频信号转换为计算机能够存储和处理的数字视频信号的过程。该过程包括扫描、采样、量化和编码几个环节。数字视频是由多帧图像组成的，一个帧图像又由多个像素点组成，像素点则按照量化位数以及某种规则编码为二进制数据，以供计算机存储和处理。

3. 数字视频以某种文件格式存储在计算机上，常用的视频文件格式有 AVI、MPEG、RM/RMVB、ASF、WMV、MKV、MOV、FLV 等。

4. 数字视频可以通过多种方式获得，常用的有：通过视频采集卡采集、使用数码摄像机摄取、用软件捕获屏幕动态画面等。不同的视频文件格式采用不同的视频播放器播放，当出现播放器不支持某种视频格式的播放时，可使用视频格式转换软件将其进行格式转换。

5. Adobe Premiere 是一款多媒体视频编辑与制作软件，它可以配合多种硬件进行视频捕获和输出，并提供各种精确的视频编辑工具。本章结合多个实例详细介绍了 Adobe Premiere 实现视频连接、视频转场特效、视频特效、字幕制作、视频抠像、视频中音频处理的具体方法。

快速检测

1. 我国采用的模拟视频标准是_____。
   A. NTSC　　　　　B. PAL　　　　　C. SECAM　　　　　D. HDTV

2. 下列有关模拟视频标准的描述中，正确的是_____。

    A. NTSC 标准视频信号帧率是 30 帧/秒，隔行扫描，场扫描频率 60Hz，每帧 525 条扫描线

    B. NTSC 标准视频信号帧率是 25 帧/秒，隔行扫描，场扫描频率 50Hz，每帧 625 条扫描线

    C. PAL 标准视频信号帧率是 30 帧/秒，隔行扫描，场扫描频率 60Hz，每帧 625 条扫描线

    D. SECAM 标准视频信号帧率是 25 帧/秒，隔行扫描，场扫描频率 50Hz，每帧 525 条扫描线

3. 下列数字视频质量最好的是_____。

    A. 720×576 分辨率、隔行扫描、25 帧/秒

    B. 720×576 分辨率、逐行扫描、50 帧/秒

    C. 1280×720 分辨率、逐行扫描、50 帧/秒

    D. 1920×1080 分辨率、隔行扫描、50 帧/秒

4. 以下不属于视频文件格式的是_____。

    A. AVI   B. MPEG   C. WMA   D. MKV

5. 以下能够作为视频采集卡视频源的是_____。

    A. 数码摄像机   B. 数码照相机   C. 模拟录像机   D. CD-ROM

6. 以下有关数码摄像机的描述中，正确的是_____。

    A. CCD 和 CMOS 是数码摄像机的两种存储器类型

    B. 数码摄像机按照用途不同可分为广播级机型、专业级机型和消费级机型

    C. DSP 芯片不属于数码摄像机的主要部件

    D. 目前消费级 DV 和专业级 DV 主要采用磁带式存储

7. 以下_____是 Windows 自带的视频播放器。

    A. Windows Media Player   B. RealPlayer

    C. QuickTime Player   D. 暴风影音

8. 格式工厂不具备_____的功能。

    A. 常用视频文件格式转换   B. 常用音频文件格式转换

    C. 常用图像文件格式转换   D. 记事本等文档格式转换

9. 在 Premiere 中，下面_____的操作无法实现素材导入。

    A. 执行菜单"File→Import"（文件→导入）命令

    B. 在项目窗口的任意空白位置单击鼠标右键，在弹出的快捷菜单中选择"Import..."（导入）

    C. 直接在项目窗口的空白处双击鼠标即可

    D. 在浏览器中拖入素材

10. 在 Premiere 中，_____不能在字幕中使用图形工具直接画出。

    A. 矩形   B. 圆形   C. 三角形   D. 星形

第**8**章
多媒体应用系统开发

多媒体应用系统开发与其他应用程序相比，最本质的区别在于多媒体应用系统开发是以内容为导向的。多媒体应用系统并非各种媒体的简单组合，而是把文本、图形、图像、动画、声音等多种媒体元素更好地组织在一起，由多媒体开发人员使用多媒体创作工具最终开发出一款具有表现力和创意的作品。本章首先对多媒体创作工具的发展情况进行简要介绍，然后结合 Adobe Captivate 软件的具体使用，介绍多媒体应用系统的开发过程和方法。

8.1　多媒体创作工具概述

工欲善其事，必先利其器。一个典型的多媒体作品是多种媒体元素的集成。要制作多媒体作品需要使用多媒体创作工具，按照规范的多媒体创作流程进行生产和制作。多媒体创作工具一般具备什么样的功能？现今流行的创作工具有哪些类型，实际应用中如何进行选择？这些都是开发多媒体应用系统必须了解的知识。

8.1.1　多媒体创作工具的功能和特点

随着多媒体应用系统需求的日益增长，许多公司都对多媒体创作工具及其产品非常重视，并集中人力和资金进行开发，从而使得多媒体创作工具日新月异。根据应用目标和使用对象的不同，多媒体创作工具一般具有如下功能和特点。

1. 良好的模块化和面向对象的编程环境

多媒体创作工具能让开发者将多媒体应用系统编成独立片段并使之模块化，甚至目标化，使其能"封装"和"继承"，让用户能在需要时独立使用。多媒体创作工具一般为用户提供了编排各种媒体数据的环境，即能对多媒体元素进行基本的信息和信息流控制操作，包括条件转移、循环、数学计算、数据管理和计算机管理等。多媒体创作工具还具有将不同媒体信息编入程序的能力、时间控制能力、调试能力、动态文本输入与输出能力等。

2. 较强的多媒体数据输入/输出能力

多媒体数据一般由多媒体素材编辑工具完成。由于制作过程中经常要使用原有的媒体素材或加入新的素材，因此要求多媒体创作工具应具备一定的数据输入和处理能力。另外，对于用到的各种媒体数据，可以进行实时呈现与播放，以便对媒体数据进行检查和确认。具体来讲，多媒体创作工具的输入/输出能力主要表现在如下方面。

① 能输入/输出多种图像文件，如 BMP、JPG、PNG、TIF、GIF 等。

② 能输入/输出多种动态图像及动画文件，如 AVI、MPG、SWF 等，同时可以把图像文件互换。

③ 能输入/输出多种音频文件，如 WAV、CD Audio、MIDI、MP3 等。

3. 动画处理能力

多媒体创作工具可以通过程序控制，实现显示区的位块移动和媒体元素的移动，以合理地组织和控制多媒体作品的运行流程。另外，多媒体创作工具还应能播放由其他动画制作软件所生成动画的能力，以及通过程序控制动画中物体的运动方向和速度，制作各种过渡特效并控制动画的可见性，如移动位图、淡入、淡出、抹去、旋转、控制透明度及层次效果等。

4. 超链接能力

超级链接能力是指从一个对象跳转到另一个对象，即程序跳转、触发、链接的能力。多媒体创作工具应让开发人员能在作品设计过程中指定和测试媒体对象之间的链接关系，允许用户指定跳转链接的位置，允许从一个静态对象跳到另一个静态对象或基于时间的数据对象等。

5. 应用程序链接能力

多媒体创作工具应能将外界的应用控制程序与所创作的多媒体应用系统连接起来，也就是让用户能从一个多媒体应用程序来激发另一个多媒体应用程序或外部程序，并加载数据，然后返回运行中的多媒体应用程序。

6. 界面友好，易学易用

多媒体创作工具应具有友好的人机交互界面、屏幕呈现的信息要多而不乱，即具备多窗口、多进程管理的能力。同时，还应具备必要的联机检索帮助和导航功能，使用户尽可能地在不借助印刷文件的情况下，就可以轻松掌握其基本使用方法。此外，多媒体创作工具应操作简便，易于修改，菜单与工具布局合理，有良好的技术支持等。

> **思维训练与能力拓展：** 多媒体应用程序能够连接（调用）另一个函数处理的程序：可建立程序级通信 DDE（Dynamic Data Exchange）、对象的链接和嵌入 OLE（Object Linking and Embedding）。通过百度了解 DDE 和 OLE 的概念和原理。

8.1.2　多媒体创作工具的类型

每一种多媒体创作工具都提供了不同的应用开发环境，并具有各自的功能和特点，适用于不同的应用范围。根据多媒体创作工具的创作方法和特点的不同，可将其划分为 4 类。

1. 基于时间的多媒体创作工具

基于时间的多媒体创作工具所制作出来的节目，是以可视的时间轴来决定事件的顺序和对象上演的时间。这种时间轴包含多个轨道，可以安排多种对象同时展现。它还可以用来编程控制转向一个序列中的任何位置的节目，从而增加了导航功能和交互控制。通常基于时间的多媒体创作工具中都具有一个控制播放的面板，与一般录音机的控制面板类似。在这些创作系统中，各种成分和事件按时间路线组织。这类多媒体创作工具的典型代表如 Director 和 Action。

优点：操作简便，形象直观，在一个时间段内，可任意调整多媒体素材的位置、转向等属性。

缺点：要对每一素材的展现时间做出精确安排，调试工作量大。

2. 基于图标或流线的多媒体创作工具

在这类创作工具中，多媒体成分和交互队列（事件）按结构化框架或过程组织为对象。它使项目的组织方式简化而且多数情况下是显示沿各分支路径上各种活动的流程图。创作多媒体作品时，创作工具提供一条流程线，供放置不同类型的图标使用。多媒体素材的展现是以流程为依据的，在流程图上可以对任一图标进行编辑。这类多媒体创作工具的典型代表如 Authorware 和 IconAuthor，优缺点如下。

优点：调试方便，在复杂的导航结构中，流程图有利于开发过程。

缺点：当多媒体应用软件规模很大时，图标及分支增多，进而复杂度增大。

3. 基于卡片或页面的多媒体创作工具

基于页面或卡片的多媒体创作工具提供一种可以将对象连接于页面或卡片的工作环境。一页或一张卡片便是数据结构中的一个节点，它类似于教科书中的一页或数据袋内的一张卡片。只是这种页面或卡片的结构比教科书上的一页或数据袋内的一张卡片的数据类型更为多样化。在基于页面或卡片的多媒体创作工具中，可以将这些页面或卡片连接成有序的序列。这类多媒体创作工具以面向对象的方式来处理多媒体元素，这些元素用属性来定义，用剧本来规范，允许播放声音元素及动画和数字化视频节目。在结构化的导航模型中，可以根据命令跳至所需的任何一页，形成多媒体作品。这类多媒体创作工具的典型代表如 ToolBook 和 HyperCard，优缺点如下。

优点：组织和管理多媒体素材方便。

缺点：在要处理的内容非常多时，由于卡片或页面数量过大，不利于维护与修改。

4. 以传统程序语言为基础的多媒体创作工具

需要用户编程量较大，而且重用性差、不便于组织和管理多媒体素材、调试困难。例如 VB、VC++、Delphi 等。

思维训练与能力拓展：根据以上对创作工具类型的介绍，你认为 Adobe Captivate 软件属于哪种类型的软件？若对该软件不熟悉，可通过网络进行初步了解。

8.1.3　多媒体创作工具的选择

要想创作出一部优秀的多媒体作品，就必须根据自己的实际情况选择一套最适合的多媒体创作工具。所谓"磨刀不误砍柴工"，多积累一些这方面的知识对自己的多媒体创作会有很大帮助。选择多媒体创作工具时，首先要考虑前面提到的基本功能要求是否具备，所提供的基本功能可否满足应用系统的设计要求；其次还应考虑应用范围、制作方式、所能处理的媒体数据类型等；另外还需要考虑诸如多媒体数据文件管理，是否可制作成独立的播放程序以及可扩充性等问题。

8.2　多媒体应用系统的开发过程

多媒体应用系统的开发是一个繁杂、综合程度较高的过程，要做的事情和需考虑的细节非常多，稍有疏忽便不可能制作出令人满意的作品。因此，和 Flash 动画的设计与制作一样，多媒体应用系统的开发也需事先做好各种谋划和准备，并按一定的操作流程进行。为了顺利完成多媒体应用系统的开发目标，其一般过程包括哪些环节呢？本节将围绕这一主题进行介绍。

8.2.1 多媒体应用系统开发人员

多媒体应用系统开发人员有以下几类：制作经理也称项目经理，负责整个项目的开发和实施，包括经费预算、进度安排、主持脚本的创作等；内容专家，负责研究多媒体应用系统的全部内容，为多媒体设计师提供程序内容，即多媒体应用演示的具体信息、数据和图形等；音频和视频专家，负责为多媒体系统准备、采集、处理、合成各种音频和视频素材；多媒体设计师，带领团队成员完成相应的开发任务。

8.2.2 多媒体应用系统开发阶段

开发多媒体应用系统，需要先做好应用系统的总体设计，进行系统规划与设计，编写脚本，选用合适的素材编辑处理软件对所需的各种多媒体素材进行加工处理，比如用 Photoshop 编辑图片，用 Audition 编辑音频，用 Flash 创作动画等。然后，选择一种多媒体创作工具将准备好的各种多媒体素材集成，对系统进行测试和修改，排除系统中的错误，最后发布并评价作品，完成应用系统的开发。下面对这一过程的主要环节进行简要说明。

1. 需求分析

需求分析是开发多媒体应用系统的第一阶段。该阶段的任务是确定用户对应用系统的具体要求和设计目标。然后设计人员还要从不同的角度分析其必要性和可行性，找出一个可行性高、创意新颖的方案。

2. 结构设计

应用系统结构设计是根据需求分析，形成一个清晰可行的设计方案。需要强调的是，多媒体应用系统设计中，必须将交互的概念融入子项目的设计之中。在确定系统整体结构设计模型之后，还要确定组织结构是线性、层次还是网状链接，然后设计脚本，绘制插图、屏幕样本和定型样本。

3. 详细设计

在具体的开发之前必须制定高质量的设计标准，以确保多媒体设计具有一致的内部设计风格，这些标准主要包括主题设计标准、字体使用标准。同时要确定图像如何显示及位置、是否需要边框、颜色以及尺寸大小等因素。若采用动画则需要考虑突出动画效果。

4. 素材准备

素材准备与加工是根据详细设计方案的具体要求，搜集与要开发的系统相关的多媒体素材，并对相应的数据进行数字化处理。对于图像，要注意其大小、类型、色彩等信息，以便能得到更好的显示效果。在多媒体作品中，对于事实的描述仅依赖文本和图片等形式是远远不够的。为了在有限版面中呈现大量不同层面的信息，需要添加动画素材，提高作品的表现力。使用专业动画制作软件 Flash、3ds max 等可以获得满意的动画效果。其他的媒体准备也十分类似。最后，这些媒体都必须转换为系统开发环境下要求的存储和表现形式。

5. 编码集成

在完全确定产品的内容、功能、设计标准和用户使用要求后，要选择合适的创作工具和方法进行制作，将各种多媒体数据根据脚本设计进行编程连接，或选用创作工具实现集成、连接、编排与组合，从而构造出由多媒体计算机所控制的应用系统。由于进行多媒体应用系统制作时要很好地解决多媒体压缩、集成、交互以及同步等问题，编程设计不仅复杂而且工作量大，因此多采用多媒体创作工具完成。

6. 测试与应用

多媒体软件完成后还要对软件进行测试，检查作品中是否存在错误，请专家进行评审，收集各方建议。根据测试结果和建议修改和完善作品，从而达到最佳效果。在测试证明系统达到要求后，多媒体开发者应向用户提交开发的目标安装程序、数据库的数据字典、《用户安装手册》、《用户使用指南》、需求报告、设计报告、测试报告等双方合同约定的文件或代码。

8.3　Captivate 多媒体应用系统开发

Captivate 是一款高效的多媒体应用系统开发工具，如何借助该软件的强大功能快速开发各种多媒体应用系统？开发过程中要特别注意哪些方面？本节将介绍使用 Captivate 软件进行多媒体应用系统开发的相关知识和操作方法。

8.3.1　Captivate 概述

2005 年，Adobe 收购了 Macromedia 公司，将旗下的多媒体创作软件 Macromedia Captivate 更名为 Adobe Captivate，并不断进行版本升级，目前的最新版本为 Adobe Captivate 7。本书将以 Adobe Captivate 7 为例，介绍多媒体应用系统的相关操作和开发方法。

使用 Adobe Captivate 软件，可以让编程知识或多媒体技能相对欠缺的用户都真正能够快速地创建功能强大、引人入胜的仿真、软件演示、基于场景的培训和测试。同时，通过软件的自动化功能，学习软件的专业设计人员、教育工作者和商业与企业用户只需简单地单击用户界面，便可轻松记录屏幕操作、添加电子学习交互、创建具有反馈选项的复杂分支场景，并包含丰富的媒体元素。

1. Captivate 7 主要新功能

（1）增强的 HTML5 发布

随时随地提供电子学习内容，以 HTML5 格式进行发布，并能将课程相关内容发布到移动设备上，将评分数据发送至兼容 SCORM 和 AICC 的领先的 LMS 并跟踪学习者进度。

（2）与 Microsoft PowerPoint 进行往返关联

可将 PowerPoint 2010 幻灯片导入电子学习项目。添加对象、动画以及多媒体元素，轻松更新内容，并利用动态链接的导入选项让 PowerPoint 和 Adobe Captivate 项目保持同步。

（3）拖放组件

提供可以在桌面和 iPad 上面运行的拖放游戏、测验和学习模块，让电子学习变得更加有趣。提供音频反馈来响应用户的拖放操作。

（4）增强的交互库

只需单击一下就能将设计美观的交互式元素插入电子学习内容。只需从众多出色的开箱即用式互动功能（如 Glossary、Accordion 和 Animated Rollover 等）中进行选择，然后定制内容和外观。

（5）先期测试和能够识别分支问题（branch-aware）的测验

使用先期测试来评估学习者个人的知识、技能水平和培训需求。在此结果的基础之上，将学习者引导至合适的部分，并最终对其进行测试，以评估其学习成果。

2. Captivate 7 基本工作流程

Captivate 7 的基本工作流程包括以下几个环节。

（1）捕获幻灯片

Captivate 最流行的一个功能就是能够录制用户在屏幕上的任何操作。只需在计算机上使用鼠标或键盘进行操作，Captivate 就能够在后台使用复杂的基于屏幕截图的捕获引擎录制用户所做的任何动作。这一步类似拍电影，主要目的就是获得必要的图片、动作和序列。

（2）编辑阶段

这个阶段是最耗时的阶段。在这一步，安排幻灯片的最终播放顺序，录制解说，添加对象到幻灯片（比如文本标签和按钮），开发高级交互等。有时 Captivate 项目并不是基于屏幕截图的，这时需要在 Captivate 里完成创建或从 PowerPoint 导入。

（3）发布阶段

Captivate 可以将项目发布为流行的 Flash 格式，也可以发布为 Windows 中的独立可执行程序（*.exe）或作为一个视频文件上传到视频分享网站。从 Captivate 6 开始，Captivate 项目也可以发布为 HTML5 格式，这个格式的好处在于可在不支持 Flash 技术的移动设备上学习。

思维训练与能力拓展：移动学习被认为是一种未来的学习模式，HTML5 作为下一代的 HTML，可为不断增长的移动学习提供技术支持。请对移动学习、HTML5 以及 Captivate 三者的关系进行分析与讨论，并通过百度了解它们的优势以及有争议的地方。

8.3.2 Captivate 的界面环境

Captivate 7 的操作界面如图 8-1 所示。它主要包括快捷工具栏、工具面板、幻灯片列表、幻灯片、时间轴等。

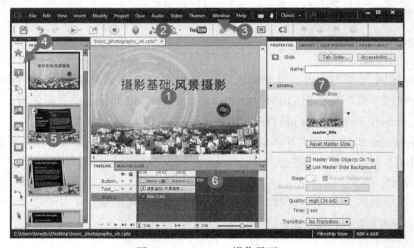

图 8-1 Captivate 7 操作界面

1. 舞台

Captivate 用户界面主要是由环绕着舞台的面板组成。舞台是幻灯片的显示区域。构成项目中的每张幻灯片的对象都展示在舞台上。

2. 快捷工具栏

快捷工具栏可以用更高效的方式加入项目或执行程序。单击工具栏上的各种命令按钮即可执行所需的工作，而不用在菜单中操作。可以根据需要执行"Windows→Main Options"命令，选择显示或隐藏按钮。

3. 菜单栏

菜单栏包含 Captivate 几乎所有的操作命令。Captivate 将所要求的功能分类后，分别放在各自的主菜单项中。主要包括 File、Edit、View、Insert、Modify、Project、Quiz、Audio、Video、Themes、Window 和 Help 共 12 组菜单。

4. 工具箱

用于快速插入各种对象。例如，想要插入一个 Button 对象，只需单击工具箱里的 Button 按钮，当前的幻灯片上就会插入一个 Button 对象。

5. 幻灯片列表

依照幻灯片在影片中出现的顺序，显示一系列幻灯片的缩略图。在列表中单击某一幻灯片后，该幻灯片会显示在舞台中。可以通过拖曳幻灯片来变更幻灯片的顺序。若要选取多张幻灯片，按住 Shift 或 Ctrl 键不放，同时单击幻灯片；若要选取所有幻灯片，可使用组合键 Ctrl+A。

6. 时间轴

以视觉方式陈列幻灯片上所有的对象。在时间轴上可以很容易地看到幻灯片的各个对象的层叠关系、每个对象的运行时间及顺序。可以通过时间轴组织对象，并精确控制对象的计时。

7. 属性面板

执行"Window→Properties"命令可以打开用于设置各选中对象的属性面板。属性面板的内容会根据选中对象的不同而改变。

8.3.3　Captivate 的基本操作

1. Captivate 7 项目

Adobe Captivate 项目是指一组幻灯片，这组幻灯片会像电影一样按照指定的顺序进行播放。启动 Captivate 7，将出现如图 8-2 所示的欢迎界面，可以单击界面右侧列表中的选项建立各种 Adobe Captivate 项目。

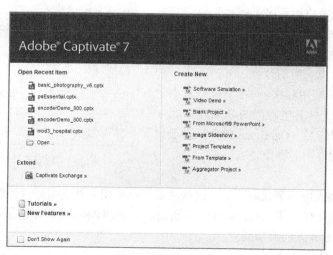

图 8-2　创建项目界面

下面对这些项目中的重点类型进行简要介绍。

（1）Software Simulation（软件模拟）

在计算机的应用程序窗口或屏幕指定区域中，使用 Captivate 录制事件，截取一连串的屏幕快照，并依次放在单独的幻灯片中。在这一项目类型中，鼠标、键盘或系统事件都可用来触发生成新幻灯片。项目扩展名为.cptx。

（2）Video Demo（视频演示）

Captivate 的一种特别的录制模式，可以生成.mp4 格式的视频文件。这些文件可以发布在视频分享网站，例如优酷网等，也可以在移动设备上播放。项目扩展名为.cpvc。

（3）Blank Project（空白项目）

使用空白项目，可以任意加入 Captivate 对象、导入 PPT 文件、音频、视频、图像和动画，甚至是模拟的 Flash 视频或录制软件示范。项目扩展名为.cptx。

（4）From Microsoft PowerPoint（从 PPT 文件导入生成项目）

可以将整份 PowerPoint 文件或该文件中部分幻灯片导入到 Captivate 项目中，并在 Captivate 中调用 PowerPoint 软件来编辑该 PPT 文件。项目扩展名为.cptx。

（5）From Template（从模板中生成项目）

使用项目模板来快速建立项目。使用项目模板可确保项目的一致性，提高制作效率。模板文件扩展名为.cptl。

2. 创建软件模拟项目

在欢迎界面上单击"Software Simulation"项目或执行"File→Record New Project…"菜单命令，将弹出创建软件模拟项目对话框，如图 8-3 所示。

在创建软件模拟项目时，Captivate 会使用一组预设的参数设定录制或建立项目。执行"Edit→Preferences…"命令，单击"Recording"左侧的下三角按钮展开下拉列表，在此可根据录制项目的需要，自定义这些参数。

（1）录制对象的选择

录制对象可分为两大类：Screen Area（屏幕区域）和 Application（应用程序）。

① Screen Area（屏幕区域）：在屏幕上选择任意区域，单击录制按钮后，就会把红框区域中的操作录制下来，形成一组幻灯片。

② Application（应用程序）：在下拉列表中会显示出在当前系统中正在运行的应用程序名称。选择一个应用程序后，Captivate 就会依附于该软件，并将在该软件中的操作录制下来。

（2）录制类型

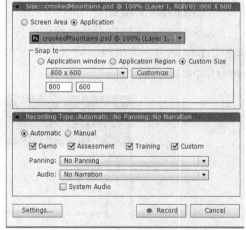

图 8-3　创建软件模拟项目对话框

Captivate 具有强大的屏幕录制功能，这些功能可以采用多种类型进行操作，并在录制后进行特定调整。录制类型共有 3 种：Automatic（自动录制）、Full Motion（全动态录制）和 Manual（手动录制），分别对应三种不同的功能。

① Automatic（自动录制）。

Captivate 会自动截取屏幕快照，并将它们放在单独的幻灯片中。自动录制是 Captivate 中最常用的录制类型，它录制的项目存储空间较小，同时能够对录制项目进行再编辑和调整。在自动录制模式下，一共有四种模式，如图 8-3 中"Recording Type"（录制类型）部分。

A. Demo（演示模式）：如果要演示某程序或软件操作，可使用 Demo 模式。在该模式下，所有的交互操作将记录在一段视频中，但使用此模式制作的影片无法为学习者提供交互功能。学习者只能被动地观看在录制项目时所执行的动作。

B. Assessment（评估模式）：如果要测试学习者对某一操作过程的了解程度，可使用 Assessment 模式。该模式可以为学习者评分，可设定每次操作正确后的得分，也可以设定让学习者尝试每个程序操作的次数（默认值为 2）。若学习者尝试了指定次数，仍未能操作正确，影片会运行到下一个步骤，而学习者会失去得分。

C. Training（训练模式）：如果想要为学习者创建训练性的数字化资源，可使用 Training 模式。使用该模式制作的内容，只有学习者正确执行了上一个动作，才能继续运行到下一张幻灯片。

D. Custom（自定义模式）：如果想混合使用多种模式的功能，可使用 Custom 模式。该模式可以具有最高的自定义级别。要想对该模式进行参数设置，可执行 "Edit→Preferences…" 命令，并点选左边的 "Recording→Modes" 项目，在 "Mode" 下拉列表中选择 "Custom"，并勾选相关的选项。

② Full Motion（全动态录制）。

实时录制整个操作事件，并以视频的形式出现于一张幻灯片中。比如需要显示进度条的完整过程就需要使用全动态录制。开启全动态录制的快捷键是 F9，结束全动态录制的快捷键是 F10。

③ Manual（手动录制）。

使用此选项，将会根据鼠标或键盘的操作截取屏幕快照。录制完成后，会以视频的形式按顺序出现于多张幻灯片中。每一次鼠标或键盘的操作就是一个视频幻灯片。

> **思维训练与能力拓展**：请使用 Adobe Media Encoder CS6 转换一段视频，使用自动录制记录转换过程，看看进度条动态显示过程能记录下来吗？如果不能，请找出原因。

【例 8-1】使用 Demo 模式制作 Photoshop Content-Aware-Fill（内容识别填充）的操作过程。

➢ 启动 Photoshop CS6 软件，打开要操作的图片。

➢ 启动 Captivate 7 软件，执行 "File→Record New Project" 命令或在欢迎界面上单击 "Software Simulation" 项目，在弹出的对话框中设置相关属性，如图 8-4 所示。

➢ 单击 "Record"（录制）按钮后进入准备开始录制界面。

➢ 操作完成后，按 End 键结束录制，Captivate 软件自动生成 Captivate 项目文件。

> **思维训练与能力拓展**：在例 8-1 所示的创建内容识别填充项目时，在新建录制项目的对话框上勾选另外三种录制模式，对比四种模式的差异。

3. 编辑幻灯片文件

（1）认识幻灯片

Captivate 项目是由幻灯片所构成的，这些幻灯片会连续播放。幻灯片是项目的最小单位。Captivate 的绝大多数作业都是在幻灯片上完成的。Captivate 有许多不同类型的幻灯片。一个项目中可以包含以下部分或所有类型的幻灯片。

① Blank Slide（空白幻灯片）：当要从头开始建立幻灯片时，使用此种类型幻灯片。

② PowerPoint Slide（PowerPoint 幻灯片）：从 PowerPoint 文件导入的幻灯片。

③ Image Slide（图像幻灯片）：使用 JPG、GIF、PNG 等格式的图像作为背景，可以整个项目都使用图像幻灯片，这样就成为一本相簿。

④ Question Slide（测试幻灯片）：具有测试和获取学习者反馈功能的幻灯片。

⑤ Animation Slide（动画幻灯片）：包括 SWF、GIF 或 AVI 等格式的动画幻灯片。

⑥ Recording Slide（录制幻灯片）：通过录制屏幕或软件操作生成的幻灯片。

使用"Insert"（插入）菜单，可以插入以上类型的幻灯片。

（2）幻灯片属性

使用"属性"面板来设定幻灯片的各项属性，如图 8-5 所示。

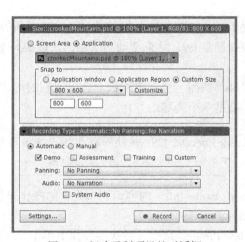

图 8-4　新建录制项目的对话框

图 8-5　幻灯片属性面板

8.3.4　加入与管理 Captivate 对象

当在 Captivate 中建立一个空白的项目或基于模板的项目时，需要手动添加各种多媒体素材或操作对象，如音乐、视频、动画、按钮、交互式动画等。

1. Captivate 对象类型

在 Captivate 中有许多不同类型的对象，用于增强 Captivate 项目的可用性和互动性。Captivate 对象可分为非交互类和交互类对象两种。

（1）非交互类对象

非交互类对象是指用于显示信息的对象。制作者无法对非交互类对象指定分数。以下是 Captivate 支持的部分非交互类对象，可使用"Insert"菜单在幻灯片上插入这些对象。

① Text Caption（文字标签）：添加文字的工具。

② Rollover Caption（鼠标经过显示标签）：鼠标经过时显示一个文字标签。

③ Highlight Box（高亮方块）：突出显示文本。

④ Mouse（鼠标）：用于显示鼠标的运行轨迹。

⑤ Smart Shape（智能形状）：绘制基本图形、箭头、按钮、旗帜等。通过操作智能点，可以改变现有图形的形状。

⑥ Zoom Area（缩放区域）：只要将工具拖到图片的一角，框住的区域会被放大。

⑦ Rollover Slidelet（鼠标经过显示小型幻灯片）：鼠标经过显示一张图片。

⑧ Animation（动画）：添加 Flash 动画。

⑨ Text Animation（动画文字）：添加多种效果的文字动画。

⑩ Audio、Video（音、视频）：用于向幻灯片添加音频和视频，仅支持 FLV 和 F4V 格式的视频。

（2）交互类对象

交互类对象是指当用户使用鼠标或键盘与对象交互时，会执行动作的对象，并且制作者可以为用户的操作指定分数。例如，交互类对象 Click Box（单击方块），当用户单击该方块时，单击方块会执行定义的动作，可以为这个正确的单击操作指定分数。

Captivate 软件支持的交互类对象如下。

① Button（按钮）：使幻灯片暂停运行，单击后再根据设置做相关的跳转动作。

② Click Box（单击方块）：使幻灯片暂停运行。用于设置一个单击的区域，在区域内单击后根据设置做相关的跳转动作。

③ Text Entry Box（文字输入方块）：使幻灯片暂停运行。文字输入方块是项目运行时允许用户输入文字的区域，是一个可以测试用户知识的有利工具，用于输入答案。在用户输入答案后，Captivate 会将答案与预先设定的答案对比，再根据设置做相关的跳转动作。

④ Widget：是 Captivate 文件中可被设置参数并产生动态运行效果的 SWF 对象。

2. Button（按钮）

按钮可以增加 Captivate 所制作的数字化资源的交互性，按钮类型可以是文本按钮、透明按钮、图像按钮 3 种。将按钮加入到项目后，即可使用属性面板编辑按钮的属性。下面介绍使用按钮的操作方法。

➤ 执行 "Window→Object Toolbar" 命令打开 "工具箱"，单击 [OK]。或执行 "Insert→Standard Object→Button" 命令。

➤ 执行 "Window→Properties" 命令可以打开属性面板，在 "General" 选项中，可以设置 "Button Type"（按钮类型），如图 8-6 所示。

➤ 在 "Action" 选项卡中，"On Success" 下拉列表用于设置单击按钮后所触发的动作事件，如 Continue（继续）、Jump to Slide（跳转到某张幻灯片）、Open URL or file（打开某个 URL 地址或硬盘文件）等。

➤ 如果想为按钮添加 "成功"、"失败"、"提示" 的注释选项，可选择 "OPTIONS" 中的相关选项。

在时间轴面板上，按钮对象分成两个区域，如图 8-7 所示。在两个区域的分割线旁边有一个暂停符号（圆圈标识的地方），它代表了按钮停止播放并等待用户单击的确切时间。

> 🧑‍🏫 **思维训练与能力拓展**：除了上面介绍的按钮类型外，Smart Shapes（智能形状）也可以作为按钮，请添加一个智能形状把它作为按钮来使用（提示：选中智能形状后，在属性面板中设置）。

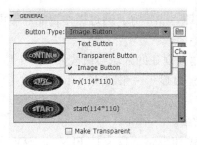

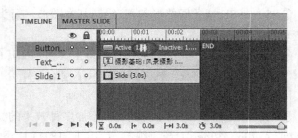

图 8-6　设置"General"选项卡　　　　　　　　　　图 8-7　时间轴面板

3．Drag and Drop（拖放组件）

拖放交互要求至少两个对象，一个作为拖动的对象（拖源），一个作为拖动对象放置的目的地。这些对象可以是图像、文本标签、高亮方块、智能形状等。为了使拖放组件更加有趣，在一张幻灯片里可以包含多个拖动对象，也可以包含多个放置目的地。

要实现拖放，可以使用两种方法。一种是单击"Window→Drag and Drop"打开拖放面板实现拖放功能。另一种是单击"Insert→Launch Drag and Drop Interaction Wizard…"弹出一个向导对话框，通过向导提示的 3 个步骤的设置来实现拖放功能。

【例 8-2】使用拖放功能完成简单数字匹配。

➢　新建一个 Blank Project（空白项目），在第一张幻灯片里加入图片、数字等内容。如图 8-8 所示。

不同的图案代表不同的数字，比如蘑菇代表 8，花朵代表 5。等号右边的 Text Caption（文本标签）作为 Drop Target（放置目的地），圆盘中的数字作为 Drag Source（拖源）。

➢　单击"Insert→Launch Drag and Drop Interaction Wizard…"启动向导来定义拖放操作。

➢　单击盘子里的所有数字作为 Drag Source，每个数字的周围会出现一个绿色的方框，如果选择错误，可以单击右上角的红色减号移除。所有数字选择完成后，单击下一步。

➢　选择等号右边的三个 Text Caption（文本标签），单击三个标签完成 Drop Target 的选择。选择完成后，可以看到三个文本标签周围会有蓝色的方框，然后单击下一步。

➢　在数字中心拖动正确的数字到左边的三个等式的方框里，即完成了正确答案的设定。在单击完成前，请确认最终界面如图 8-9 所示。

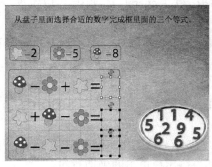

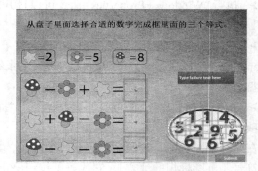

图 8-8　幻灯片截图　　　　　　　　　　图 8-9　三个步骤后的最终界面

➢　最后，在 Failure Caption（失败标签）里面键入拖放失败的消息。单击工具栏上的预览按钮测试拖拉交互操作。

4．Widget 对象

Widget 是 Captivate 中可以设置参数的 SWF 对象，有助于为 Captivate 多媒体软件制作提供强大的交互性与丰富的内容。当 Captivate 使用者插入特定的 Widget 时，可以根据内容自定义一些参数。下面介绍如何打开和使用 "Widget" 库面板。

执行 "Window→Widget" 命令，打开 "Widget" 库。默认情况下会显示全部的 Widget 对象。如果不能显示，请选择面板左下角的 "Change Path…" 按钮选择正确的路径。Captivate 中的 Widget 有三种类型：Static（静态）、Interactive（交互的）、Question（问题），如果选择 "All"，即可显示所有的 Widget 对象。要完成 Widget 的添加，只需要打开 "Widget" 面板，选择需要的对象，并从库中拖到幻灯片编辑区中，在弹出的属性面板中设置相应的参数，单击 "OK" 按钮便可完成 Widget 对象的添加。

> ❓ **思维训练与能力拓展：** 请通过 Widget 面板在幻灯片上添加 ArrowWidget 对象。

8.3.5　添加测试内容

Captivate 可以建立测验以评价用户对学习内容的了解程度。在 Captivate 软件内提供了各种各样的试题幻灯片。也可以建立试题集，并从试题集中随机挑选试题。

1. 设定测试参数

执行 "Edit→Preferences…" 命令打开 "Preferences" 对话框，选取 "Quiz" 栏目中的 "Settings"。在这里可以设定一般的参数，套用到当前项目中所有的试题幻灯片，如图 8-10 所示。

2. 设定通过或失败的参数

在 "Preferences" 对话框中，选取 "Quiz" 栏目中的 "Pass/Fall Options" 选项，如图 8-11 所示。在此可以设定通过测验所需的最低分数。例如，设定用户通过测验所需分数的最低百分比，或设定用户通过测验所需的最低分数，也可以在 "If Passing/Failing Grade" 中设定在用户通过或未通过测验后应采取的动作。

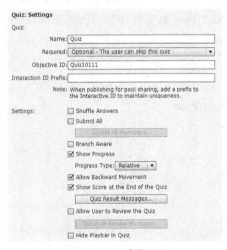

图 8-10　测试参数设置　　　　图 8-11　通过或失败的参数

3. 设定试题幻灯片的默认标签

在 "Preferences" 对话框中，选取 "Quiz" 栏目中的 "Default Labels"。在此可以设定 "Submit"（提交）、"Clear"（清除）、"Skip"（略过）和 "Back"（后退）4 个按钮上显示的默认标识。任何试题幻灯片上都会显示这 4 个按钮，可以在该幻灯片的 "属性" 面板中停用这 4 个按钮。

4. 制作试题幻灯片

（1）在开启的项目中，执行"Insert→Question Slide…"命令，弹出"Insert Question"面板，如图 8-12 所示。

（2）选取试题的类型。Captivate 包含图 8-12 所示的 8 种试题类型。

① Multiple Choice（选择题）：用户从选项中选取一个或多个正确答案。

② True/False（是非题）：用户选择"对"或"错"（或"是"或"否"）。

③ Fill-In-The-Blank（填空题）：用户完成句子或词组中的填空。

④ Short Answer（简答题）：用户填入字句。

⑤ Matching（配对题）：用户将两个列表的项目进行配对。

⑥ Hot Spot（热点题）：用户用鼠标单击幻灯片某些区域的上方。

⑦ Sequence（排列题）：用户以正确的顺序排序所列的项目。

⑧ Rating Scale（Likert）（李克特量表）：用户表示对于陈述的同意程度。

⑨ Random Question（随机试题）：从"Question pool"中选择一个试题库，运行时随机显示库中的一道问题。

（3）指定试题是分级问题或问卷调查问题（Graded or Survey）。

① 分级问题：如果想为该问题制定分数来测试用户，使用"Graded"选项。

② 问卷调查问题：如果只想调查用户的意见反馈，使用"Survey"选项。

【例 8-3】制作匹配题幻灯片。

➢ 单击"Insert→Question Slide"命令，在弹出的题型对话框中选择"Matching"。

➢ 在"Quiz Properties"面板里的"General"选项卡中，增加"Column 2"到 5。分别改变"Column 1"的值为"中国"、"埃及"、"美国"；分别改变"Column 2"的值为"北京"、"华盛顿"、"首尔"、"开罗"、"雅加达"。

➢ 选择匹配题第一行的"北京"选项，打开"北京"前面的下拉列表框，选择正确的答案，比如实例中第一行的正确答案是"A"。按照前面的方法依次选择第二行和第三行的正确匹配答案。最终的界面如图 8-13 所示。

图 8-12　插入试题幻灯片对话框

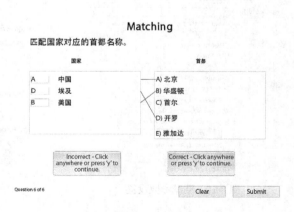

图 8-13　匹配型试题幻灯片

🤔 **思维训练与能力拓展**："Quiz Properties"面板提供了很多选项设置，请解释"General"选项卡下"Shuffle Column 1"和"Penalty"属性起什么作用？

5. 制作试题集与随机试题幻灯片

随机试题幻灯片是从与该幻灯片链接的试题集中随机选取的，这些幻灯片可以避免测验的可预测性。在一个 Captivate 项目中，可以有多个试题集，每个试题集可以包含不限数量的试题。

（1）在项目中添加试题集以及为试题集增加试题的方法

打开一个项目文件，单击"Quiz→Question Pool Manager…"打开试题集管理器对话框，试题集管理对话框分成两个区域，第一个区域是为项目添加试题集，加号和减号按钮分别用来添加和移除试题集；第二个区域是为试题集添加试题，加号和减号按钮分别用来添加和移除试题。如图 8-14 所示。

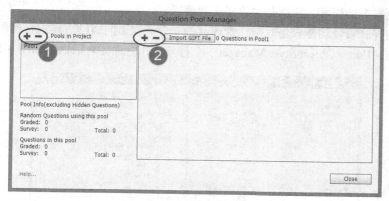

图 8-14　试题集管理对话框

> **思维训练与能力拓展**：除了上述用来添加试题集以及为试题集增加试题的方法，还有别的方法吗？请通过网络查询相关操作方法并上机测试。

（2）在项目中添加随机试题的方法

执行"Insert→Question Slide…"命令，打开"Insert Questions"面板。勾选"Random Question"复选框，并在"Linked Question Pool"下拉列表中选择一个试题集，Captivate 项目发布后就会随机从该试题集中抽出一道试题输出，如图 8-15 所示。

（3）导入外部的试题集

Captivate 项目里创建的试题集是可以共享和重用的，可以非常方便地把一个项目的试题集导入到另外一个项目里。具体的操作方法为执行"File→Import→Question Pool…"命令，在弹出的"Import Question Pools"对话框中，选择要导入试题集的 Captivate 项目。

图 8-15　插入随机试题幻灯片

8.3.6　设置 Captivate 幻灯片外观

1. Style（样式）

样式可以保存一个对象的格式属性，并把它应用到同类型的对象上。Captivate 提供了许多预定义的样式，可以修改这些默认的样式，甚至创建自定义的样式。样式的管理如图 8-16 所示。

样式管理下拉列表如上图"①"标识的位置所示，它显示了当前对象所应用的样式，比如示例所示的文本标签样式。注意默认的文本标签样式前面多了一个"+"号。这个"+"号表示默认样式已经被修改过。在样式下拉列表下面有 5 个小的按钮，标注为 1-5 的按钮分别代表新建、保存、应用、删除、重置样式。

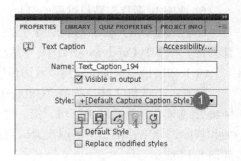

图 8-16　对象样式管理

通过属性面板里面的功能来应用和管理样式，可以方便、快速地访问 Captivate 里面的主要样式。但是，真正起作用的是更复杂的引擎，它就是对象样式管理器。属性面板里面的样式管理功能只是对样式管理器的一个远程访问而已。样式管理器提供了更多的功能。通过单击"Edit→Object Style Manager…"打开样式管理器对话框，如图 8-17 所示。

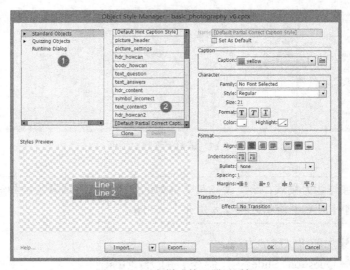

图 8-17　对象样式管理器对话框

对象样式管理器左边"①"部分包含了项目里所有对象，在"Standard Objects"（标准对象）里，单击左边的箭头可以扩展显示所有的标准对象；中间"②"部分能够应用到被选对象的所有样式；右边显示了选中样式的设置。底部包含了"Import"（输入）和"Export"（输出）按钮，可以输入和输出样式。Captivate 输出的样式文件扩展名为.cps。

通过对象管理器里的"Clone"（克隆）按钮，也可以直接为对象创建一个新的样式。

> 🤔 **思维训练与能力拓展**：对象样式的创建和修改通过属性面板里面的样式管理就可以完成，请试着自己新建一个对象的样式，并把这个样式应用到同类型的对象上。

2．Master Slide（母版）

（1）创建母版

母版和 PowerPoint 的母版概念类似。母版面板默认位置紧靠 Timeline（时间轴）面板，位于界面底部，如果没有出现"Master Slide"（母版）面板，可执行"Window→Master Slide"命令，打开母版面板。单击母版面板，可以在"Properties"（属性）面板中插入背景图片，或利用工具箱，添加标签、高亮方块或画图等非交互类对象。母版面板如图 8-18 所示。

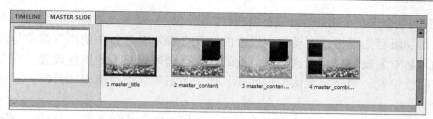

图 8-18　母版面板

（2）使用母版

新建一张幻灯片，打开"Properties"（属性）面板，在"General"选项卡的"Master Slide"下拉列表框中选择一张母版，该幻灯片就会套用该母版的格式，如图 8-19 所示。

3. Themes（主题）

Captivate 内置了许多预先定义好的主题，当然也可以创建属于自己的主题。一个 Captivate 主题实际就是包含若干母版和样式的集合，通过设置不同的主题可以影响幻灯片和对象的外观。通过新建一个空白工程，预定义的主题就会出现在工具栏的下面，如图 8-20 所示。

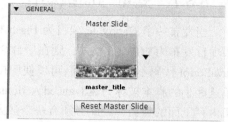

图 8-19　为新建幻灯片设置母版

图 8-20　主题

新建一个空白项目后，会自动添加一张幻灯片，这张幻灯片自动创建了几个对象和样式。预定义好的主题面板如图中"②"部分所示，横跨整个舞台。如果主题面板没有出现在界面上，请执行"Themes→Show/Hide Themes"开启面板。新建的空白项目默认使用白色主题，可以通过主题面板进行切换。

4. Template（模板）

设计模板有助于为所套用的 Adobe Captivate 项目提供标准外观与功能。当必须为项目建立不同的单元，或是所有建立的项目都必须遵循视觉设计指南时，设计模板将十分有用。创建设计模板通过欢迎界面的"Project Template"（项目模板）。

Adobe Captivate 的设计模板由自定义按钮、文字字幕、鼠标等对象的一组视觉属性所构成。

设计模板是由一组幻灯片表示的，每一张幻灯片都包含这些对象的子集，可为模板中的各个对象设置属性。将范本套用到项目后，这些属性就会套用到项目中的所有对应对象。

试题幻灯片与测验结果幻灯片在模板中是单独的实体，各有一组可独立设置的属性。变更一般幻灯片的属性，不会影响这些幻灯片。

对于答案标签属性所做的变更，会套用到整个项目的答案标签。对单一得分标签或得分结果标签所做的变更，同样也会套用到所有类似标签。

可将设计模板套用至个别幻灯片或整个项目。

若在项目层级套用模板，则模板中设置的属性会套用至项目中的所有对象与幻灯片。若在项目中插入新对象或幻灯片，这些对象或幻灯片会套用模板中的属性设置，亦会套用为该项目的所有属性设置，如录制默认值、外观、加载画面等。但在编辑项目时，可选择拒绝套用模板属性。

若模板套用至幻灯片层级，新幻灯片和对象会使用项目的属性设置。模板属性不会套用至新幻灯片与对象。

可以预览设计模板，就如同预览 Adobe Captivate 中的任何其他项目一样，但无法发布模板。

8.3.7 变量与高级动作

当发布一个 Captivate 项目为 Flash 格式时，在后台会自动产生大量的 ActionScript 代码。如果项目发布为 HTML5 格式，则在后台会自动产生大量的 JavaScript 代码。这些 ActionScript 或者 JavaScript 代码不必自己编写，可以使用按钮、下拉框和对话框等来产生一些小的脚本，在 Captivate 里这些小的脚本被称为 Advanced Actions（高级动作）。大部分的高级动作都必须存储和读取计算机内存里面的数据，因此必须有一个强大的系统来管理这些数据。这个任务由变量来完成。当引用一个变量名时，就能使用这些数据并用于高级动作。

1. Variables（变量）

变量由两部分组成，名字和值。变量名必须遵循严格的命名规则。变量名由英文、数字和下划线组成，并且只能由英文字母或者下划线开头，不能包含空格或一些特殊字符。变量名也不能和系统关键字重名。在大多数编程语言里，定义一个变量的时候，编程者必须为这个变量指定一种数据类型，例如整型，但在 Captivate 里，不必为变量指定数据类型。

Captivate 的变量分为系统变量和用户变量两种。

（1）系统变量

Captivate 的内置变量，能在脚本里面使用这些变量来获得影片信息、系统信息或影片控制等。通过单击"Project→Variables"打开变量对话框，在 Type（类型）下拉列表框中选择"System"，可以查看系统变量，如图 8-21 所示。

（2）用户变量

用户创建的具有特定用途的变量。如图 8-21 所示，在"①"部分所示的下拉列表框中选择"User"，然后单击"Add New"按钮，就可以定义用户变量。

【例 8-4】系统变量的使用。

➢ 打开已有的项目文件，在最后一张幻灯片插入一个新的"Text Caption"（文本标签），键入文本"This project is powered by"。

➢ 双击新建的这个文本标签，把鼠标焦点放在单词 Captivate 后，在 Captivate 后添加一个空格。在文本标签的属性面板的"Format"（格式）节，单击插入变量按钮，如图 8-22 圈中所示。

图 8-21 变量对话框

➢ 在打开的插入变量对话框里，把变量类型改为"System"（系统），在变量下拉列表框中选择"CaptivateVersion"变量，单击"OK"按钮，系统变量就添加到文本标签里了。此时可以看到文本标签里面添加了一串字符串"$$CaptivateVersion$$"。在项目运行的时候，这串字符串会自动被系统变量 CaptivateVersion 的值取代。

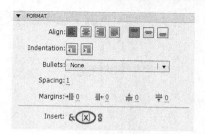

图 8-22　属性面板的 Format 节

思维训练与能力拓展：*试着定义一个用户变量 v_name，用你的姓名作为这个变量的值，然后把这个值显示在一个文本标签里。*

2. Advanced Actions（高级动作）

高级动作是一段小的脚本，由 Flash 播放器或 Web 浏览器的 JavaScript 引擎在运行时执行。高级动作能够操作 Captivate 里面的变量或者对象。Captivate 里共有以下三类高级动作。

（1）标准动作

Standard Actions（标准动作）是指使用单一指令码，执行一系列同样的动作。

（2）条件动作

Conditional Actions（条件动作）根据指定的条件为真或假执行相应的动作，每次并不是执行同样的动作。

（3）共享动作

Shared Actions（共享动作）是 Captivate 7 新增的功能。这些动作能够在项目中重用或与其他的 Captivate 项目共享。

【例 8-5】自动打开影片隐藏字幕。

➢ 打开一个已有的项目文件，单击"Project→Variables"打开变量对话框，确保"Type"下拉列表框里选择的"System"，在"View by"下拉列表框中，选择"Movie control"（影片控制），选择列表里面的变量名"cpCmndCC"，关闭变量对话框。提示：cpCmndCC 是一个布尔变量，也就是说它只有两个值：1 或 0，分别表示打开和关闭隐藏字幕。

➢ 单击"Project→Advanced Actions"打开高级动作对话框。在"Action Name"字段对应的文本框里输入"displayCC"，在"Actions"下面双击表格的第一行，这是添加高级动作的第一步。第一列会出现一个黄色的感叹号，表示当前的状态是非法的。在第二列的下拉列表框里包含了一系列可能的动作供选择。

➢ 打开"Select Action"下拉列表框，选择"Assign"动作。打开"Select Variables"下拉列表框，选择变量"cpCmndCC"，打开第二个"Variable"下拉列表框，选择"Literal（值）"并输入 1 后按回车键。整个表格的第一行现在就变成了"Assign cpCmndCC with 1"，意思就是把 1 赋值给变量 cpCmndCC。

➢ 双击表格的第二行，在"Select Action"下拉列表框中选择动作"Continue"。这一步确保了当隐藏字幕打开后，项目将继续正常播放。可以看到表格前面的感叹号变成了绿色的勾号，因为这个动作不需要任何的参数就可以工作。如图 8-23 所示。

➢ 单击图 8-23 底部"Save As Action"（保存为动作）按钮来保存高级动作。

自此，高级动作已经建立完毕。但是它现在还不能运行，必须告诉 Captivate 动作什么时候被执行。也就是说，必须把这个动作绑定到 event（事件）中来激发动作的执行。

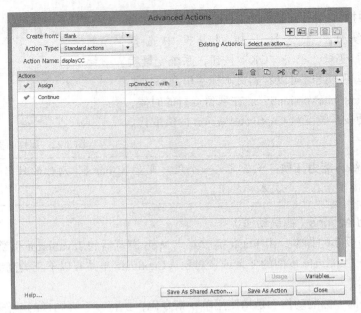

图 8-23　高级动作对话框

在 Captivate 里，可以绑定动作到许多的事件。有些事件是系统事件，例如影片的开始、一张幻灯片的开始等。有些事件是用户驱动的事情，例如单击按钮事件。上面的例子要求当幻灯片执行到某张幻灯片的时候，Captivate 自动执行设定好的动作，这是一个系统事件的例子。

如何绑定这个动作到事件呢？

假设要在播放第二张幻灯片的时候自动打开隐藏字幕，在第二张幻灯片的 "Properties"（属性）面板里，找到 "ACTION" 节，在 "ON ENTER" 下拉列表框里选择 "Execute Advanced Action" 项，在 "Script" 下拉列表框中选择定义的高级动作 "displayCC"。保存这个文件，使用 "Preview"（预览）按钮来预览整个项目。

思维训练与能力拓展：在幻灯片里添加一个按钮，实现关闭隐藏字幕功能。

8.3.8　Captivate 与其他应用程序的结合

1. 转换 PowerPoint 文档到 Captivate

Captivate 7 只能输入 ppt 文件。当输入一个 pptx 文件到 Captivate 项目时，它必须先转换为 ppt 文件。从 pptx 转换到 ppt 格式时，必须要求本机安装有 PowerPoint 软件。通过单击 "File →New Project→Project From Ms PowerPoint…" 打开转换对话框，如图 8-24 所示。

"Slide Preview" 选择 PPT 中需要加入项目的幻灯片。"Select All" 或 "Clear All" 按钮可以快速地选择或不选所有的幻灯片。"Advance Slide" 选项用于决定输入 Captivate 项目里的幻灯片的切换方式。选择 "On mouse click"，Captivate 会在每张输入的幻灯片里生成一个 "Click Box"（单击方块）对象，这个对象的作用就是停止幻灯片播放，直到用户在幻灯片任意处单击才切换到下一张。"Linked"（链接）复选框决定 PowerPoint 演示文稿插入到 Captivate 项目中的方式。

① 不选择 "Linked"，将创建一个嵌入式的演示文稿。意味着 PowerPoint 文件完全集成到了 Captivate 里，和原始的 PowerPoint 文件不再有任何的关联。

② 选择"Linked"，PowerPoint 演示文稿同样是嵌入到 Captivate 项目里，但同时也维持着和原始 PowerPoint 文件的关联。这意味着当原始文件内容改变的时候，Captivate 里嵌入的演示文稿也会相应地更新。

2．输入一个 Photoshop 文件到 Captivate

通过单击"File→Import→Photoshop File…"，在 Photoshop 里面创建的图层能够输入到 Captivate 里。每个图层将成为一个单独的图像。输入 PSD 文件对话框如图 8-25 所示。

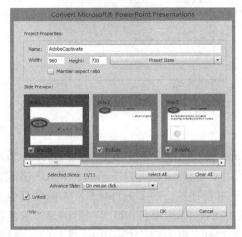

图 8-24　转换 PowerPoint 对话框

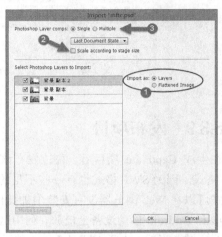

图 8-25　输入 PSD 文件对话框

首先，图 8-25 中"①"处的两个选项的含义是输入作为"Layers"（层）或"Flattened Image"（平整图像）。"Flattened Images"（平整图像）是将所有的层合并为一个单一的图像。其次，如果选择"②"处的复选框，表示从 Photoshop 输入的图像会自动放大或缩小来适应 Captivate 项目设定的大小。"③"处的"Photoshop Layer Comps"（Photoshop 图层复合）选项可以选择"Single"或"Multiple"，如果 Photoshop 文件没有进行图层复合的操作可选择"Single"。

3．输出 Captivate 项目文件到 Flash（CS6 版本）

Flash 和 Captivate 有许多共同点。两个应用程序主要都是用来生成 Flash 插件能播放的 swf 文件。当然，Flash 能比 Captivate 提供功能更加强大的 Flash 技术。

通过输出 Captivate 项目到 Flash，Flash 开发者能够实现很多不能在 Captivate 项目里完成的功能。输出 Captivate 项目到 Flash 的步骤如下。

➤ 打开已有的 Captivate 项目。

➤ 单击"File→Export→To Flash CS6"，在"Export to Flash Option"（输出到 Flash 选项）对话框里，改变输出位置并确认"Publish to Folder"（输出到文件夹）复选框被选中。单击"Export"按钮确认输出。Captivate 将输出项目扩展名为".fla"的 Flash 文件。输出对话框如图 8-26 所示。

当转换后的文件在 Flash 里打开后，Flash 开发者就能够访问 Captivate 项目里产生的代码。图 8-27 为 Flash 里打开的 Action（动作）截图。

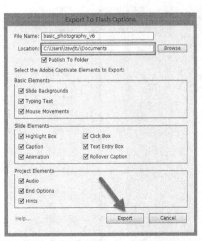

图 8-26　输出到 Flash 对话框

图 8-27　Captivate 项目产生的代码

8.3.9　发布项目

在生成 Captivate 项目后，可以发布该项目。Captivate 包含许多发布选项，最主要的格式是 SWF 格式。因为 SWF 格式也有一些不足的地方，所以 Captivate 也可以发布为 HTML5 格式，这种格式可以在 Web 浏览器没有安装附加插件的情况下进行播放。基于 HTML5 发布的项目也支持在 IOS 和 Android 移动设备上播放，利用这些格式发布 Captivate 项目，可以提供满足需求的数字化学习资源。当然，由于 HTML5 是一项新的标准，HTML5 里不支持 Captivate 项目的一些特性，并且并不是所有的浏览器都能兼容 HTML5。

1. 更改发布项目的默认位置

如果在发布项目时未对设定进行任何更改，Captivate 项目会发布至默认文件夹。可使用 "Preferences" 面板来更改这个默认位置。

具体操作方法为执行 "Edit→Preferences…" 命令，打开 "Preferences"（属性）对话框，点选 "General Settings" 项目，修改 "Publish At" 文本框后面的路径，如图 8-28 所示。

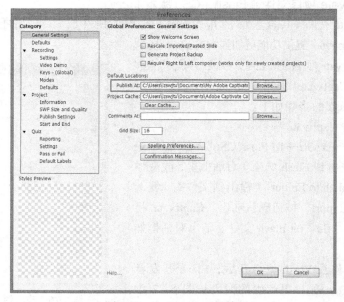

图 8-28　Preferences 对话框

2. 发布项目为 Flash（SWF）项目

在 Captivate 的发布格式里，只有 Flash 格式是唯一支持 Captivate 里的每一个特性的格式。单击工具栏上的发布按钮或者单击"File→Publish"打开发布对话框，发布对话框设置如图 8-29 所示。

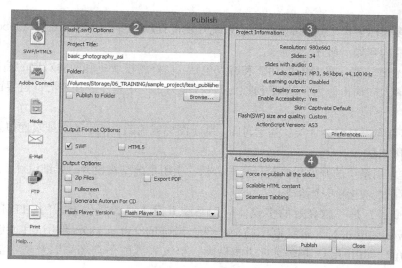

图 8-29　发布对话框

发布对话框由以下 4 个部分组成（见图 8-29）。

图中①处为发布格式区域：可选择 Captivate 的发布格式。一般情况下，有 3 个选项可选：SWF/HTML5、Media 和 Print，其他选项（E-Mail、FTP 和 Adobe Connect）只是这 3 个选项的附加选项。

图中②处为输出格式选项区域：依据选择的发布格式的不同而有差异。

图中③处为项目信息区域：这个区域是主项目的偏好设置和元数据的一个总结。单击链接将打开对应的偏好设置对话框。

图中④处为高级选项区域：这个区域提供了一些高级选项设置。例如"Scalable HTML Content"（可伸缩的 HTML 内容）选项，选择这个选项后，你的项目可以自动适应屏幕的分辨率。

3. 发布项目为 HTML5

HTML5 是 Captivate 6 及以后的版本支持的一个新功能，其主要目的之一就是提供一个免插件的范例。这就意味着项目的交互性和良好的可视性能够被本地浏览器支持，这主要通过 HTML、CSS 和 JavaScript 来实现，不需要第三方插件。移动学习（Mobile Learning）作为一种新的学习方式，HTML5 的优势就在于支持这些移动设备上的学习。

由于 Captivate 项目的一些特性在 HTML5 中不被支持，所以在发布的时候需要通过使用 HTML5 Tracker（HTML5 跟踪器）检查哪些特性不被支持。单击"Window→HTML5 Tracker"打开 HTML5 Tracker 面板，如图 8-30 所示。

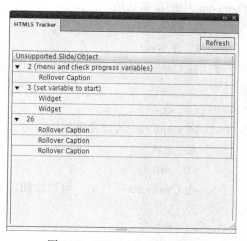

图 8-30　HTML5 Tracker 面板

本章小结

本章介绍多媒体创作工具、多媒体应用系统开发过程以及多媒体创作工具 Adobe Captivate 的具体使用，主要内容如下所述。

1. 多媒体创作工具一般具有的功能和特点包括：良好的模块化和面向对象的编程环境，较强的多媒体数据输入和输出能力，动画处理和超链接能力，应用程序链接能力，且界面友好、易学易用。

2. 多媒体创作工具分为 4 类：基于时间、基于图标或流线、基于卡片或页面以及传统编程方式的多媒体创作工具。

3. 多媒体应用系统的开发主要包括需求分析、应用系统结构设计、详细设计、素材准备、编码集成、系统测试与应用几个阶段。

4. Captivate 7 是一款高效的多媒体应用系统开发工具，提供增强的 HTML5 发布、与 Microsoft PowerPoint 进行往返关联、拖放组件、增强的交互库、先期测试和能够识别分支问题的测验等功能，可让用户快速创建功能强大、引人入胜的仿真场景以及软件演示、基于场景的培训和测验。

5. Captivate 软件的基本操作包括：创建项目、加入与管理对象、添加测试内容、设置幻灯片外观、变量与高级动作、与其他软件的结合使用以及项目发布设置等方面。

快速检测

1. 在 Captivate 中，启动拼写检查的快捷键是_____。
   A. F4   B. F5
   C. F6   D. F7

2. 在 Captivate 中，用户选择_____菜单中的"Preferences"（首选参数）命令，可以设置 Captivate 中的很多选项。
   A. File   B. Edit
   C. Project   D. Window

3. 在 Captivate 中，可以保存项目的偏好设置，其文件扩展名为_____。
   A. .cpr   B. .cptl
   C. .cps   D. .cptx

4. 向 Captivate 幻灯片添加视频时，_____格式的视频可以直接添加进幻灯片。
   A. .F4V   B. .rm
   C. .rmvb   D. .mov

5. 在 Captivate 项目中，可以添加的试题类型共有_____种。
   A. 5   B. 6
   C. 7   D. 8

6. 执行插入试题幻灯片，选择插入一种试题类型后，以下按钮中不是默认按钮的是_____。

  A. Clear   B. Back

  C. Submit   D. Continue

7. 以下不属于 Captivate 的交互对象的是_____。

  A. Button   B. Click Box

  C. Text Entry   D. Text Caption

8. Captivate 里要预览整个项目的快捷方式是_____。

  A. F4   B. F5

  C. F6   D. F7

9. 在 Captivate 项目里，要进行 "Full Motion Recording"（全运动录制模式）的快捷键是_____。

  A. F6   B. F7

  C. F8   D. F9

10. 以下不是 Captivate 的 Widget 对象类型的是_____。

  A. Static   B. Interactive

  C. Question   D. Dynamic

第9章
网络多媒体

计算机网络是信息化社会中信息存储、呈现与传输的主要载体。在人们对异彩纷呈的多媒体网络信息需求的推动下，伴随着高速网络、多媒体通信与流媒体等关键技术的日趋成熟，网络多媒体技术应运而生。网络多媒体技术支撑了生活、商业、学习、科研等诸多领域的网络多媒体系统的应用，已经成为世界上发展最快和最富有活力的高新技术之一。本章从 Web 世界信息的基本组成机制——超文本和超媒体入手，为读者介绍多媒体元素在 Web 中的实现技术；然后介绍流媒体、移动流媒体、富媒体等当今主流的网络多媒体技术；最后依托工程学思想介绍网络多媒体系统的开发与实现。

9.1　超文本和超媒体

阅读纸质图书和通过网络浏览信息总是给人以不同的感受。传统文本和"超文本"有何本质不同？图形、图像、音频、视频等诸多媒体形式如何在 Web 架构下得以呈现？让我们带着这些问题走进超文本和超媒体构成的 Web 世界。

9.1.1　超文本和超媒体的基本概念

超文本（Hypertext）思想的萌生可以追溯到 20 世纪 30 年代美国科学家 V. Bush 提出的一种文本非线性结构的设想。1960 年，Brown 大学的 Ted Nelson 构思了一种通过计算机处理文本信息的方法，并于 1965 年正式提出"超文本"的概念，这成为了超文本传输协议（HTTP）诞生的思想根基。随着多媒体技术的兴起和发展，超文本技术的管理对象从纯文本扩展到多媒体，超媒体（Hypermedia）一词即由 Hypertext 引申而来。

1989 年，时年 34 岁的年轻英国学者 Tim Berners-Lee 在欧洲量子物理实验室（CERN）实现了以纯文字格式为基础的、基于超文本思想的超文本标记语言——HTML。HTML 能够把网络上不同计算机内的信息有机地结合在一起，并且通过超文本传输协议（HTTP）从一台计算机传送到另一台计算机上。1989 年 12 月，Tim 将他的发明正式定名为 World Wide Web，即 WWW（Web）。1991 年，Web 在 Internet 上首次应用，一改 Internet 操作复杂、权限分明、内容表现形式单调枯燥的局面，立即引起轰动，并被广泛地推广应用。1993 年，尚未毕业的美国大学生 Marc Andreessen 发明了世界上第一款浏览器——Mosaic，在 HTML 中加入<img>标签，从此可以在 Web 页面上直接浏览图片，之后越来越多的媒体形式在巨大的应用需求下迅速得以在网页上呈现。Web 成为了赋予 Internet 强大的生命力的最重要的多媒体信息系统，深刻地影响着人们的生产、生活方式。

超文本不同于传统文本的线性组织结构，它是以内容相关的信息点之间"超链"组织起来的非线性结构，这种结构类似于人类的联想记忆结构。在超文本组织的信息世界里，读者不需要按照顺序结构访问信息，而是可以根据相关联的信息点"漫游"于信息的海洋。图 9-1 呈现了超文本与传统文本之间的不同。

图 9-1　传统文本（左）与超文本（右）组织结构的对比

随着技术的进步，利用超文本形式组织起来的文件已不仅仅是文本形式，也可以是图、文、声、像以及视频等多媒体形式的文件，这种多媒体信息就构成了超媒体。可以说，用超文本形式组织起来的多媒体信息就构成了超媒体。超媒体是随着图形、图像、动画、硬件、大容量存储、高速网络等技术的发展与成熟而产生的新一代更具魅力的超文本系统。与纸质媒体不同，现今的超文本与超媒体主要存储于网络世界，以 Web 页面的形式呈现信息。

1. 超文本与超媒体系统的构成

超文本与超媒体系统是由"链"连接的节点构成的信息网络。因此，节点、链、网络是超文本与超媒体系统的组成要素。

节点是超文本与超媒体系统中表达信息的基本单位，是围绕一个特殊主题组织起来的数据集合。节点按照功能可以分为以下两类。

① 媒体节点。主要用于存放、表示各种媒体信息，内容可以是文本、图形、图像、动画、音频、视频等。

② 控制节点。控制节点一般用于交互，通过此类节点，使用者可以控制或干预信息的呈现。控制节点一般通过网页上的菜单、导航、按钮等实现。

链是节点之间相互关联的逻辑关系，反映了不同节点之间的信息联系。信息与信息之间的联系是多种多样的，决定了链的种类也是丰富多彩的。从组成结构上来看，链由如下三部分组成。

① 链源。一个超链接的起始端称为链源。链源是信息通过节点进行迁移的触发点，能够作为链源的对象有文字（热字）、区域（热区）、图元、媒体对象等。链源的外观表现形式很多，例如在网页上，一般通过有别于其他文字的彩色文字、粗体、加下划线、加边框等形式表现，也可是以一个图形、图像或按钮等。

② 链宿。链宿即节点间信息迁移的目的地。链宿可以是其他任何媒体资源，如文档、网页、页面锚点、动画、视频、程序等。

③ 链的属性。链的属性决定了其呈现的类型。例如内部链接、Email 链接、锚点链接、放大节点的缩放链、返回高层视图的全景链等。

超文本与超媒体的节点可看作是对单一信息实体的表达，而节点之间的链表示信息之间的语义关系，由链关联起来的节点便构成了网络。在节点与链构成的网络中，任意两节点之间可以有若干条不同的路径，用户可以自由地选择最终沿哪条路径访问节点。

2. 超文本与超媒体的主要特征

（1）多种媒体信息

超文本与超媒体的基本信息单元是节点，它可以包含文本、图形、图像、动画、音频和视频等多种媒体信息。

（2）网络结构形式

超文本与超媒体从整体来讲是一种网络的信息结构形式，按照信息在现实世界中的自然联系以及人们的逻辑思维方式有机地组织信息，使其表达的信息更接近现实生活。

（3）交互特性

信息的多媒体化和网络化是超文本静态组织信息的特点，而交互性是人们在浏览超文本和超媒体时最重要的动态特征。

思维训练与能力拓展：Web 不仅可以用来承载、呈现和浏览信息，其他的应用如 FTP、Telnet 等也可以在 Web 中实现。请根据你在互联网应用中积累的经验，列举出几种自己熟悉的 Web 应用，并思考在这些应用中有没有丰富的媒体呈现。

9.1.2 超文本和超媒体的 Web 实现

在 Web 中，超文本及超媒体主要通过超文本标记语言（Hypertext Markup Language，HTML）实现。HTML 目前最高的正式规范为 HTML5，于 2012 年 12 月发布。支持 HTML5 的浏览器包括 Firefox、IE9 及更高版本、Chrome、Safari、Opera 以及诸多国产浏览器，可以说现代主流浏览器均支持 HTML5 标准。

HTML5 具有强大的网页多媒体特性，支持网页端的 Audio、Video 等多媒体功能，网站自带的 APPS、摄像头、影音功能也能很好地应用于 HTML5。HTML5 还能实现基于 SVG、Canvas、WebGL 及 CSS3 的 3D 功能，能够呈现优质的三维、图形及特效特性。主流网页开发工具 Dreamweaver CS6 全面支持 HTML5，为多媒体网页的创作提供了强有力的工具保障。

1. HTML 语言的基本结构

HTML 语言编写的超文本信息按照多级标签的结构进行组织，其结构如下：

```
<html>
    <head>
        <title>标题</title>
    </head>
    <body>
    ...
    </body>
</html>
```

上述结构包括三个主要的标签区域，即 HTML 区、HEAD 区和 BODY 区。HTML 标签往往成对出现。其中，<html>与</html>之间称为 HTML 区，作用是标识此区域之间是 HTML 文档，即网页。<head>与</head>之间是 HEAD 区，通常包含文档标题（<title>）、语言集等不在页面上显示的属性标签，控制全局的样式表以及脚本语言等样式及程序也通常在此区间内定义。<body>与</body>之间界定为 BODY 区，该区间是页面的主体，所包含的内容会在页面上显示或以特定媒体的形式呈现。

HTML 语言属于标记性语言，由浏览器解释执行，其本质是文本文档，可以用诸如记事本、

EditPlus、UltraEdit 等文本编辑器编辑，也可以用 Dreamweaver、Google Web Designer 等专业工具进行创作。HTML 语言中的标签符号对大小写是不敏感的，即不区分大小写。在 HTML 文档中还可以嵌入其他脚本语言，如 PHP、JavaScipt、VBScript 等。纯静态的 HTML 文档通常以 ".htm"或 ".html" 为文件名的后缀。

本章不赘述 HTML 的语法知识细节，读者可以参见 http://www.w3school.com.cn 等专业学习网站进行了解和学习。

2. HTML 的色彩管理

与传统印刷的 CMYK 四色模式（C 青色、M 洋红色、Y 黄色、K 黑色）不同的是，Web 在屏幕上所呈现的颜色都是由 RGB（红、绿、蓝）三种基色调混合而成的，每一种颜色的饱和度和透明度都是可以变化的，用 0～255 的数值来表示。如纯红色表示为（255,0,0），用十六进制表示为#FF0000。例如约束页面主体区文字颜色为红色，那么对应的样式表（CSS）代码为：

```
<style type="text/css">
<!--
body {color: #FF0000;}
-->
</style>
```

在 CSS 代码中，除了用十六进制表示范围从#000000（黑）到#FFFFFF（白）的颜色范围之外，还有其他 6 种颜色表示方法，分别为：

① 简化十六进制表示法。当颜色值（RGB 值）各为相同的两个数值，例如#00FF99 时，可以使用#0F9 实现简化表示。

② RGB（x,y,z）表示法。x、y、z 可以是 0～255 之间的十进制整数。例如蓝色表示为 RGB（0,0,255）；x、y、z 也可以是 0%～100% 之间的数值。例如黄色可以表示为 RGB（100%,100%,0%）。

③ RGBA（x,y,z,a）表示法。在 RGB 的基础上加了一个控制 Alpha 透明度的参数，取值在 0（完全透明）到 1（完全不透明）之间。如：background-color: rgba(255, 0, 0,0.2);。此表示法受 CSS3 支持。

④ HSL（h,s,l）表示法。其中三个参数分别代表 hue（色调）、Saturation（饱和度）、Lightness（亮度）。例如：color: hsl(206,30%,58%);。此表示法受 CSS3 支持。

⑤ HSLA（h,s,l,a）表示法。同 RGBA 表示法类似，此方法中多了 Alpha 透明度。

⑥ 使用 Web 颜色关键字，即用英语单词表示的颜色关键字表示。例如绿色即可以表示为 color: green。但是这样的颜色关键字只有 16 个，可使用的颜色关键词如表 9-1 所示。

表 9-1　　　　　　　　　　　　　　　　Web 颜色关键字

Web 颜色关键字	表示的色彩	RGB 编码
Black	黑色	#000000
Maroon	深褐色	#800000
Green	绿色	#008000
Olive	橄榄色	#808000
Navy	海军蓝	#000080
Purple	紫色	#800080
Teal	水鸭绿	#008080

续表

Web 颜色关键字	表示的色彩	RGB 编码
Gray	灰色	#808080
Silver	银色	#C0C0C0
Red	红色	#FF0000
Lime	酸橙色	#00FF00
Yellow	黄色	#FFFF00
Blue	蓝色	#0000FF
Fuchsia	品红	#FF00FF
Aqua	水蓝	#00FFFF
White	白色	#FFFFFF

按照 RGB 颜色表示方法，理论上 Web 可以呈现 $256 \times 256 \times 256 = 16777216$ 种颜色，但是由于不同的操作系统（如 Mac、Windows 等）有着不同的调色板，不同的浏览器的调色板也有所不同。为了解决 Web 调色板的问题，Web 领域规定了一组在所有浏览器中都类似的 Web 安全颜色。在 Web 安全色彩模型中，用相应的十六进制值 00、33、66、99、CC 和 FF 来表达 RGB 中的每一种基本色的饱和度。Web 安全色包括 6 种红色调、6 种绿色调、6 种蓝色调，三者结合形成了 6^3，即 216 种颜色。这些颜色可以安全地应用于所有的 Web 中，而不需要担心颜色在不同应用之间出现差异。图 9-2 即 Dreamweaver 中默认的 Web 安全色取色控件。

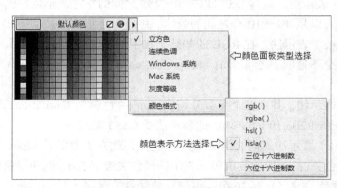

图 9-2　Dreamweaver 色彩取色控件

从图 9-2 可知，Dreamweaver 除了支持 Web 安全色取色以外，还有针对不同平台的特定取色方案可以选择。当前几乎所有的显示器和显示卡都可以支持数以百万计的颜色，所以在一般的基于 Web 的多媒体系统设计和实现中，可以不必局限在网页安全色的范围内。但是，对于作品的主要前景及背景色的选取上，最好要选用 Web 安全色以避免偏差。

❓ **思维训练与能力拓展**：在 CSS 技术出现之前，HTML 中对象的色彩等属性都是通过标签的属性实现的，例如 `<body bgcolor="red">`。请根据自己以往的知识积累或通过查找资料分析 CSS 在管理诸如色彩、字体样式等页面风格方面较标签属性的方式具有哪些优势。

3．HTML 的多媒体特征标签

一个多媒体网页可以包括背景、文本内容、表格、背景音乐、嵌入图像或图像链接、音频、视频、2D 或 3D 动画、虚拟仿真等，表现力十分丰富。这些多媒体对象都是通过具有多媒体特征的标签嵌入 HTML 页面的，在 HTML5 中甚至允许直接在"画布"中通过脚本命令创建图形及动画。

HTML 具有多媒体特征的主要标签及属性如表 9-2 所示。

表 9-2　　　　　　　　　　　　　　　HTML 的多媒体标签及属性

标签	描述	浏览器兼容性
<img>	在网页中嵌入图像，加入 dynsrc 属性（仅 IE 支持），也可以用来插入各种多媒体，格式可以是 WAV、AVI、AIFF、AU、MP3、RA、RAM 等，例如 <img dynsrc="YouRaiseMeUp.mp3">	均支持
<map>	定义图像地图，即可以在图像中创建带有可单击区域的图像地图。其中的每个区域都是一个超级链接	均支持
<embed>	用于播放包括 Flash、音频、视频等在内的多媒体对象	HTML5 标签，IE8 以上主流浏览器支持
<audio>	用于播放音频，例如音乐或其他音频流	HTML5 标签，IE9 以上及 Firefox、Opera、Chrome、Safari 支持
<video>	用于播放视频，例如电影片段或其他视频流	HTML5 标签，IE9 以上及 Firefox、Opera、Chrome、Safari 支持
<track>	为<video>、<audio>等标签定义的媒介规定外部文本轨道	HTML5 标签，IE10、Opera 及 Chrome 支持
<canvas>	图形容器标签（画布），可以利用 JavaScript 在 canvas 的"画布"上绘制矢量图形	HTML5 标签，IE9 以上及 Firefox、Opera、Chrome、Safari 支持

4．多媒体信息的 Web 实现

利用文本编辑器或 Dreamweaver 等专用软件，可以实现文本、表格、音频、视频等多媒体信息在网页中的呈现。以 Dreamweaver CS6 为例，通过软件提供的多媒体嵌入菜单可以非常方便地在 Web 体系中实现多媒体信息的呈现，如图 9-3 所示。

图 9-3　Dreamweaver 插入多媒体的菜单项

借助 Dreamweaver 等专业工具不仅可以完成多媒体信息嵌入网页，还可以通过属性面板为相应的标签设置丰富的属性，以利于更加细腻地控制视觉或听觉等的效果。

【例 9-1】在网页中插入带有图像地图的图像，并令图像地图连接到指定的 URL。

问题分析　本例题主要应用以下 3 个知识点：

① 在网页中插入图像；

② 在图像中规划图像地图（热区）；

③ 在图像地图上创建超链接。

问题解决　利用 Dreamweaver，为了使资源以相对路径嵌入页面，首先在指定的路径下创建网页（例如 d:\multimedia\mmpage1.html），然后按照以下主要步骤完成要求。

➤ 选择"插入"菜单的"图像"选项，选择要嵌入网页的图像文件。如果图像文件与网页不在同一驱动器下，系统会给出提示并建议将图像文件复制到与网页文件相同的路径下，如图 9-4 所示。若选择"是"，图像文件复制工作将由 Dreamweaver 自动完成。在多媒体网页创建中，相对路径的应用非常必要，否则不利于后期的 Web 发布。

图 9-4　图像文件相对路径存放的提示

➤ 选择嵌入的图像，然后在 Dreamweaver 的图像属性面板的 map 区中选择多边形热点工具，利用鼠标在预设地图区域的边缘，点选形成闭合的区域，如图 9-5 所示。

图 9-5　图像地图的多边形热点实现方式

➤ 在图 9-5 所示的图像属性面板中的"链接"栏中填入要链接的 URL，可以是外部网址，也可以是本地的页面。

当然，可以在一个图像区域内创建多个图像地图，链接不同的目标页面，也可以用矩形、圆形等不同的地图热点工具设计图像地图。上述操作利用 Dreamweaver 可以快速实现，若了解上述任务中所用的 HTML 主要的标签，则可以在任何具有文本编辑功能的环境下完成该任务。该网页对应的 HTML 代码主要部分及其解释如下：

```
<html>
<head><title>butterfly</title></head>
<body>
    <img src="img/buterfly.JPG" alt="butterfly" width="423" height="312" usemap="#Map" />
     <map name="Map">
       <area shape="poly" coords="131,166,109,……,171" href="http://entsoc.ioz.ac.cn">
    </map>
</body>
</html>
```

其中<img>标签的 src 属性是图像文件对应的路径及文件名，alt 属性规定了替代图像的文本说明，当浏览器不能显示该图像时，对应的 alt 文字将出现在图像嵌入的位置。usemap 属性指向了对应的图像地图名，前面加#号。

<map>……</map>标签区域即图像地图，其中包含了热点区域标签<area>。<area>标签的shape 属性规定了热点区域的形式，值可以为 poly（多边形热点）、circle（圆形热点）、rect（矩形热点）。Coords 属性代表区域边缘点的坐标值，href 属性即需要链接的 URL。

【例 9-2】在网页上插入音乐。

问题分析　音频是较早进入 Web 世界的多媒体形式，因此可以用多种方法、多类 HTML 标签实现音频文件的 Web 应用。但是统一的在网页上播放音频的标准至今没有形成，所以大多数音频是通过插件来播放的，而浏览器拥有的插件又各不相同。因此，要保证音频文件能被大部分浏览器及硬件终端（PC、Mac、iPad、iPhone）播放并非易事。音频文件格式众多，但是为了保证软、硬件的良好兼容，需要考虑使用常见的 Web 音频格式，如 mp3、mid、wav 以及新型的 ogg 文件类型。

问题解决　本例选择利用 HTML5 规定的<audio>标签实现音频的嵌入。为了尽可能地保证不同浏览器对音频的兼容，准备了 mp3 及 ogg 两种文件类型；另外在<audio>中又应用了<embed>标签，目的是<audio>标签将尝试用 mp3 或 ogg 来播放音频，如果失败，将回退尝试用<embed>标签播放该音频。

对应的 HTML 关键标签如下：

```
<html>
    <body>
        ……
        <audio controls height="100" width="100" >
        <source src="In My Secret Life.ogg" type="audio/ogg" />
        <source src="In My Secret Life.mp3" type="audio/mp3" />
        <embed height="100" width="100" src="In My Secret Life.mp3" />
        </audio>
    </body>
</html>
```

在 IE 下，音频播放页面实现情况如图 9-6 所示。

图 9-6　音频的 Web 应用

上例代码中，<audio>标签及其属性用于显示播放工具，而并列的<source>标签及<embed>标签则是考虑网络用户浏览器的兼容性，按照标签的先后顺序尝试用不同的文件格式及播放方式实现对音频文件的播放。

<audio>标签拥有若干支持音频播放的属性，熟练应用可以更好地实现音频在 Web 上的应用。其关键属性及作用如表 9-3 所示。

表 9-3　　　　　　　　　　　　　audio 的关键属性

属性	功能描述
autoplay	如果出现该属性，则音频在就绪后马上播放
controls	如果出现该属性，则向用户显示控件，比如播放按钮
loop	如果出现该属性，则每当音频结束时重新开始播放
muted	规定视频输出应该被静音
preload	如果出现该属性，则音频在页面加载时进行加载，并预备播放

> **思维训练与能力拓展**：你知道除了 mid、mp3、wav、ogg 以外还有什么音频格式能够在网页上播放吗？它们各有什么特点？若不清楚，请通过网络查询了解该知识。另外，请用不同的浏览器测试例 9-2 所示的音频播放方式，mp3 文件建议使用百度音乐提供的免费下载文件。

【例 9-3】在网页上插入视频。

问题分析　在嵌入网页的媒体类型当中，视频与音频具有许多共同的属性，例如都可以通过<embed>、<object>等标签加以实现。与音频相同，视频对象在网页中播放同样要考虑不同编码类型视频文件或不同 HTML 媒体播放标签的浏览器兼容问题。比如<object>标签仅得到 IE 浏览器的支持，另外要针对不同的内置解码播放工具（Media Player、Real player、Flash player 等），要加载不同的 class ID，使用并不方便。

问题解决　本例选用 HTML5 的新标签<video>实现在 Web 页面中播放视频。<video>支持所有主流的视频格式，但是在网页上能否播放还依赖于浏览器对不同视频编码格式的支持。为了防止浏览器对某一视频编码不支持，可以准备一个视频的多种文件类型的备份，由 HTML5 沟通以确定用哪个文件格式进行播放。

为了简化操作，本例借助 Dreamweaver，通过插入 HTML5 视频的方法快速完成视频的页面嵌入。Dreamweaver 的视频属性面板及设置如图 9-7 所示。

图 9-7　<Video>标签视频属性面板

在图 9-7 中，Controls 属性代表是否在视频播放时显示控制条；Loop 属性代表视频是否循环播放；Muted 属性代表是否设置静音；Poster 属性代表是否加载视频播放前的替代图片以及图片的路径及文件名；Alt 源属性代表默认主播放类型以外的备份视频的类型（为兼容性所考虑）。设置完成之后对应的关键 HTML 代码如下：

```
<body>
<video width="406" height="400" title="Badminton" poster="img/bmlogo.jpg" controls >
    <source src="video/badminton.mp4" type="video/mp4">
    <source src="video/badminton.ogg" type="video/ogg">
</video>
</body>
```

视频播放前及播放中对应的页面如图 9-8 所示。

图 9-8　IE11 下视频播放前（左）及视频播放中（右）

除了将现有的多媒体文件嵌入网页之外，在 Web 中还允许开发者利用脚本语言、特定的 HTML 标签、样式表（CSS）、虚拟现实建模语言（VRML）等自行创建二维、三维的矢量图形、图像、动画及各种特效甚至是可交互的媒体形式。技术的持续推进使得多媒体技术与 Web 技术越来越紧密地相互融合，使人类头脑中抽象的知识可以更加自然，更加友好地在全球范围内交流、积累和共享。

9.2　流　媒　体

随着各种媒体的加入，Web 资源变得越来越庞大，访问效率成了阻碍人们进行丰富多彩的互联网应用的主要障碍。除了增加带宽，人们在媒体下载、播放的机制上想出了什么办法？本节将阐述一种主流的网络数字媒体传播技术——流媒体。

9.2.1　流媒体技术概述

网页上的视频、音频等多媒体文件存储在 Web 服务器中。使用者通过单击页面上的链接，请求 Web 服务器将这个视频或音频文件副本发送到用户的计算机或其他终端设备上。如果用户的计算机或其他终端上有适当的视频、音频播放器，就能够正常播放了。

将数字媒体文件从 Web 服务器发送到用户端有两种方式，而传送方式是由媒体的格式决定的。一种方式是在播放之前，播放设备一直处于等待状态，直到整个媒体文件全部接收完成，对于大的媒体文件，这样的等待时间将会很长。另一种方式是先发送媒体文件的一个小片段到用户终端，然后开始播放，在播放此片段时，下一片段又开始传送，如此往复直至文件传送完毕，这种如同水流一样的边下载边播放的媒体格式被称为"流媒体"。流媒体技术因为效率高而受到网络媒体使用者的欢迎，成为当今数字媒体网络传播的主要方式。

严格地说，流媒体不是一种新的媒体形式，而是一种基于互联网传送多媒体数据流的技术，其主要特点是以"流（Streaming）"的形式进行多媒体数据的传输。流传输可发送现场影音或预存于服务器上的视频，当观看者在收看这些影音文件时，影音数据在送达观赏者的计算机后立即由特定播放软件播放。常见的流媒体内容有声音流、视频流、文本流、图像流、动画流等。与传统媒体形式相比较，流媒体具有以下三个特点。

① 启动延时短。用户不用等待所有内容下载到硬盘上才开始浏览，只需经过几秒或十几秒的启动延时即可进行观看。当流媒体开始在客户端播放时，文件的剩余部分将在后台从服务器内继续下载，播放过程一般不会出现断续的情况。

② 对用户系统存储及缓存容量要求低。流媒体文件数据包远远小于原始文件，并且用户也不需要将全部流式文件下载到硬盘，从而节省了大量的磁盘空间。当然，流式文件也支持在播放前完全下载到硬盘。流媒体文件不需要把所有的文件内容都下载到缓存中，因此对缓存的要求不高。

③ 具有较高的实时性。采用 RTSP 等实时传输协议，使得流媒体更加适合网上的流式实时传输。流媒体文件在实时性方面已经拥有了较多的应用。

1. 流媒体文件格式及技术平台

流媒体技术的主要支持平台有三个，分别是 RealNetworks 公司的 RealMedia、Microsoft公司的 Windows Media Technology 和 Apple 公司的 QuickTime。这三家公司的技术都有自己的专利算法、专利文件格式甚至专利传输控制协议。表 9-4 列举了流媒体的主要文件格式及相关说明。

表 9-4　　　　　　　　　　　常见流媒体文件类型及说明

文件类型	文件说明	开发者（公司）	主流播放工具
MOV	音频、视频流文件格式。具有较高的压缩比率和较完美的视频清晰度，具有跨平台性，既支持 Mac OS，也支持 Windows	Apple	QuickTime Player
QT	支持 25 位彩色，支持 RLC、JPEG 等集成压缩技术，提供 150 多种视频效果	Apple	QuickTime Player
RM	包含 RealAudio、RealVideo 和 RealFlash 三部分。可根据网速制定不同的压缩比，实现在低速 Internet 上进行视频文件实时传送和播放	RealNetworks	RealOne Player
RA	流式音频文件格式 Real Audio（RA）文件压缩比例高，可以随网络带宽的不同而改变声音质量	RealNetworks	RealOne Player
ASF	Advanced Streaming Format（ASF），高级串流格式。是 Microsoft 开发的串流多媒体文件格式。包含音频、视频、图像以及控制命令脚本	Microsoft	Windows Media Player

续表

文件类型	文件说明	开发者 （公司）	主流播放工具
WMV	WMV 是在 ASF 基础上升级的一种流媒体格式。在同等视频质量下，WMV 格式的体积更小，适于在网上播放和传输	Microsoft	Windows Media Player
WMA	Windows Media Audio（WMA），音频流媒体文件。其压缩比和音质方面都超过了 MP3，即使在较低的采样频率下也能产生较好的音质。纯音频的 ASF 文件也可使用 WMA 作为扩展名，是随身数码播放器最常用的音频格式	Microsoft	Windows Media Player

除表 9-4 所列举的文件类型之外，MPEG、AVI、DVI、FLV 等都是适用于流媒体技术的文件类型。

2. 流媒体系统架构

一个完整的流媒体系统包括以下五部分。

① 编码器。将捕捉、创建的媒体源数据进行编辑、压缩编码，形成流媒体格式。编码器可以由带视频、音频硬件接口的计算机和运行其上的制作软件共同完成。

② 数据。支持流式传输的特定格式的媒体数据。

③ 服务器。存放和控制流媒体的数据。

④ 网络。适合多媒体传输协议或实时传输协议的网络。

⑤ 播放器。供客户端浏览流媒体文件的工具。

流媒体系统的工作原理如图 9-9 所示。

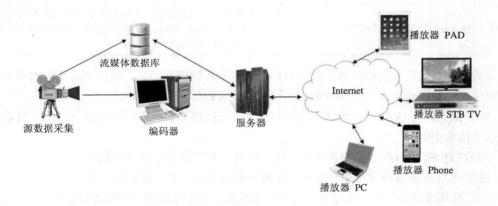

图 9-9　流媒体系统工作原理图

3. 流媒体的传输

流媒体在网络上实现流式传输有两种方法，即实时流式传输（Real-time Streaming Transport）和顺序流式传输（Progressive Streaming Transport）。

实时流式传输适合现场信号的实时传递。该传输方式也支持随机访问，用户可快进或后退选择要观看的内容。实时流式传输需保证媒体信号带宽与网络传输带宽的匹配，即保证传输的内容可被实时观看。实时流式传输需要专用的流媒体服务器与传输协议。

顺序流式传输是顺序下载，用户可以在下载文件的同时观看已经下载的内容，而不能跳到还未下载的部分。顺序流式传输通过 TCP/IP 协议中的 HTTP 协议即可完成。无损下载的高质量短文件的传输适于通过顺序流式传输完成，但用户在观看前必须经历时延。

流媒体主要的传输协议如表 9-5 所示。

表 9-5   流媒体主要传输协议

协议	名称释义	特点
RSVP	Resource Reservation Protocol，RSVP 资源预留协议	该协议可以预留一部分网络资源（带宽），能在一定程度上为流媒体的传输提供质量保证
RTP	Real-time Transport Protocol，RTP 实时传输协议	用于 Internet 上针对多媒体数据流的一种传输协议。RTP 被定义为在一对一或一对多的传输情况下工作，其目的是提供时间信息和实现流同步
RTCP	Real-time Transport Control Protocol，RTCP 实时传输控制协议	用于提供 RTP 数据发送的质量反馈
MMS	Microsoft Media Server Protocol，MMSP 微软流媒体服务协议	用来访问并流式接收 Windows Media 服务器中 ".asf" 文件的一种协议
RTSP	Real Time Streaming Protocol，RTSP 实时流传输协议	用来控制声音或影像的多媒体串流，能实现多个串流需求控制，可降低服务器端的网络用量。RTSP 具有重新导向功能，避免过大的负载集中于同一服务器而造成延迟
MIME	Multipurpose Internet Mail Extensions，MIME 多用途互联网电子邮件扩展协议	能使用这一协议在互联网上交换不同类型的数据文件，如音频、视频、图像、应用软件和其他类型的文件，也包括在最初的协议——简单邮件传送协议（SMTP）中的 ASCII 文本
RTMP	Routing Table Maintenance Protocol，RTMP 路由选择表维护协议	Adobe 公司针对 Flash 传输而定义的协议，用于对对象、视频、音频的传输
RTMFP	Adobe 实时消息流协议	Adobe 公司开发的一种专有协议。RTMFP 协议可以让 Adobe Flash Player 所在的终端用户之间实现直接点对点等多种通信

在流式文件传输的方案中，通常采用 HTTP 协议来传输控制信息，而用相对传输效率更高的 RTP 等协议来传输实时声音、视频数据。具体的传输流程如下。

① Web 浏览器与 Web 服务器之间使用 HTTP 交换控制信息，以便把需要传输的实时数据从原始信息中检索出来。

② 用 HTTP 从 Web 服务器检索相关数据，由音、视频播放器进行初始化。

③ 通过从 Web 服务器检索出来的相关服务器的地址定位音、视频服务器。

④ 音、视频播放器与音、视频服务器之间交换数据传输所需要的实时控制协议。

⑤ 一旦音、视频数据抵达客户端，播放器就可播放。

流式文件的传输原理如图 9-10 所示。

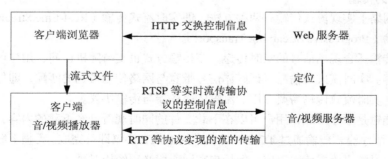

图 9-10   流式文件传输的基本原理

4．流媒体播放方式

应用于互联网上的流媒体播放方式主要有点播（Unicast）、广播（Broadcast）、单播（Singlecast）、组播（Multicast）等 4 种技术。

（1）点播

点播连接是客户端与服务器之间的主动的连接。在点播连接中，用户通过选择内容来初始化客户端连接，用户可以最大限度地实现对流的控制。采用点播方式时，每用户连接服务器的行为是独立的，对网络带宽的占用较为严重。

（2）广播

广播指的是用户被动接收流，在此过程中，客户端只能接收流，不能控制流。广播方式中数据包的单独一个拷贝将发送给网络上的所有用户。使用单播发送时，需要将数据包复制多个拷贝，以多个点对点的方式分别发送到需要它的那些用户；使用广播方式发送时，数据包的单独一个拷贝将发送给网络上的所有用户，而不管用户是否需要。同样的，广播方式也非常浪费网络带宽。广播的优点主要是对网络设备及网络环境要求简单，流媒体服务器流量负载很低。广播的主要缺点是无法为客户提供个性化服务。

（3）单播

在客户端与媒体服务器之间需要建立一个单独的数据通道，从一台服务器送出的每个数据包只能传送给一个客户端，这种传送方式称为单播。单播的优点是可以为用户提供个性化的服务，缺点是服务器端承担巨大的带宽压力、效率不高。单播可以用于点播及广播。

（4）组播

通过 IP 组播技术，路由器可以将数据包一次性复制给多个通道。流媒体也能够采用组播方式进行传输。所有发出请求的客户端可以共享来自流媒体服务器的信息包，信息在最大程度上减少了传输中的冗余，网络利用效率大大提高。

通过浏览器播放流媒体文件，与在浏览器上显示图片与文字是不同的，浏览器本身并不能直接播放流媒体文件，需要插件或安装播放器，常用的播放器如 Windows Media Player 或 Real Player 等。例如，在浏览器地址栏输入 mms://live.cri.cn/pop 之后，就可以利用本地安装的 Windows Media Player 收听中国国际广播电台都市流行音乐频道的直播节目了。

云计算技术与流媒体技术的结合，为大容量流媒体文件的存储、转码、播放提供了极大的便利。其中云点播技术支持直接查看并在线播放离线空间流媒体文件的功能，文件无需下载，即可在线快速播放。云点播的核心技术是云转码，先把音、视频文件在云端转码成标准格式，然后通过离线下载的高速传输，从而达到比普通边下边播响应更迅速、播放更为流畅的效果。云点播在云转码这一步可以将视频文件处理成不同清晰度，用户在带宽允许的条件下，可以选择播放原始文件体验原始文件画质，在用户带宽不足以支撑大文件的边下边播时，可以选择较低清晰度来保证流畅播放。

当今许多公共云服务平台都面向用户开放了"云点播"功能，"云点播"已经成为一种主要的流媒体实现方案。例如在"百度云"的"网盘"中上传流媒体文件后，无需下载即可直接在浏览器中进行流媒体播放，其实现界面如图 9-11 所示。

思维训练与能力拓展：流媒体作为一种新兴技术在互联网上无处不在，如网上音乐、线上电影、网上视频点播、远程教育、远程医疗等。在丰富的应用背后，是流媒体从制作到发布、传输及播放一系列技术的支持，例如 real producer 软件可以将 AVI 文件转换为流式的 rm 文件。请再举例说出 2～3 种用于流媒体制作、发布、传输的应用软件。

图 9-11　百度云网盘中流媒体文件的"云播放"

9.2.2　移动流媒体

移动流媒体技术是流媒体技术的一个重要的分支及发展方向。

移动流媒体技术就是把连续的影像或声音信息经过压缩处理后放到网络服务器上，让移动终端用户能够一边下载一边观看、收听，而不需要等到整个多媒体文件下载完成就可以即时观看的技术。据工信部统计，截至 2014 年 8 月底，我国移动通讯用户达 12.7 亿，其中 4.8 亿为 3G 用户，以手机为主体的移动终端设备在我国几乎成了人人必备的信息终端。音视频文件往往很大，若下载收听观看，则需要大量的存储空间。相对于具备大容量硬盘的 PC 机，手机的存储容量毕竟十分有限，为克服这一困难，将流媒体技术应用到移动网络和终端上几乎是目前唯一可行的方案。

1.　移动流媒体技术概要

移动流媒体技术融合了数据采集、压缩、存储以及网络通信等多项技术。

手机等移动终端体积小、能耗低，决定了其存储空间不能太大。流媒体技术支持媒体文件无需在终端中保存，很好地解决了移动终端存储空间的局限性。同时，流媒体技术有效降低了对传输带宽的要求，使得在无线传输环境中实现实时媒体播放成为可能。伴随第三代移动通信技术（3G）的普及和第四代移动通信技术（4G）的兴起，移动流媒体技术成为移动数据增值业务的核心，迎来了广阔的业务发展前景。视频点播、远程教育、远程监控等都已经成为人们熟悉的移动媒体应用领域。

一个移动流媒体业务系统必须向用户提供内容发现和业务使用两大基本功能。流媒体内容发现是指用户使用支持流媒体业务的手机或其他移动终端，访问流媒体业务门户网站，通过页面浏览、分类查找或直接搜索等功能发现流媒体内容的过程。流媒体业务使用则是指用户发现指定流媒体内容后进一步使用流媒体业务的过程，包括：流媒体内容的在线播放、流媒体内容下载播放以及收看实时流媒体广播服务等，此外还必须具备与其他服务或应用的接口能力。

移动流媒体业务系统主要由以下几个部分构成。

① 移动流媒体门户网站。主要用来实现用户认证和为用户提供个性化的内容发现、搜索功能。

② 移动终端。具备内容发现的功能，并可以通过终端上的流媒体播放器实现流媒体内容的再现。

③ 传送网。负责完成流媒体服务所有信息的传输，既包括控制命令信息，也包括数据内容信息。传送网部分一般包括空中接口、无线接入网、IP 分组核心网、Internet 等。

④ 后台流媒体业务系统。包括流媒体内容创建子系统、流媒体播放子系统（包括流媒体服务器）和后台管理子系统等，分别负责流媒体内容的编码、创建和生成，媒体流的传输，用户管理、

计费、业务综合管理等功能。

2. 移动流媒体传输协议

移动流媒体技术是基于传统桌面互联网的流媒体技术向移动通信网络流媒体技术的延伸。常用的流媒体协议，如 RSVP、RTSP/RTP 实时流媒体协议栈等，都可以平移到移动流媒体中继续应用。但是由于移动互联网及其终端设备的一些独有特性，传统流媒体协议在移动互联网中的应用在功能、性能的提供和用户体验等方面都会受到不同程度的约束和限制，于是一些适应移动流媒体的协议便应运而生了，例如苹果公司的 HTTP Live Streaming（HLS）协议，已经在 iPhone、iPod、iTouch、iPad 等移动设备以及 QuickTime 播放器中得到了广泛的应用。

3. 移动流媒体格式

虽然移动流媒体主要针对 3G 范围 CDMA、WCDMA、TD-SCDMA 以及 4G 等带宽较高的无线分组网络而开展，但是为适应无线传输的低带宽编码（15～25kbit/s），移动流媒体传输的视频数据大多采用压缩比较高的 H.264（MPEG-4 Part10）视频压缩算法实现。移动流媒体格式除了要选择合适的压缩算法之外，还要考虑适应不同移动终端的流媒体播放器。基于上述因素，目前主流的流媒体格式有 3GPP、3GPP2、MPEG-4、RM 等。

随着无线通信技术的不断发展，移动流媒体技术为使用者带来了丰富的应用。用户可以方便地在移动终端上点播和下载高质量的音乐和视频，收看收听各种精彩的直播节目及影片，结合定位技术实现交通路况查询、导航以及开展各行各业的专项应用。移动流媒体应用拓展了人们获取信息和休闲娱乐的途径，成为流媒体技术发展的一个重要的方向。

9.2.3 流媒体技术的应用

流媒体的诞生缘起于互联网的深入发展与普及，流媒体应用与业务的兴盛又使网络世界变得更加异彩纷呈。今天，流媒体技术已经广泛用于多媒体新闻发布、在线直播、网络广告、电子商务、视频点播、远程教育、远程医疗、网络电台、实时视频会议等诸多互联网信息服务。流媒体技术的应用为网络信息交流带来革命性的变化，对人们的工作和生活产生了深远的影响。下面介绍几种典型的流媒体应用。

1. 在线直播与点播

基于互联网平台的在线直播，可以应用在多种场合，如：大型体育赛事直播、卫星电视直播、视频会议直播、课堂直播、新闻发布会直播等。流媒体技术是实现网络上视音频流畅传输的最佳技术。与传统直播相比，流媒体的在线直播具有很强的互动性。直播过程中，可以把音频、视频和直播文案集成在一起通过网站同步直播给网络观众，观众也可以通过文字等方式与主播和嘉宾互动。用户也可以同时观看不同的直播内容而互不影响。

流媒体直播系统支持随时同步录制直播资源的功能，方便点播观看。通过网络点播，用户也可以随时点播自己想要观看的内容。支持流媒体在线直播与点播的软件系统很多，例如在国内拥有众多用户的 PPLive、QQLive 等。

2. 网络教育

流媒体技术支持的网络教育突破了传统"面授"教学的局限，为学习者提供了时间分散、资源共享、地域广阔、交互式的教学新方式。网络教育是建立在现代传媒技术基础上的多媒体应用系统，它通过现代的通信网络将教师的图像、声音和电子教案传送给学生，也可以根据需要将学生的图像、声音回传给教师，从而模拟出学校教育的授课方式。现代网络教育系统需要实现教学课件的点播、教学直播、网络课堂等功能。流媒体技术可以很好地实现音频、视频流信息的传送以及它们与数据之间的同步。Moocs、微课等都是目前风靡世界的新型网络教育形式。

3. 网络视频监控

流媒体技术支持的数字化网络化的视频监控系统，由视频采集的摄像机、视频传输的网络以及监控中心等部分组成。与模拟监控系统相比，新型数字化、网络化视频监控系统集视频切换、智能控制、远程传输、布防报警等功能于一身，并支持多种有线、无线传输介质。由于采用流媒体技术，其视频信号具有实时性、同步性、分布性等特点。

将流媒体技术应用于远程网络视频监控是安防监控领域的巨大突破，因为它能有效地克服其他传输方式存在的局限性。其显著优点主要表现为：

① 流媒体技术可实现在低带宽环境下，提供高质量的音频、视频；

② 智能流技术可保证不同连接速率下的用户得到相应质量的媒体播放效果；

③ 流媒体多址广播技术可显著减少服务器负荷，同时能最大限度地节约带宽。

4. 多媒体传感器网络

传感器是将各种物理量、化学量、生物量等非电量按一定规律转换成电量的装置或元件，它类似于人的五官，能感知并检测各种非电量。传感器在物联网时代得到了迅速的普及。智能手机通常就带有方向感应器、重力感应器、光线感应器、距离感应器、螺旋仪感应器等。这些遍布在生活中的感应器，可以从不同的环境中读取不同的数据，用以支撑大量新涌现出来的、丰富的互联网应用。

5. 定位服务

移动流媒体技术与 GPS 技术相结合，即可实现丰富的多媒体定位服务，路线规划和实时导航、城市信息分类查询（附近的餐馆、酒店、加油站等）、"好图探针"等等贴近生活实际需求的应用，深受用户的喜爱。图 9-12 展示了手机上典型的定位服务与移动流媒体结合的应用实例。

图 9-12　移动流媒体定位服务应用

在图 9-12 中，左侧的界面显示手机开启了 GPS 等相应的定位服务设置；中间的界面展示了在手机地图中当前位置周边兴趣点的分类查找索引；右侧的界面上方为特定街区的全景流媒体画面，下方为全景画面在地图中相应的位置显示。

> **思维训练与能力拓展**：从流媒体到移动流媒体，媒体资源从 Web 迁移至 WAP，以适应在移动终端上内容的自适应显示。请举例说明 Web 资源与 WAP 资源之间存在怎样的区别和联系；以手机定位服务为例，思考 WAP 应用与 Web 应用是不是完全等同的。

9.3　富　媒　体

交互性是网络多媒体发展过程中一项令人瞩目的、快速发展的技术特性。一种旨在提升网络多媒体信息表现能力的，集成了诸多技术的，突出娱乐性和互动性的媒体传播方法——富媒体便应运而生了。本节旨在引领读者认识富媒体、了解它的特性及应用，以便今后更好地运用富媒体。

9.3.1　富媒体技术概述

富媒体（Rich Media）源于 21 世纪初的互联网广告应用，它并不是一种新的网络多媒体形式，而是一种承载动画、声音、视频以及交互性信息的媒体传播方法。随着 Web 2.0 时代的到来，富媒体伴随着富互联网应用（Rich Internet Application，RIA）的兴起，应用领域覆盖了更多的网络服务中，如网站设计、弹出式广告、插播式广告、数字化学习、移动终端增值业务等。

虽然迄今为止富媒体尚未形成一个世界范围的规范、统一的学术概念，但其却已经在桌面应用、网络应用、移动终端应用中成为成熟的媒体传播方式。富媒体包含诸多的技术形式，如流媒体、Flash、JavaScript、RealAudio、MS Netshow、DHTML 等。随着互联网技术的发展，支持富媒体的技术愈发多样化。

富媒体中"富"的概念体现于两个方面：数据模型的丰富和用户界面的丰富。数据模型的"富"的意思是用户界面可以显示和操作更为复杂的嵌入在客户端的数据模型，它可以操作客户端的计算和非同步地发送和接收数据；用户界面的"富"指提供了灵活多样的界面控制元素，这些控制元素可以很好地与数据模型结合。

富媒体包括如下主要特性。

① 数字化媒体。

② 具有交互特性。

③ 可部署在网页中，也可以单独下载作为一个应用程序离线使用。

④ 可一次部署、多次使用。

⑤ 有动态驱动机制，可同步实时响应用户操作，也可跨平台地展示。

9.3.2　富媒体与多媒体

富媒体与多媒体都整合了多种媒体信息，但不同的是，富媒体通过脚本语言将上述媒体编辑成了一个客户端或插件程序，允许用户与客户端或插件程序进行多次交互，并往往为用户提供灵活的界面控制元素。

富媒体与多媒体的区别主要体现在以下 3 点。

① 多媒体的本质是一种具体的媒体形式；富媒体是建立在多媒体基础之上的，为了更好地呈现多媒体的应用程序。

② 多媒体是融合多种单一媒体的特征，以更好地展示媒体的内容；富媒体则是把本地程序与网络程序的特点结合起来，以更好地提高媒体的表现力。

③ 多媒体注重资源的呈现形式；富媒体注重用户的交互式体验。

如同超媒体弥补了多媒体在网络关联方面的不足一样，富媒体弥补了媒体与使用者之间交互性的不足，将 Web 应用与本地桌面应用很好地结合起来，有效地提高了人们通过感官感知信息的能力与范围。

9.3.3 富媒体技术的应用

1. 富媒体广告

富媒体起源于网络广告的应用，也是目前为止其发展最为成熟的应用领域。从 2002 年国内第一款互联网富媒体广告出现至今，富媒体广告经历了诸多技术形式的变化，始终以丰富的交互与引人入胜的创意占据互联网广告的主流位置。

富媒体广告的形式多样，有在视频文件中加入交互元素或者以画中画等形式表现的视频类富媒体广告，也有利用鼠标、键盘等触发的动态 Flash 类富媒体广告，还有伴随页面加载而出现的部分或全屏浮动的弹窗、浮层类富媒体广告。如图 9-13 所示，即为在门户新闻站点中嵌入的全屏浮层类富媒体广告。

图 9-13　典型的网页浮层类富媒体广告

在图 9-13 中，广告仅在页面加载的几秒钟时间内浮动出现，若用户单击链入，则会打开信息更为丰富的富媒体广告页面。以汽车类富媒体广告为例，通常包括车体的全景/局部缩放、试驾体验申请、视频技术介绍、选配及报价等多种用户可以参与的交互环节。

2. 富媒体学习环境

富媒体凭借强大的交互特性与网络特性，配合后台数据分析与处理等技术，能够实现真实环境的虚拟与建模，为学习者搭建有效的数字化学习环境。从富媒体课件到富媒体课堂，学生可以在虚拟学习环境内完成学习的过程，诸如进行仿真的物理实验、与虚拟场景内的人物实现对话、完成与老师及同学的交流等。

3. 富媒体通信

媒体在通讯领域，已从最初的文字资讯为主，发展到现在图片、视频广泛应用的富媒体时代。微信作为大众沟通的即时通讯工具，及时抓住富媒体沟通需求，第一时间将视频发送功能融入到微信的沟通中。微信视频沟通具备了双向甚至多向的意义交流功能，智能移动终端的便捷让用户体验到多场景切换和多维度享受。

> 🧑‍💻 **思维训练与能力拓展：** Flash 一度是富媒体的主要实现技术，但是苹果公司作为移动平台的巨头却始终拒绝 Flash 技术的植入。Flash 制作出来的富媒体在手机终端等移动设备上的推广并不是一帆风顺的。请查找资料并思考：在富媒体创作方面，可以替代 Flash 的现行主流 Web 呈现技术是什么？

9.4　网络多媒体系统开发

❓ 多媒体技术与网络技术的结合，是当前多媒体应用的主流方式，在远程教育、远程医疗、指挥调度、工业及工艺仿真、数字图书馆、旅游宣传与服务等诸多领域应用需求旺盛。本节遵循软件工程规范，向读者介绍如何规范、有序地进行网络多媒体系统的开发。

9.4.1　软件开发概述

作为软件家族的一员，网络多媒体系统的设计与开发同样要遵循软件工程规范，即通过系统性的、规范化的、可定量的方法进行软件的开发、运行和维护。广义上讲，软件工程涵盖了软件生命周期中所有的工程方法、技术和工具，即完成一个软件产品所需要的理论、方法、技术和工具。软件工程过程可简化为三个必经的阶段，即：

（1）定义阶段

在此阶段需进行项目的可行性研究，做出初步的项目计划，完成项目的需求分析。

（2）开发阶段

此阶段包括了概要设计、详细设计、软件实现、软件测试等环节。

（3）运行和维护阶段

软件的运行及维护伴随软件从服役到废弃的全部过程。对于生命周期中升级换代持续应用的软件来说，前一阶段的维护往往是后一阶段重新定义与开发的基础。

下面以一个工业仿真多媒体系统为例，介绍在软件工程思想指导下的网络多媒体系统设计与开发的主要流程。

9.4.2　系统开发背景及需求分析

在金属精密加工工艺流程中，由于许多工艺流程都是在密闭的空间内完成的，金属在塑性变形过程中的流动景象及成形机制都无法直观地得以呈现。随着 3D 技术在工业动画领域的成熟应用，通过网络多媒体的形式直观地展示金属加工工艺、设备研制开发、操作规范等具有了技术上的可行性，并且将有利于科技成果的社会化推广，应用价值明显。

该系统将实现金属连续挤压工艺生产线的 3D 描述及模具内金属成形的细部仿真特效显示，同时发布成相关科技企业站点的一部分。

基于系统设计的总体目标，可将系统分为如下几个功能模块：

① 流水线动画模块；

② 挤压、清洗、润滑系统、液压系统工作细部仿真模块；

③ 挤压机工作过程 3D 动画模块；

④ 文案及交互界面模块。

9.4.3 系统开发与实现

结合工艺特点，在系统开发过程中采取了多种开发工具与技术相结合的综合技术应用。在设备及模具 3D 建模过程中，采取将 CAD 二维图纸导入 3ds Max 软件进行三维建模的方法，快速实现关键工艺实体的三维造型。图 9-14 展示了挤压机的 CAD 图纸（左）与 3ds Max 三维造型之间的对比。

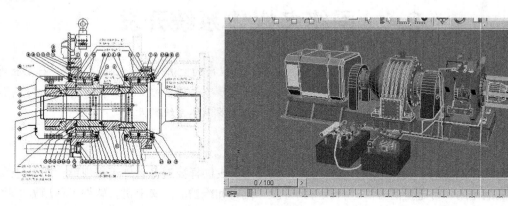

图 9-14　二维 CAD 导入 3ds Max 生成三维造型

在 3ds Max 中进一步完成静帧画面的渲染与修改，通过 Glu3D 插件在 3ds Max 中模拟高温下半固态金属的流体效果。然后利用 Premiere 进行剪辑及音效制作，如图 9-15 所示。最后在 After Effects 中完成动画的后期合成及色彩调校等工作，如图 9-16 所示。

图 9-15　通过 Premiere 进行音效及视频剪辑

主体动画及仿真设计完成后，为方便网络发布，将其最终播放格式转换为可以采用流媒体形式播放的 SWF 格式，然后利用 Flash 软件设计交互界面及相应的文字说明界面，将作品最终整合成为一个整体。交互界面首页如图 9-17 所示。

在二级交互界面中，系统实现了用户对观察角度、关键工艺环节等的可选择性的控制操作，以方便用户了解工艺原理以及获得趋近真实的操作体验。

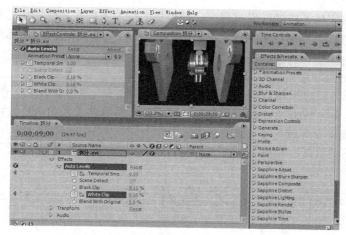

图 9-16　通过 After Effects 进行校色

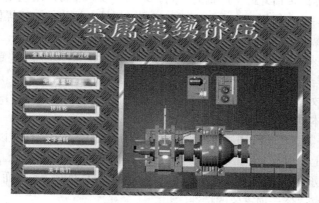

图 9-17　系统交互界面

9.4.4　系统的运行与维护

为便于交流及宣传展示，该多媒体系统最终发布成为企业门户站点的一部分，与站点的其他静态、动态功能模块融为一体。为方便维护与更新，其中部分关键动画视频在站点中以独立的 AVI 文件存储于后台服务器。网站运行界面如图 9-18 所示。

图 9-18　系统整合融入网站

　　总之，在网络多媒体系统的开发过程中，要根据系统需求确定功能模块的划分，通过适合于本系统开发设计的软件工具与技术进行系统的设计与开发。系统运行时的媒体形式与系统运行效率也应该在系统设计时加以考虑。

> 🤔 **思维训练与能力拓展**：网络多媒体应用系统与传统应用软件的开发存在哪些不同？本章案例并没有考虑基于 Web 后台的编程和数据管理，如果有此方面的需求，请通过调查研究，给出 Web 开发和数据管理的几项主流的技术。

本章小结

　　网络技术为多媒体的传播开辟了广阔的空间，多媒体技术使得网络应用异彩纷呈。网络多媒体已然成为多媒体枝头吐露的新蕊。本章主要介绍了超媒体、流媒体、富媒体等网络多媒体的相关知识，以及网络多媒体系统开发的一般方法，主要内容如下所述。

　　1. 超文本思想由来已久，超媒体概念源于超文本，两者均以"节点"、"超链接"为构成要素。HTML 是一种超文本与超媒体在 Web 上得以实现的标记性语言。

　　2. "边下载边播放"是流媒体最本质的特征，流媒体提高了多媒体文件在网络世界的传输效率，促进了网络多媒体技术的发展。

　　3. 流媒体以实时流式传输和顺序流式传输两种方法的在网络上传输，以点播、广播、单播、组播 4 种方式在网络上播放。

　　4. 富媒体是一种承载诸多媒体信息以及交互性信息的媒体传播方法，而不是一种新的网络多媒体形式。交互性是富媒体一项重要的特性。

　　5. 网络多媒体系统开发要遵循软件工程的思想进行分析、设计、实现与维护。在开发工程中，要依据系统的特点和应用属性选择合适的开发工具与开发方法。一个网络多媒体系统的开发通常包含定义与需求分析、开发与实现、运行与维护 3 个阶段。

快速检测

　　1. 在超文本及超媒体体系中，信息的表达单位是_____。

　　　A. 图形　　　　　　　　　　　　　B. 文字

　　　C. 结点　　　　　　　　　　　　　D. 字节

　　2. HTML5 的图形容器标签（画布）为_____。

　　　A. <embed>　　　　　　　　　　　B. <canvas>

　　　C. <map>　　　　　　　　　　　　D. <track>

　　3. 在网页中，利用<video>等标签嵌入视频文件后，设置视频在播放时处于静音状态的属性是_____。

　　　A. autoplay　　　　　　　　　　　B. controls

　　　C. preload　　　　　　　　　　　　D. muted

4. 相比传统下载方式，不属于流式传输方式优点的是_____。

    A. 启动延时短

    B. 技术实现成本低

    C. 对系统缓存容量的需求大大降低

    D. 流式传输的实现有特定的实时传输协议

5. 在流式传输的方案中，通常采用_____协议来传输控制信息。

    A. RTP   B. RTCP

    C. HTTP   D. MMS

6. 以下关于移动流媒体特点的说法，不正确的是_____。

    A. 移动流媒体文件对客户端存储空间要求不高

    B. 移动流媒体文件在客户端保存

    C. 移动流媒体可以实现手机、PC、电视的三屏互动

    D. 移动流媒体可以实时播放，大大缩短启动延时

7. 富媒体应用最早，也是目前发展最成熟的领域是_____。

    A. 富媒体广告   B. 富媒体动画片

    C. 富媒体移动终端应用   D. 富媒体游戏

8. _____技术促进了多媒体在网络上的应用，解决了传统多媒体由于数据传输量大而与现实传输环境发生的矛盾。

    A. 计算机动画   B. 虚拟现实

    C. 人工智能   D. 流媒体

9. 建立网络多媒体系统的第一步是_____。

    A. 系统的规划   B. 系统的建设

    C. 发布系统   D. 服务器托管

10. 微软流媒体服务协议是指_____。

    A. RTP   B. RTCP

    C. MMS   D. RTSP

［1］郭建璞，董晓晓，刘立新. 多媒体技术基础及应用（第 3 版）[M]. 北京：电子工业出版社，2014.

［2］王志强. 多媒体应用基础[M]. 北京：高等教育出版社，2012.

［3］赵子江. 多媒体技术应用教程（第 7 版）[M]. 北京：机械工业出版社，2013.

［4］向 华，徐爱芸. 多媒体技术与应用[M]. 北京：清华大学出版社，2007.

［5］鄂大伟. 多媒体技术基础与应用（第 3 版）[M]. 北京：高等教育出版社，2007.

［6］龚沛曾. 多媒体技术及应用（第 2 版）[M]. 北京：高等教育出版社，2012.

［7］李 湛. 多媒体技术应用教程[M]. 北京：清华大学出版社，2013.

［8］董卫军. 多媒体技术基础与实践[M]. 北京：清华大学出版社，2013.

［9］张云鹏. 现代多媒体技术及应用[M]. 北京：人民邮电出版社，2014.

［10］杨青，郑世珏. 多媒体技术与应用教程[M]. 北京：清华大学出版社，2008.

［11］胡晓峰等. 多媒体技术教程（修订版）[M]. 北京：人民邮电出版社，2005.

［12］周明全. 多媒体技术及应用（第 2 版）[M]. 北京：高等教育出版社，2012.

［13］孙学康等. 多媒体通信协议[M]. 北京：北京邮电大学出版社，2006.

［14］刘立新. 多媒体技术基础及应用（第 2 版）[M]. 北京：电子工业出版社，2011.

［15］颜成东等. MIDI 技巧与数字音频[M]. 北京：清华大学出版社，2002.

［16］张弛. 电脑音频制作教程 Cool Edit Pro 应用[M]. 北京：北京希望电子出版社，2002.

［17］刘军，林文成. 色彩构成[M]. 北京：清华大学出版社，2011.

［18］ACAA 专家委员会，DDC 传媒. ADOBE ILLUSTRATOR CS6 标准培训教材[M]. 北京：人民邮电出版社，2013.

［19］李金蓉. 中文版 Illustrator CS6 高手成长之路[M]. 北京：清华大学出版社，2013.

［20］李东博. Illustrator CS6 完全自学手册[M]. 北京：清华大学出版社，2012.

［21］郭万军，李辉. Photoshop CS5 实用教程[M]. 北京：人民邮电出版社，2013.

［22］刘进. 48 小时精通 Flash CS6[M]. 北京：电子工业出版社，2013.

［23］海天. 完全自学一本通：中文版 Flash CS6 500 例[M]. 北京：电子工业出版社，2013.

［24］孙颖. Flash ActionScript 3 殿堂之路[M]. 北京：电子工业出版社，2007.

［25］孟克难. Premiere Pro CS6 基础培训教程（中文版）[M]. 北京：人民邮电出版社，2012.

［26］梁峙. Premiere Pro CS6 入门与提高（中文版）[M]. 北京：人民邮电出版社，2013.

［27］Damien Bruyndonckx. Mastering Adobe Captivate7(2nd)[M]. Packt Publishing Ltd. 2014

［28］高玉金. 全国计算机等级考试二级教程——Web 程序设计（2013 年版）[M]. 北京：高等教育出版社，2013.

［29］马华东. 多媒体技术原理及应用（第 2 版）[M].北京：清华大学出版社，2008.

［30］Robert W. Sebesta .Web 编程技术[M]. 刘庄等译. 北京：机械工业出版社，2003.